乐商，是一种有关人类智慧的新概念，是继智商、情商、财商之后

LEYEZHISHANG

乐业至上

LEYEZHISHANG

戴景春 著

代表人类智慧发展水平的一种新的结晶形式，是调整感受力的方法，是打开精神乐园的一把钥匙。

中国青年出版社

（京）新登字083号

图书在版编目（CIP）数据

乐业至上/戴景春著．—北京：中国青年出版社，2010.1
ISBN 978-7-5006-9065-8

Ⅰ.①乐…　Ⅱ.①戴…　Ⅲ.①人生哲学-通俗读物　Ⅳ.①B821-49

中国版本图书馆CIP数据核字（2009）第213160号

责任编辑：程鬟眉

*

中国青年出版社出版　发行
社址：北京东四12条21号　邮政编码：100708
网址：www.cyp.com.cn
编辑部电话：（010）64033813　门市部电话：（010）84039659
聚鑫印刷有限责任公司印刷　新华书店经销

*

700×1000　1/16　17.5印张　270千字
2010年3月北京第1版　2010年3月河北第1次印刷
定价：29.00 元
本图书如有印装质量问题，请凭购书发票与质检部联系调换
联系电话：（010）84047104

目录 MULU

序 中国工商银行黑龙江省分行行长　李久新 1

前言 4

一、乐业与知命 001

1. 生命的美学结构 002
2. 心灵的神奇功能 010
3. 编制新的精神活动程序 018
4. 二元性竞争模式 023
5. 生命意义 026
6. 命运的齿轮咬合效应 031
7. 辩证看待知识决定命运 034
8. 脱俗与还俗 037

二、乐业至上 041

1. 乐业要成为理想和追求 042
2. 乐业不难 049
3. 积极心态的生成策略 059

4. 学界之乐 061

5. 乐业至上使人成为完人 064

6. 乐业的历史渊源 066

7. 乐业是顺性而为之道 069

8. 实现乐业要运用好三大机制 071

9. 乐业的十大瓶颈 073

10. 乐业教育巡讲体会 075

三、乐业与乐生 077

1. 乐生中国人 078

2. 挑战中年的人生命运 082

3. 品味人生 088

4. 层层递进的人生意境 099

5. 杂感乐生 103

四、乐业与“乐商” 115

1. 一条线上千年：东坡——阿Q——“乐商” 116

2. 取舍的难度系数 123

3. “商”的解析 126

4. 心灵偶像 129
5. 开发“乐商”的十种方法 137

五、乐业与文化 139
1. 乐业文化 140
2. 乐业的五大文化支点 143
3. 文化意境 148
4. 和谐 151
5. 乐业需要练就四读功夫：
读书、读人、读社会、读自然 156
6. 理想人格 161
7. 人生宣言 163
8. 解密道德 165

六、乐业与职场文明 171
1. 现代职场文明 172
2. 现代职场如何做到不伤人 177
3. 文化之魂 180
4. 做事原则与职场操守 182

5．职场行为感悟 183

6．即使失望太多也不要翻脸 186

7．文明是推动社会进步最持久的机制 189

七、七大心理调整规则 193

规则一：忠实于事业，
想一想做对人对事业有好处的事情 194

规则二：忆忆过去，
想一想那些比自己还艰难的人 195

规则三：人生冷遇热处理，
想一想高兴的事情 197

规则四：通过奋斗获得幸福欢乐，
想一想是否得到自己应得的一份 201

规则五：新目标带来幸福欢乐，
想一想未来的目标，唤起新的希望 204

规则六：人际关系和谐是乐业的基础，
想一想别人待自己的好处 207

规则七：乐中求进，使人常乐，
想一想如何济世救人 208

八、乐业成功档案 211

1. 老驴与“的卢”的故事 212
2. 42 年时间的一次偶然发现 213
3. 善待疼痛和不安 214
4. 宁可得罪有理的人 不可伤害无辜的人 215
5. 酒乡的人生感悟 216
6. “嘉禾事件”给我们带来的深刻触动 217
7. “无求成败”与打牌 219
8. “寒玉为床”、鹅卵石、“知见障” 221
9. 几个小故事 223
10. 草原神蕴 225
11. 从人鹤相谐走向人人相谐 227
12. 关于商人 230
13. 坚守和超越，以及跋涉 233
14. 善待不同的声音 234
15. 用生命熔铸而成的文字 235
16. 听一次讲座有感 237
17. 我们的都市生活究竟缺少什么？ 239
18. 人生第二幸福高峰期 241

19．浓浓兴安情 244
20．油工・油匠・油师 246
21．优秀银行的首选标准与中国银行的洗牌 247
22．文明的超越和提升 248

附：乐业秘笈 253
1．快乐心法 254
2．欢乐八法 255
3．减轻心理压力的九种方法 255
4．漫谈美育与人生幸福 256
5．提高人生成功率应遵循的四原则 263
6．人生如何应对成功关 264
7．感悟 266

后记 267

序

中国工商银行黑龙江省分行行长　李久新

在中华民族悠久的历史长河中，文化先驱们就提出了比较丰富的乐业思想。我国经过30年的改革开放，伴随着现代化疾进的脚步，先驱们的乐业理想变成了百姓生活的现实。现实生活已经向人们展示出了一幅幅令人赏心悦目的画卷：城乡建设日新月异，净化、绿化、亮化、美化成为城乡建设主旋律；日益增多的公路网、铁路网、民航网、信息网正在将编织的密度和长度向海内外伸展，在带来巨大市场商机的同时，无疑极大地满足了人们日益增长的物质与文化需要；高新技术产业群迅猛崛起，创业浪潮一浪高过一浪，使社会和经济获得了空前巨大的进步；随着党的“三农”政策的贯彻落实，一批批农民企业家创办的企业脱颖而出，越来越多的农民脱胎换骨，开始过上富裕生活；百姓生活中所追求的“老三件”、“新三件”已成为历史，宽敞明亮的住房，舒适快捷的家庭汽车，代表现代文明的电脑，假日旅行，成为越来越多平民百姓生活中不可或缺的组成部分；港澳回归，一雪百年耻辱；加入世贸组织，奥运成功举办，奏响了现代文明的主旋律；从两弹一星到载人航天太空漫步，向世界展示了中华民族的伟大创造力；体现贵民、重民、敬民、亲民和谐思想的制度安排、政策体系逐步完善。安居乐业已经成为国民迈向全面小康社会展示出的乐观向上的气质。国家经济实力、政治实力、军事实力、文化实力的增强，浓缩会聚为国民的人格实力，构建成完整的国家整体实力。

机遇催人奋进，挑战使人警醒。伴随着改革的深化、国民经济发展中遇到的阶段性困难及应对全球金融危机带来的冲击等，要求国人具备新理念、新知识、新技能、新文化、新气质、新形象，以健康、乐观、强健的崭新姿态应对新的挑战。

在当今的图书市场上，有助于增进人格资质禀赋的涉及职场生涯、励志感悟类的读物，可谓文山书海；网络媒体廉价方便的超级集成整合与展示传播，令人目不暇接。戴景春同志的《乐业至上》一书，应时而作，以其立意新颖雅致给人以耳目一新之感。

我与戴景春同志交往相知十几年，深感他勤奋好学、笔耕不辍、博览群书，辛勤耕耘在学术战线，以苦为乐，取得了比较丰硕的学术成果。《乐业至上》是景春同志用辛勤汗水浇灌出的又一研究成果。该书寓意丰富、引人深思，它以弘扬乐业精神、传播乐业理念、打造乐业文化、增进人格实力、助人达到乐业境界为主旨。本书着眼于如何达到乐业境界这样一个非常实际的问题，揭示出实现人人乐业是构建和谐社会的着力点和基石，也是增进劳动关系和谐的基本要求。如果说，一个人专注于某一件事情，离成功就不远了，那么，专注于自己所选择、所从事的职业，便是实现乐业的法门，就会不断领略到职业蕴涵的亲切趣味和诱人意境，自然乐业即成为顺理成章、水到渠成的易事。作者从乐业不难、乐业使人幸运、乐业有助于增加职场积分、乐业本身即是收益、乐业是最好的激励机制等方面，多视角地阐述了乐业利己益人的好处，令人信服，有助于使人清洗出许多不切实际的杂念，排除许多烦恼，清除可能滋生的厌业、苦业甚至恶业、毁业的心理，点燃希望、焕发激情、净化心灵。

作者提出，对待学习、对待劳动、对待工作，应实现由谋生观向乐业观的转变，通过《乐生中国人》等篇目，是对国家崛起背景下国人品格所作的崭新概括和展示。书中提出的“两强相争勇者胜、两勇相争智者胜、两智相争仁者胜、两仁相争乐者胜、两乐相争和者胜”的竞争理念，富有哲理，使人细心体察职场商场竞争的微妙意境，告诫人们应避免损己反为对手增誉添利的粗俗拙劣表现，提醒人们要根据对手选择合适的竞争策略，提高竞争的品位格调，养成良好的竞争心态。作者紧密联系人们在工作中、生活里司空见惯、熟视无睹的事例，不但有细致入微的观察理解，而且还借助于娴熟朴实笔法的描写，让人领略到对人生感悟的挥洒阐释、品味世上人间的百感千姿、智解人生百态的妙处、净化美化仙化的人生意境，本来是严肃的话题，经过散文化的描述，读来朗朗上口、令人忍俊不禁、掩卷长思、受益匪浅。难怪有人说，读了这本书有一种洗刷自己的感觉，内心里疙疙瘩瘩的事情没有了。从天人合一的独特视角对“草原神韵”的描绘，跌宕起伏、灵动肃然、气势恢弘“心灵的舒展”，牵连出如何摆脱历史周期低水平恶性循环大课题的“践行”等众多篇目，无不展示出作者渊博的学识和良好的文学素养。

乐业是科学、务实、自信的精神结晶。作者作为一个曾经讲了十几年货币银行学专业理论课的教师，又是从事芜杂事务的管理者，能够静下心来写出这部颇具文采的人文学术作品，实属难能可贵，用他自己的话来说，经受了一番人生蒸煮式的煎熬，为自己的才智结构成功转型谱写了一部新的动人乐章。如果让我用一句话来概括《乐业至上》读后感的话，我会脱口回答：“一个人成功的因素很多，而居于这些因素之首的就是乐业。”

作者的研究成果问世后，中国工商银行黑龙江省分行印制成乐业教育辅导教材向全行广大员工分发，并组织乐业教育巡讲活动，博得好评，使广大员工深受教益，被誉为广大员工转变观念、端正从业态度的良师益友。本书现由中国青年出版社出版发行，相信广大读者朋友会从中获得启迪与阅读乐趣。

2009 年 8 月

前 言

"乐业"所讲的"业"，狭义是指职业，广义泛指人生所从事的一切有益于身心健康的活动。职业是"业"的基础、核心，是"业"最重要的组成部分。

职业具有社会性、目的性、规范性、稳定性和群体性特征，职业的不断出现和分化，适应了社会需求，也是人文精神的反映。从人文角度看，职业体现了社会尊重与自尊的统一。

社会上到底有多少种职业？在1999年推出的"职业分类大典"中，把我国职业划分为由大到小、由粗到细的四个层次，大类8个，中类66个，小类413个，细类1838个，细类为最小类别，即职业。后来根据职业衍生分化，又陆续推出若干批新型职业。职业又分工种、工种再分岗位。如同职业具有的多样性，同一人从事不同的职业和不同的人从事同一职业的感受也具有多样性，有些人敬业乐业，干一行爱一行、干一行乐一行，有些人却厌业苦业恶业。我把这种倾向叫新型职业病。如果有职业而存在着厌业苦业恶业的心理，造成业绩下降、人际关系恶化，就会增加失业的可能，那么，失业后这种心理倾向极有可能演化为厌世悲观的心理。到那时方知有业的可贵、才去珍惜职业，恐怕为时已晚。也许有些人非要经过失业那番痛苦的洗礼才懂得这个道理。为了减少减轻甚至避免这样的痛苦经历，唯有在有业在业时努力树立乐业的观念，带着积极的态度去努力工作。克服新型职业病的关键是树立乐业观念。职业观念决定职业感受。对职业的感受也是决定职业活动效率和质量的重要因素。能否达到乐业的境界、状态，存在一种认识上的误区，能否在职业活动中感受到快乐，是由客观因素决定的，如收入多少、压力大小、环境好坏、人际关系是否和谐等因素。其实不然。乐业在很大程度上决定于从业者的主观感受，这种主观感受完全可以自己调节，也就是可以自我决定感受的性质，这种自我感受又会进一步起到自我增强的作用，也就是好的感受会感受更好，不良感受将进一步恶化。良好的职业感受有助于提升业绩、改善人际关系、增加收入，自然会产生正向效应，乐业使人幸运，增加人格魅力，有助于增进人生的幸福感，提升业绩水平，增强竞争力和软实力。

乐业是一个大概念。这里讲的是从业者不管职业前提如何、从事何种职业、技能资质如何，追求的是通过自我努力、自我学习、自我调整达到一种乐业的境界，学会和善于把自己的主观感受调整到乐业境界、乐业状态。唯有这样才能利己利人利业，可以活化人的思维、启迪人的智慧，最大限度释放人的潜能、激发出高水平的创造力。要树立乐业本身就是效益的观念。许多人尽管在经济上非常富有，在精神上却陷入深重的苦难之中，难以摆脱；有些人想花钱来买快乐，却难以买到。

《乐业至上》一书，借鉴了宗教、心理学和其他学问提供的途径和方法，是促进心性文明进步的一种尝试。这种尝试需要对我们自身的经历、经验和已经拥有掌握的文化资源进行重新审视，我们将会了解、体验、感受到许多积淀、积累起来的文化因子，通过新的视角、新的方式进行整理，会获得增值的特性，赋予崭新的时代特质，进而带给我们新奇的体验。如果读者能够与我一起分享这种感受，那将是我莫大的愉快。本书采用的是类似于散文的写法，希望并力求奉献给读者精美可口的精神食粮。

一

乐业与知命

1．生命的美学结构

生命之美有三种类型：遗憾的美是压抑的美，完美的美是美的充分展现和实现，悲壮的美是美的毁灭。虽然悲壮的美更能激动人心、震撼人心，但是人们把对美的观赏、享受、占有和创造，普遍当做至高无上的追求。

美是一种客观实在；美是一种价值判断；美是一种理念、追求，是自觉按照美的要求、标准创造生存状态。人生处处皆舞台，人生就是一种艺术追求。人生就是一部交响乐，多种乐声错落有致，有高潮低潮，有低音高音、长音短音，有急促悠长、激昂舒缓，由此组合而成悦耳的交响乐。人生的各种要素、各种活动需要人为地进行创造性的努力，把它们调适整合为一曲没有噪音和杂音、没有污点悦耳的、和谐的交响乐章。

生命过程中各种因素都是按照美的原则编织而成的。米兰·昆德拉说得好："人的生活就像作曲。各人为美感所导引，把一件件偶发事件转换为音乐动机以后，这个动机在各人生活的乐曲中取得一个永恒的位置……各人总是根据美的法则来编织生活。"人的生命过程中所遇到的无数次偶发事件，并不是也不可能都成为生命过程中不可或缺的组成部分。美感，和谐之感，使人们对所遇到的偶发事件保持高度的敏感性，美感成为生命航程中极为重要的组合剂、黏合剂，它把生命中看上去杂乱无章的偶发事件组合成悦耳的交响乐。正像音乐之美来源于音乐本身，生命之美来源于生命本身存在的美的逻辑。人们对美的向往和追求，在行为上产生趋美的动机和行为逻辑上的一贯性。

2007年11月初，闲暇之余，仔细回忆读过的各种宗教解读作品，感到有未解之意，下决心还是读宗教经典。从11月1日至19日，利用周末和每天夜晚的时间，通读了《圣经》。过去读《圣经》，感到难读。一是感到有些地方像读族谱；二是重复之处甚多；三是篇幅长，《旧约》873页，《新约》299页，且排版密集、字体又小；四是也有各种宗教经典几乎都有的繁文缛节；五是最难理解上帝的存在为什么能够使人相信的问题，尤其是通过确立这种信心，给人带来什么样的改变，这也是自己读《圣经》和其他宗教作品的最大疑惑。读《圣经》本来有许多方法，自己没有找到自己的合理定位。

这次读《圣经》，想通过读的过程训练沉稳之心，重新训练阅读精神，考验体悟能力。开始计划每天读10页，之后改为每天至少读10页。也许因为这次读纯然是为了自己受益，修炼沉稳之心，投入了耐心，没有了往日阅读的那种急躁情绪，不求速成，读起来逐渐感到读进去了，读出味来，感觉读得顺畅了许多。自己读《圣经》的合理定位也渐渐明晰了，针对《圣经》给人类究竟带来什么教益、教化、启示，给人类的思想行为产生什么样的深刻影响，而不是刻意去求解那些玄而又玄的问题。读到"申命记"，读到有句话："你只要谨慎，殷勤保守你的心灵，免得忘记你亲眼所看见的事，又免得你一生这事离开你的心，总要传给你的子子孙孙。"细细品味，感受到有一种心性的教化，产生一种新的体验。这句话自然有它的本意命意，但启发我想到谨慎、殷勤保护守护珍惜自己心灵，所经历过的事情要珍惜并留在内心。人间有一种奇怪现象，人们爱护自己的肉体强于爱护自己的内心、自己的心灵，并不是尽心、尽性、尽意去看护、保护自己的内心，任由污浊的东西去侵蚀它、腐烂它。联想到上帝，或者各种宗教，究竟起什么作用，也许就是人世间人心最难测、难安、难牢，最难把握，靠人的自我把握很难，造神的目的就是把牢人心、拴束人心，增强人的自我把握能力。《圣经》与其他宗教经典，强调的是信仰的唯一性、独一性、诚实性，特别憎恨不忠的行为，尊崇的是忠实信仰坚韧不拔的性格。这与对人间行为的要求是完全一致的。西方人重视诚信，也许就与基督教的长期教化有关。上帝虽然不能为人类理解把握，但上帝给人类带来的体验、影响是真实有效而深刻的，如同优秀的诗歌、散文、小说、影视等精神产品会对人类的精神生活产生持久深刻的影响一样，宗教经典作为人类的超级精神产品，给人类带来的体验、教化、影响也是超级的持久深刻。宗教经典有许许多多教诲，但第一大教诲，就是尽心、尽性、尽意去遵循教诲，去尽心、尽性、尽意爱上帝，忘了就要受到惩罚，以此反观人间，能够带给你美好教诲美好感觉的事情，都不能忘。

可是，人的忘性太大，人的心性太容易滑脱。本来发生当时感到非常珍惜非常宝贵，随着时间推移在人的内心中分量逐渐减轻，直到化有为无，一切都成了过眼烟云、云飞雾散。人的心性如此，心外的一切、一切的一切，更是无时无刻不在发生变化，人心自然要变。如何在易变的世界把握好自己的心灵，做好自己心灵的守护神，的确是人生一件大事情。心变，也可能往好处变，但更有可能是自我败坏的开始。心不变使人沉稳，做到每逢大事有静气。

外变心不变。无论心外如何变化，我心对外始终不变，即无论心外一切如何在变，我心对外始终不变；我的行为也许发生某种适应性变化，但我心始终不变。外变心不变，要独自承受外变产生的压力，意味着有那种超乎寻常的忍耐和承受，由此获得心灵的净化洗刷和提升，忍耐和承受就成了心灵净化洗刷提升所需要付出的代价。外变心不变，等于给自己内心安装上了自我警醒的保护机制；心不变要如同磐石，也可以有效防范内心免受外界伤害。

外变心不变，也是取万事万物可取可敬可爱可珍惜可以永驻心间之处，培育发展发扬并摒弃其邪恶之处。成全人，应包括两个方面：一方面直接让对方感觉体验到好处；另一方面，帮助对方清理洗刷不良习性甚至恶习，后者更加重要。

心不变，以什么作为变与不变的标准？不能也不宜把外界事物作为变与不变的标准。如果以外界事物为标准，则外界事物易变心易变。比如，本来已经满足的心，看别人后变得不满足了。一切都处于易变状态。《圣经》里讲的是人对神的心不变。你对我好，我对你也好。你对我不好，我依然对你好。这里有没有标准？你行善我对你好，你行恶如果我依然对你好，我的内心就没有善恶标准了。对于行恶行不良事情，要立足于劝止、引导、转化，这是内心有是非、善恶的表现。无罪有罪，以什么为标准？我感觉，时下许多人由于利益心太重犯了一种病，我给个名称，叫“合理性缺乏症”，内心中有一种无罪意识，干什么都有理，完全从对自己是否有利的角度看待事物。《圣经》里有罪无罪，是以是否听信上帝教诲作为标准。我们的法律意识淡漠，法律的有效性差，原因是每个人心中缺乏有罪无罪的意识和标准。内心处于无罪状态，说明缺乏自我忏悔的动力，自我省悟的约束力。我们需要有一种深度的觉醒、省悟。

外变心不变，如果只局限在自我的内心世界，只具有个人价值体验，具有内向性、收敛性。我心不变使人心不变，则具有外向特征，社会意义、社会价值。外变心不变，是从我个人角度、个人价值体验上进行解读。从我心不变再到使人心不变，则产生了大量需要解读的信息，由我心不变到如何使人心不变，如何才能使人理解、接受、信服。“说服学”提出使人接受某种主张，可以采用三种手段：信誉手段、情感手段、逻辑手段。心灵的改变，或让人从内心接受某种主张，依靠这三种手段也很难见效。心灵的改变，常常靠悟性、靠开启心智。人间变心的情况太多太多。对人来说，养育过的、教育过的、帮助过的、忠实过的、恩爱过的、服务过的，许许多多，随着时间推移、岁月流逝，在内心中渐渐淡忘离去。人心易变。有些人，完全以功利为标准，见利忘义、财无心变。心里有无、变化与否，完全以财利为转移。失信的普遍，就是心变的证明。我的行事，只要别人找到我，自己有能力办的必办；能够当天办的绝不拖延到明日。

过去，我在内心上，总觉得欠别人的，倡导记住别人的好处。有欠心的依据是别人对自己做了有好处的事情。这是一种朴素的报恩心理，基点是受人之恩、得人之好处。外变心不变不能建立在欠心的基础上。别人对你做了有好处的事情，你也找机会去做帮助别人的事情，那种负债感也就减轻了甚至化有为无，内心对待别人就会发生改变。由欠心向爱心的转变，是外变心不变的心灵基石。爱心超越普通的血缘、情缘，源于世间普遍存在的种种苦难。爱心，基点是能够给予人的不讲代价即给予人。通过施爱分担受苦人的痛苦、为脱离痛苦的分享、脱离痛苦的愉快。要救人于水火必须亲身深入水火；要救人于苦难必须亲身经历苦难。人对爱的需要，超过对人间任何其他东西的需要，也是超越年龄、性别、身份、种族、国别的需要，尤其对那些生活在缺乏爱的环境中的人，更是如此。生活在无爱的世界中，要比生活在冰天雪地中更加寒冷。

过去，我总结人生有三大激励机制：金钱是最有效的激励机制；信任是最重要的激励机制；乐业是最好的激励机制。现在感到，还应补充一种激励机制：爱，是最强烈的激励机制。爱，能够激发出不竭的精神动能；爱，使人智慧、使人焕发青春活力、使人富有责任心和使命感、使人拥有成全心和牺牲精神；爱，能够增添人的耐力和勇气；爱，能够帮助人克服狭隘的利己主义，使人内心中确立合理与否的内在尺度、标准。

外变心不变，不变的心是什么心？是信心，相信人都能够保持和坚守纯洁的心，即便是低劣粗俗之人，也有良善之念；是爱心，爱心能够消除甚至融解人心之间一切阻隔，使人心融为一体；是诚心，勇于袒露心中一切、能够担当人间一切；是善心，别无所求，但愿做一些对人有好处的事情；是包容心，人心如宇宙，自然能够容得下人间一切。

人不能没有缺点，但不能因此饶恕自己的缺点错误过失。别人的一切过错都可以饶恕。斗转星移，时过境迁，甚至仇敌都可以谅解、原谅、饶恕，人间还有什么过错不可以饶恕。但唯一不可以饶恕的是自己。人要甘愿承受自己选择的一切后果，并从中获得教益。饶恕人之过失，成全人之幸福。

心不变，是否会导致僵化、降低人对外界的适应性？心不变并不是说，心趋向于内向、闭锁、沉寂，丧失了激情和活力，而是外向、开放、充满生机活力的状态，是一种什么都可舍弃奉献的“心”。

所谓乐与苦，皆由心变心来。外变心不变，体现命运由自己掌握，依靠自己去领会。由自己身边人身边事悟开去，直至万事万物，悟无止境。人要以悟为乐、以爱为乐。唯有用心去感悟，随时随地都有感知感悟，随时随地都有那种感悟带来的愉悦。

普通的人感到，国家、民族甚至企业，都离自己太远，对自己的行为很难起支配作用。但《圣经》中的上帝，或者其他宗教崇拜对象，并非实体存在，反而可以实实在在存于人的内心并发生支配作用，机制究竟是怎样形成的？人心的奇妙诡异，也许只有借助于非实体的上帝或者其他形式的教诲才能开启心智、觉醒、省悟、洗刷、净化。

信仰如何才能在世代之间传承，后代人没有前代人那种亲身经历，难道只有通过重复经受苦难教诲才能醒悟？信仰，也许没有办法像基因那样通过遗传方式延续继承。一切都需要从头学起、一切都需要从头再来，人的天性竟然如此愚昧脆弱？仔细研读《圣经》，那里就揭示了思想文化传承机制，在代际之间如何传递。各种宗教经典的存在与传承，历经数千年还那么有效，其中的传承机制很值得重视研究。

人生最大无知便是对命运的无知。这种无知却需要一生去探究去思考去努力寻求。人们越想得到有关自己命运的确切知识，就越是感到任何有关命运的知识都难以给自己带来那种可靠确切的感受。宗教关于命运的确切肯定则充满了难以证明的神秘感。占卜算卦则使人感到更加虚无缥缈。最为可靠的要算医学，但一个身患绝症危症的患者，极少能够从权威医生那里得到能够治好病的肯定承诺。在命运面前科学也常常显得如此苍白无力，带给人们失望不满。也许人们对科学的功能过分夸大了，使它承受了不该承受之重。

命运，从知性角度看，应该有部分可知性可控性，这样才能点燃希望的火炬，焕发人的力量感。人们要去做某件影响自己命运的事情，可以清醒地预见三种可能：成功、失败、先败后成；并相应采取三种态度：努力争取成功、尽力避免失败、积极应对失败。但究竟哪种可能会成为现实，就没有确定性了。命运也伴随着许多未知的变数，使人们对它生出好奇和探险，运气的诱惑也使命运显得格外刺激人。

命运中最为奇特的搭配组合，要算是失误与机会的奇特搭配。人是社会动物，人与人之间产生复杂的竞争合作关系，在这种关系中形成了一些人失误成为另一些人机会的搭配组合。有时，努力减少失误或者不失误，甚至比做出成功的事情更加重要。难怪把不做事以减少失误机会也可以作为上乘的竞争策略。

一个人自从迈上命运的航船，就会面对许多未知，产生许多期待、想象、寄托、神秘，伴随未知的不安、期待的满足、极度满足的喜悦，找到归宿的安稳。

一个人患了与气候变化极敏感的哮喘病，危险具有潜伏性和易发性。

尤其到了晚期危重阶段，应对气候变化要求病人具有高度戒备、高度警惕、高度应急反应能力。过分小心谨慎又会走极端，反而谨小慎微，束手束脚，弱不禁风；稍有不慎又极有可能酿成不幸。人处于险境会格外增加把握的难度。

社会病理亦是如此。

社会机体经过多年运行难免生成痼疾、顽症、重症甚至危症，但从社会成员个体意义上看，可以减轻、消解、转化、升华这种影响。如果社会病态万象，个人心理失调行为失控，将会放大加深个人不幸和痛苦；如果每个人无力积极有效参与社会事务促其向积极健康方向演化，至少应洁身自保独善而行，成为稳定健康的社会一原子，不能成为社会病毒因子载体，在社会中传播传染扩大蔓延社会病象。最终，自己作为病毒携带者和有意传播者加速自我败坏和自我毁灭，会受到惩罚反受其害。高尚一点的则可以成为社会一个健康积极有益因子，发挥另一种积极的影响力、感染力。

一场规模空前的生命教育

2008 年 5 月 19 日 14 时 28 分，中国开始了为时 3 分钟的也许是人类有史以来规模最大的默哀悼念活动。13 亿中国人，为汶川地震灾害遇难同胞，在同一时间的不同地点不同场合，以同一行为表达同一意愿，对逝去的生命进行哀思和祈祷。它浓缩传达的理念是，生命高于一切、重于一切、贵于一切，生命可谓同源同价，有同样的归宿、同等的分量，在生命面前消除溶解了人间的一切差别，也正因为如此，它会比任何行政命令更加有号召力、感召力、影响力、约束力，在生命面前，任何人都要低下他那高贵的头颅。

一场规模空前的生命教育，一场空前的对人的心灵的净化洗礼，通过寄托哀思、悼念亡灵，是对灾难的转化、启迪、升华，是从灾难中汲取教化人生的力量。

地震，是大自然对人类生命的一次摧残、毁灭。住宅、道路、桥梁、工厂、学校、办公楼，几乎所有的以静态、固态存在的人类文明的标志，作为人类生命的寄居之所、人类生产生活的载体、人类占有和分享文明成就的工具，却在顷刻间化为废墟，成为毁灭生命的媒介和见证。人类生命的脆弱，驱使人类努力创造外在的文明成果去保护自己脆弱的生命，结果在更加强大的大自然面前，也显得如此脆弱。也许，找寻人类生命的坚强、强大，只有回归于人类生命的自身、回归于人类的精神、回归于人类的心灵，那才是人类强大、坚强的最终归宿，在那里才能构筑强大、坚强的基石，在那里才能搭建起人类的精神家园。默哀，虽然只是一种非常简单的悼念仪式，但当它升格为13亿人的集体行动，伴随着警报、笛声的尖利鸣叫，就成为人类文明力量的另一种超大规模的展示，它是对死者魂灵的追思、是生者精神的炼狱、是对民族精神的凝聚，它更是对人类精神的熔铸、提炼、升华，它会比外表坚硬的建筑物，更加能够融入信心、坚强、勇气、镇定、智慧和力量，能够更加有效地构筑起人类的精神家园。

2. 心灵的神奇功能

心灵是具有高级复杂功能的精气团

有人主张心灵居于心脏中；有人认为心灵存在于大脑中。尼撒的格列高利主张心灵存在于身体之外，心灵通过身体的感官起作用，心灵的本性是不可知的，心灵的本性是多样的和复合的，心灵和理性是上帝和人类共同分有之物。

人的心灵其实是精气团，是一种具有复杂功能、高级功能的精气团。

这种精气团，源于人的生物肉体、合成于生物肉体，合成于父母精血、繁育于母胎之中。它形成于生物肉体又超越于生物肉体，其形成发展演化更重要决定于精神上的资质禀赋，取决于非常复杂因素的相互作用。

精气团形成之后，附着于生物肉体之中，畅达笼罩于各种器官之中，又可以在生物肉体与宇宙之间形成极复杂的感应关系。精气团有物质的特性，承载着父母乃至远祖的基因，有灵性有情感有极大的可塑性，渺小狭隘到容不下自己的肉体，又可以无限伸展包容直至整个宇宙，宇宙也成为它纵横驰骋的场所空间。难怪有人说，人的心灵是小宇宙，它有物质的厚重，又有超越物质的轻逸与空灵。心灵史研究中，有人描述心灵是飘忽的，需要拴束，飘忽确实反映了心灵的某种特性。超越了具体目标拴束的精气团自然处于飘忽状态，说明安稳得难寻。什么有形的东西都可以拴束，唯独精气团难以绑缚拴束。精气团有惊人的采集吸附吸纳能力，更有神奇的消化消融转化提纯功能。精气团经过浓缩凝聚而成精气神。精气团的灵魂便是精气神。没有精气神的精气团是散漫的、无机的、无生命的。

心灵，因精血合成而污浊，却又因合成为生命而神圣高贵，更因精气合成凝聚而显得玲珑剔透洁净透明，照亮人生道路照亮人间。

人的器官、人的思维、人的体验，唯有人的体验在精气团的衍生强化中有特殊作用，融合了肉体与精气，恰好链接了肉体与精神。体验是肉体与精神的结合部。

精气团有能量场有磁场使它有感应能力。

生活中存在的同步性现象，对我们来说，并不陌生。想见什么人就碰巧遇到什么人；你缺少什么就偏巧有人给你提供什么；有让我们感到神奇却又解读破译不了的“心灵感应”；更有巧合的“说曹操曹操到”等等。

我们可以设想，未来在人脑中植入传感器，你就可以接受到别人“想”你发出的信号，然后再作出明确的回应。现在已经出现“脑—机接口”系统：

> 戴上特制的电极帽，就能通过想象控制电脑里的小狗按照自己的想法运动，进行足球对抗赛；盯着按不同频率闪烁的放大的数字键盘，在心中读出键盘上的数字，就能将脑电波传入电脑，通过电脑完成电脑拨号（姜春明：人类是否有“第六感”？《新华文摘》2006年10期）。

科学家的新发现：动物界普遍存在对外激素（信息素）的感觉，外激素是动物分泌的化学物质，用于影响同种动物的行为。感觉外激素的器官叫离鼻器，是位于鼻中隔底部的软骨结构。人类外激素已经确认，只是器官已经高度退化，只有在胎儿和新生儿中，还有明显的梨鼻器结构。美国学者利用研究昆虫触角电析法的测量法，将电极放置在人类梨鼻器上，再将讯号放大，结果发现，和其他昆虫、老鼠一样，可以测量出不同化合物所引起的直流电压变化。结果显示，男女之间，梨鼻器对对方皮肤分泌物特别敏感。梨鼻器和鼻内嗅觉上皮层位置不一样，而且后者有神经和大脑相连接，而后者尚未找到与大脑连接的神经。人类也具有类似鲨鱼对电流的第六感。人类第六感可预警危险，脑部的一块区域被称为前扣带脑皮质，可能会觉察出环境中的细微变化，并起到预警作用，提醒人们逃脱困境。第六感有新进展，但至今没有找到除感觉器官以外的感觉通道，人类目前所具有的能力和技术手段，不足以作出清晰、科学的解释。

电磁场无时间空间，却有无限质量和能量，人的意识和心灵，也具有同样的特性。意识和电磁场，都可以还原为极微小的量子单位，运动形式就是能量波，在这样极其微小的单位上，它们是相同的也是可以相通的。比如脑电图心电图。如同纳米单位使物质和精神的区别趋于消失一样。我们可以预期，也许在不太遥远的未来，只要通过合适的技术，就可以实现两种波能之间的相通。自然，通过人的意识，人的意念，可以作用于电磁波，从而改变现实物质的运动过程。意念，可以作用现实、形成现实、改变现实。

意念作用于现实的过程表现为同步性，也就是“心想事成”，你想到什么，在现实中就会同步出现什么。意识通过脑电波产生能量，能量会形成相应的能量波，这种能量波与电磁场的能量波相通，作用于现实的物质运动过程，也就使现实发生相应变化。

但是，这样的过程具有极大的偶然性。你想什么，未必就一定在生活中相应出现什么，因为能量波面向宇宙是开放的、发散的，能否与你所想象的对象发生关系，对方能否感应到，具有极大的偶然性，所以才有利用科技手段介入的必要，在人脑中安装上相应的发射器与传感器或者接收器，就可以像接收电视信号一样接收到对方发出的信号。

我们的身边存在的是多个世界，每个世界都有每个世界的运行规则，当这些规则出现交叉时，我们就会感到异常，出现不适应。如时间风暴，也许是电磁场产生“裂缝”，造成时空错位，相遇者仿佛突然置身于另一种时空环境中，甚至是没有时间空间的环境中，在瞬间把人提升到光速，自然是使人丧失了感受力。

我们身边未被认识的东西太多，我们需要养成面对未知的探索精神，需要培育转换思维能力，灵活调整视角的科学素养。

心灵的神奇特性

人的命运，是经历了无数的级次化的自然选择和人为选择的结果。

根据自己的日记，2006年6月19日，我的心灵开始出现“空置状态”，什么也没有也没有什么，靠什么充填？2007年4月18日，大脑空旷感，急需装东西，任何要素只不过闪现一瞬。2007年10月8日，已经长时间处于一种无欲无求无所想无所牵挂的状态，孕育着什么？脑海中仿佛漫无边际的星空，显得极为空旷，边际向极远极高处伸展，我还能做什么？2009年4月22日，因寻求高层体验，对虚无状态有了自觉，开始思考虚无。虚无本身即是一种高层体验，如同音乐、美术、歌曲、文学、爱情、信任，给人带来喜悦、激动，上帝也是人类特定智慧创造出来的。人类的未来可能会创造出高于上帝、佛教的形式来。人们对高层体验的向往和追求是无止境的，这种向往和追求会激发出更加伟大的创造力，使人们在更高的水平上分享伟大的成就。人类的心灵，张显出神奇的特性，蕴含着无穷的创造力。虚无，是心灵摆脱了拴束获得自由的状态，轻松以至于无，这种无，并不是什么都没有，也不是什么都有的状态，是一种选择取舍自如的状态。心灵，说小，小至容不下一人一事一物一念，被一种念头想法牢牢占据，仿佛扎下根锁定一般，对其他人、事、物、念产生极强的排斥力。说大，容得下人间事、人间人、人间情、人间理，其大简直要用整个宇宙去称量衡量。心小，俗称小心眼，小心眼不是坏心眼儿，但却极容易坏事；心大，固然有助于成就大事，但也容易忽视细节功亏一篑，酿就终身遗憾。心量有如此大的伸缩性，关键在想。心量的狭小令人感到悲哀，心量的宏大使人荣幸。心灵的狭小任何东西也填充不进去，心灵的宏大任何东西填充进去也填充不满。心灵宏大，可滋生出天地心、天地情。无以敬天下、无以为天小。天下人是敬不完的敬、天下事是为不完的为。

人的心灵可以要什么就有什么？

人的心灵可以要感受什么就可以感受什么、要什么“心”就有什么“心”吗？

人最渴望的莫过于幸福感和优裕的生活，那种生活需要奠基在爱心的基础上。心灵中如何才能生长出爱心？

2005年2月7日《报刊文摘》转摘汪金友的文章《爱心增长课》，介绍的是英国有家小学校，开设一门特殊的课程——爱心增长课，为了使这些幼稚的心灵能够真正理解和同情别人的疾苦与不幸，要求所有学生，在一个学期当中，每个人都要过一个盲日、一个病日、一个聋日、一个残疾日和一个哑日。例如，在盲日这天，他们的眼睛就要被蒙起来，什么都不能看，然后再派别的孩子去帮助他们，这就会使盲者和帮助他们的人都从中受到教益。

时下流行感恩的歌声、感恩的话语，如何生成感恩的心？有了感恩的心才能生长出爱心。对于成年人来说，需要培育出一种能够感知、感应、记住别人好处的能力，在人生脆弱期、风险点、转折关头，别人对自己施与的各种关心帮助。

有人说，人与人之间的感受体验，有99%是大同小异，难怪人与人之间会产生强烈共鸣。人们的共同体验是，要想达到心灵中要什么“心”就有什么“心”的境界简直是太难极难的事情。

对于心灵中希望期待生成的想法念头，却偏偏浮现不出来，就是有了那种想法也难立足扎根，如过眼烟云，而明知有害的念头想驱除反而像生了根一样，甚至有时会出现“恨恨地想”的心理倾向，以刻意加深某种念头。阿Q所具有的那种神奇的精神胜利法，我们却常常地加以曲解误读。其实，在阿Q身上就表现出了一种控制心灵感受的能力，任何不良的心境，只要他通过这样一想那样一转念就被排除了。

最近，我读到一篇报道，到了2008年北京奥运会，借助于新一代互联网，通过摄像头和传感器，人们可以获得足球运动场上运动员和裁判员的那种感受。通过科技手段，人们已经开始接近要感受什么就感受什么的境界。

2005年3月2日《环球时报》，刊载了史蒂文·卡维撰写、赵海平编译的《给心灵装上爱的程序》的文章，借助于科技手段，可以控制心灵的生成过程，文章描述了心灵程序的运行过程，人们可以用非常简单的程序化操作，删除“怨恨”、“往日伤痛”、“自卑”、“嫉妒”，安装并启动“热情”、“友好”、“满意”、“宽容”、“自信”、“仁爱”等文件。尽管这是一篇科幻文章，但却非常富有启发意义。

爱因斯坦早在1946年的一次公开演讲中就曾经指出：“原子释放出来

的能量已改变除我们思维方式之外的一切事物，因此我们将日渐走向空前未有的大灾难。”为了制止人类这种发展趋势，他在晚年撰写了大量关于伦理道德和社会问题的文章。他写道：“光有知识和技能并不能使人类过上幸福而优裕的生活，人类有充分理由把对高尚的道德准则和价值观念的赞美置于对客观真理的发现之上。人类从像佛陀、摩西以及耶稣这样的伟人身上得到的教益，就我来说要比所有的研究成果以及建设性的见解更为重要。”（《全球通史》1500 年以后的世界，斯塔夫里阿诺斯著，吴象婴等译，上海社会科学院出版社 1999 年第一版，911 页）

在充满竞争、贫穷、不满、冲突甚至仇恨的世界里，要想让人们接受道德教化，增长爱心，增进人间幸福感，是很困难的。要经过一种复杂的教育教化过程，需要经受一种心智能力的训练，而且效果并不是很理想。现在甚至出现经济上富裕了，但人们感受的苦难却比贫穷时更加深重的发展悖论。通过科幻文章所描绘的那种控制人的心灵活动的前景，到那时是不是可以用技术手段取代道德教化，实现道德高尚可以像安装软件那样容易，如果真正达到了那样要感受什么就能感受什么的神往境界，人类还将面临什么样的新挑战？人的心性心灵有巨大的发展潜力，是否足以应对那时面对的挑战？

心灵的舒展

法国作家蒙田在他的随笔《论闲逸》中，认为“人确实是一个不可思议的虚幻，飘忽多端的动物”，“如果没有一定的注意占据它，把它约束范围住，它必定无目标地到处漂流，入于幻想的空泛境遇里”，“灵魂如果没有确定的目标，它就会丧失自己”，“到处在等于到处不在”，他总觉得“闲逸使心灵飘忽”。

我们不能苛求 16 世纪的作家能够提出健全的心灵活动概念，但却惊喜地看到，蒙田提出的心灵因闲逸而伴生的飘忽现象，是心灵史上的重大课题，对于当今世人，如何面对生存竞争压力越来越大、日益重视休闲生活、提升休闲质量的现实，使人们自觉调整心态、控制心灵走向，也有重要意义。

心灵的动态，是飘忽还是舒展？在蒙田看来，飘忽是心灵出现的“无次序、无目的”的状态，对于飘忽者的个性体验来说，是一种轻松。这种飘忽伴随的轻松，大概与米兰·昆德拉在小说《不能承受的生命之轻》中所揭示的，人们在解除了祖国、民族、荣誉、崇高、道义的约束后，出现异乎寻常的轻松感，生命的意义也就消解在如此轻松的状态中。这样，心灵的走向也就完全由欲望指导和控制。

人是不能完全轻松化处理的。应该承受的沉重必须承受。轻松不能靠解除、放弃责任、道义的方式获得，否则，人将为此付出另样沉重的代价。

其实，心灵飘忽，是不是完全无目的、无次序？每个人都有这样的心灵体验：当自己放纵思绪处于自由联想状态时，浮现在脑海中的想法、念头、画面，相互之间虽然互不关联，呈现一种发散、跳跃状态，却大体与人的生活经历、生活体验、生活追求、欣赏偏好有关，是生活之根潜在地控制着它们。就像藤蔓之根在控制着藤蔓的舒展一样，可以按照它们的不同习性，或匍匐前行，或攀援而上，或缠绕倚眷，从容和缓、不屈不挠，使它像女孩的美发如瀑、细密如织，无论院落、田间、野地、山涧，不管平坦曲直还是嶙峋陡峭，任何东西任何处所，都可以成为它舒展铺排的舞台。这很像大家手笔，朴实无华，随手拈来，得心应手，随处感受，随处拾取，随意解读，融入笔端，却洋洋洒洒，精致散漫。

如同藤蔓攀附达到地形地貌舒展铺排一样，心灵的舒展也依生活之根，有秩序地展示出它的意境，它的舒展铺排具有特定思想内涵、社会内容，当然也是可以由心灵的主人记录、破译、解读和赋予；它也是人生足迹的采集和提纯，哲理的体悟，情感的凝聚，生命能量的蓄积；更是人生的梳理，人生意境的极致拓展，充满了对未来的向往和憧憬，成为生命力的另样宣泄和展示；它有回忆的真实，想象的虚幻，新奇的发现，欣赏的美景，心魄的震颤；它无边无际，纵横腾越，它比眼界宏伟壮观、瑰丽多彩，它比流星闪电更迅捷，可以包容天地万物，驰骋浩大的宇宙时空。

心灵的飘忽，虽然不如舒展的大写意，却也反映了心灵活动的某种特性，心灵的迷失，安稳的难寻。心灵用什么来拴束？心灵的舒展，固然使欲望得到激发和释放，这样的激发和释放会使心灵变得难以安稳。心灵的安稳，需要一种沉重。崇高、道义、责任、荣誉，既是拴束心灵的文明要素，又是使心灵得到安稳的基石、定心丸。沉重与轻松，就是实现心灵安稳的两个平衡点，通过两极平衡实现心灵的安稳。过重，使心灵失去弹性和活力，由安稳走向死寂；过轻，则导致一种放纵。过重过轻都将造成心灵失稳。心灵的两极平衡需要艺术，施压加重不能推向极致，失去弹性使人难以忍受；也不能轻松变得难以收束。人生需要沉重带来的那种充盈和充溢的体验，那是在注入和蓄积生命的能量，在渴望的期待着生命活力的迸发和释放；也需要轻松的舒展和宣泄，品尝那种淋漓尽致的畅意；更需要在沉重和轻松两极之间的回旋调适，唯有这样才有可能赋予心灵活动以艺术的魅力。

3．编制新的精神活动程序

应该告诉同时代人们一些什么

2000年，面对我所在的部门和单位出现大规模减员的形势，我萌生了一种想法：应该告诉同时代人们一些什么。经过一番思考探索，终于写出了《乐业至上》，印发成小册子，在一定范围内散发，听到了一些好评。却又总觉得，有些事情没有说透。还想说什么，想告诉人们的还有什么？一度陷入心性资源枯竭的状态。后来拿起《圣经》重读。有了好奇心。我们心中无神，让我们相信有神，太难。可是，《圣经》中的神，或者上帝，为什么能够使那么多人相信？读来看去深思，不得其解。后来想，也许宗教的思维与我们的思维不同。读到传教士说的话，有属血与属灵的划分，二者互不相信。我们的思维，要让人相信，必须是看得见、摸得着。《圣经》中也用显神迹的方式让人们相信上帝的存在。猜想，宗教里信任机制的形成，一定是另有原因，很难用我们的常态思维去理解。《圣经》里的语言，与我们的语言很相似相近，从信任机制看，又如此相异。同样的话，有人就信，我们就不信。什么原因造成这样大的差别。读英国人写的《神之简史》，里面有句话："神是经过长期修炼达到的非常高层次的现象。"很受启发。人的内心中能够生成什么感受、想法，是由什么控制的？人们为什么这样想而不是那样想？有人为什么会生出那些奇怪的想法、感受？过去讲，不同文化背景，造成想法的相异。现在想，更深一些层次，是教化不同。西方人或者其他国家的人，经过了宗教的教化洗礼，我们是通过孔子思想教化、儒教教化。不同的教化思想方式，造成心性差异。二者有许多相通，但根本上教化的机制不同，信任信服的机制不同。经过宗教教化，生了根，信服，奉行。我们在"文化大革命"时，有些主义主张教条，也讲牢记、铭刻，甚至要求溶化在血液中、落实在行动上。可谓要求确实有深度，对许多人来说就是言行不一、说做不一，嘴上说一套，行动上是另一套。那时流行语叫口蜜腹剑。尤其是，遇到自己的事情，就绕不开、想不通、过不去。怎么说也没人真正信服。真要像宗教里讲的那样，有上帝或者头上有三尺神明，时时刻刻在察看你的言行，并根据你的言行即刻或者未来肯定奖惩你的言行，那就很容易实现天下皈依。但上帝或者什么神明偏偏让你看不见、摸不着，言行的惩戒也不存在一对一的即刻对应关系。靠这个让人信服就难。难，就需要在内心找原因。内心是什么原因？信志不刚、不坚、不牢。《圣经》里也有大段和反复的描述，上帝的告诫一再遭到违背，上帝为了赢得子民的信任、驯化子民的心性很费苦心，用了各种招数。各种宗教也设计了各种仪式，仪式起什么作用？就是为了通过外在千百次重复的行为，强化信心信念。

通过阅读《圣经》引发的思考，觉得我们心性太容易滑脱，好不容易确立起来的观念、信念，轻而易举地就被一些琐事消解冲刷掉了。我们中国人，在日用常行中，想不该想、想行不通的事情太多太多。是心智陷入误区。如何避免去想不该想的事、什么事情是不该做的事情，而且能让百姓信服，很难。我碰到有些人想不该想的事情，便耐心去告诉他应该怎样想。把应该告诉同时代人们一些什么，化为日用常行的告诉，把这种告诉积累起来扩展开来，进一步把用心思考的结果汇集起来，就形成了书。

人的内心中如同感染病毒一样，删除了痛苦不良心态还会感染再生。靠删除不是根本解决办法。由删除痛苦上升到如何在内心中消解产生痛苦的根源，驱除内心中隐藏的病毒？阿Q就陷入了一种不断删除痛苦的困境。看起来需要对阿Q的精神胜利法进行自我否定。有了自我否定才能实现超越。为了反映超越，我依然保留了以前对精神胜利法和阿Q的一些评价。对有些人来说，能够娴熟地运用精神胜利法就已经很不容易了。保留下来还有另外的理由，提醒人们注意，对已经成为定论的东西，是否还可以从别的视角提出问题，也许会引发新的发现。在相当长的时间内，我是很推崇精神胜利法的。它里面的确有合理内核，现在看来，精神胜利法也有局限性。阿Q至少不是乐观智慧的最高表现、最好的载体。靠精神胜利法删除了不良还会再生不良，陷入一种低水平的删除—再生—再删除—再生的循环往复中。要摆脱这种低水平循环就要另外寻求超越的途径。

删除不良心态或者痛苦，需要进行心智能力的训练，但其结果有可能陷入另一种悖论之中，不顾及伦理道德的约束。如果我自己因为某种愿望要求没有得到满足造成痛苦或者不满，删除掉了有积极意义、有助于把自己的时间精力集中到积极意义事情上去。如果我看见别人在遭受苦难痛苦，却丝毫不以为然，就把自己降低到连起码的同情心都没有了，更不要谈出手相救了。人有许多无奈感受无能为力的时候。那时，也要想是否有回旋余地，寻求转机，实在别无他法，最后才能归于顺其自然。你看到别人伤害了你的面子，有伤自尊，心生怨恨不满，这里还有问题。临机碰到问题，一个人是否能够保持清醒，即便有了清醒，是否具有足够的心智能力对自己所面对的局面作出正确的反应、恰当的应对。美国著名传记作家特里尔撰写的《毛泽东传》，形容毛泽东能够迅速把握一团事物的意义。我们普通人临机反应，如果从对自己是否有利着想，心境和判断力就会陷入狭隘视野，如果能够从大局、从是非角度去对待，那就不错了。

由于人肉体生命的脆弱，天性就有寻求内心安稳的深度追求，满足安稳需求的世俗导向却把我们导向外在目标，比如金钱、权力、组织、荣誉、人际关系等。外在的东西却经受不住岁月的冲刷和时光流逝的考验。我们都有过的人生体验是：原来很看重的东西，随着时空价值坐标置换感到变得很轻甚至毫无价值，原来感觉很靠得住的东西现在则毫无安稳感了。外界的依靠只具有暂时性，实现心灵安稳的终极依托必须割断与外界的联系，但这种境界光靠语言说明阐述是不够的。必须依靠自己的亲身体验。我曾经有过一种体验，用语言很难准确描述那种心灵中出现的景象，内心中仿佛被什么东西照亮一样，达到内心极度喜悦安宁祥和境界，随即感到摆脱了外在人生目标的缠绕困扰，心灵获得舒展的自由。那种体验虽然只是一瞬间出现，却整个改变了我人生的意义、人生的态度，内心中感觉有了一种显著的净化和提升，自己再活下去已经别无所求，再活下去就是多做一些济世救人的事情。那种体验，帮助我认识到人生各种遭际命运都是教化人生的机缘，意识到感通万事万物性理的重要。神明神明，仿佛受到超级智慧点化一样，无论遇到何种事情，都可以贯穿透达，心灵再无阻滞之感。原来，人的内心，有一种深度需要，而这种需要恰恰又只能由内心生成的感受体验得到满足。求解心灵安稳的密码原来就存在于我们的内心之中。外在的目标只是成为满足内心深度需求的手段工具，它们不再成为拴束心灵的枷锁。

我观察有些人非常重视外向生活目标的奋斗争取，很少注意并进行回归自己内心的自我调节调整，去努力培育发展增强提升内在的精神力量，有时不该争取的也在进行徒劳无益的索要，徒劳自己的心力。人生应该把内向与外向的努力有机结合起来，并根据生命周期变化的要求，对内向与外向的努力向度进行有伸缩性的调节，以提升人生的自由度。

如何济世救人？靠金钱物质是非常有限的。经验证明，如果缺乏内在深度需求的满足，仅靠外在目标的达到与否作为衡量人的需求是否满足的标准，很难。外在目标会被人的欲望轻而易举地突破。只有内在深度需求得到满足的体验，才能确定一种有效的尺度，去有效节制人的欲望和行为。人的生命的脆弱性，使人类内心有求安稳的深度需要，求安稳的密码却深深地隐藏在人内心之中，而不是人们习惯追求的任何外在目标载体。

外在目标只是从事思想文化活动、实现人生意境升华、内心安稳的外在条件，我们也不主张回到苦寒条件下去从事生产生活、思想文化创造活动，倡导经过苦修去实现人的精神净化提升，像佛陀就感到苦修反使自己受到肉体的困扰，不利于意境的提升。要为心灵净化创造必要外部条件，就需要有生存本领，提升人生意境与培育增强生存本领并不矛盾。

人的肉体生命存在，客观上使人难免内生有各种欲望，满足了就快乐，没有满足就是痛苦。欲望就是产生痛苦的根源。一旦受到外界刺激就会发作感染。为了铲除痛苦之源，我们又不主张像有些宗教教徒那样把肉体看成迫不得已的事情，更不像时下流行的瘦身主义者行为，就必须编制新的精神活动程序，使人的精神活动受到高层体验的引导控制。有了这种全新的精神活动程序，就可以有效防范各种病毒的侵袭，也就不会再生痛苦。形象地说，本书的宗旨就是向人们提供一种新的精神活动程序，以期帮助人们对自己的内心世界进行一番梳理洗刷。精神活动程序，也就是控制人能够产生什么想法不能产生什么念头。如果安装上新的程序，就可以实现自动控制。可是，精神程序的编制开发和安装就更加复杂了。人们都感觉很奇怪，有些想法说法感觉是正确的，可它对人的精神活动就是不起实际作用。这就需要程序，通过程序转换一下。这里只是作出的一种新尝试，是我经过长达数年苦心思考的一种结晶，给大家调节内心活动提供一种新的选择。

我读过一篇文章，题目为《艺术与科学中的创造力》([美]赫伯特·西蒙，杜文娟译，2005年4期《新华文摘》）产生了神奇的感受。文章说，人的大脑与计算机程序，均使用了极其相似的符号“软件”结构和过程，神经元与电子元件处理符号的工作机理相似。

运用到科学发现的过程，根据科学史提供的证据，用计算机模拟科学家实际从事科学实验、实现科学发现的过程，竟然可以重复同样的科学发现，并且通过学生的实验得到证明。显然，如果遵循那样的程序，可以显著提高科学发现的概率。对科学发现程序的研究，破除了科学发现来源于灵感、顿悟的神话和神秘感，可以建立普遍适用的模式，为人们所遵循，按照这样的程序去操作，完全可以提高科学发现的成功率。

掌握发现的程序要比发现本身更加重要。运用编制好的程序或模式去进行搜寻，与训练有素的职业眼光有选择的识别相结合，可以大大提高科学发现的成功率。

由科学发现转移到社会实践领域，提高社会科学成功的设计水平，发现社会革命、社会转变的一般规律，精确计算出实施步骤，完全可以减轻社会痛苦，降低社会代价，增进社会福利。同理，用编制好的精神活动程序，可以达到减轻人们的精神痛苦、提高人们对幸福愉快的感受能力。

分享愉快是倍加愉快，是乘法效应；分担痛苦是减轻痛苦直到化有为无是除法效应。

4．二元性竞争模式

从就业、择业的年龄意识发生变化的背景看，社会生态环境发生了深刻的改变。市场竞争、科技进步，使智性权威逐步取代资历权威。社会进入与退出的门槛发生了实质性的变化，社会的开放显现出容易进入的一面，但是进入的门槛变高了，只有年轻人才能跳得进去，社会退出的门槛变矮了，中青年也非常容易退出。人们不得不重新确立就业的年龄意识。有人甚至把1986年出生、21世纪初上大学的一代人戏称为“286”，意思是年纪二十几岁，没几年好折腾的了。美国金融危机的爆发，进一步加深了这种影响。社会隔代、跨代现象就是以空前严峻的年龄问题呈现在世人面前。某些前沿性高新技术产业部门，其一线主创人员的平均年龄已降至二十几岁，知识更新速度以年、以月甚至以天计算，真是达到了“江山年有才人出，各领风骚数十天”（季羡林语）的意境。一次性就业的有效工作时间变得较为短暂了，这意味着社会正面工作舞台的竞争压力空前加大，使社会的生存压力感变得更为普遍。从社会整体角度观察，如今的人类社会出现了隔代、跨代进化的机制。这种隔代、跨代进化现象的出现不是偶然的。人类社会进入20世纪90年代以来，知识经济的形成和发展，高新技术产业群的迅猛崛起，使这一时期受到高等教育的学生成为知识经济的代表和前锋，并迅速成长为活跃于社会发展前沿地带的一种社会力量。我国因科技兴国战略以及鼓励创新政策的贯彻落实，有效发挥了留住人才、吸引大批留学人员回国的作用。这就为我国社会的加速进步、提速发展和持续创新提供了崭新的社会基础。在代际性的自然继替进化机制作用下，社会进步的过程无疑是缓慢的，而非自然的隔代、跨代的进化机制才有可能实现社会超常规、跨越式、超高速的发展。这种进化机制的出现，改变了一般的社会进化秩序，引发了由于社会退出年龄的提前所伴随的一系列社会问题，激化了人口老龄化与就业年龄年轻化的矛盾，使社会生活的组织与开发面临着前所未有的压力和挑战。这是一种由于社会复合型转型过程所造成的社会综合征，但其表现却带有鲜明的代际特征。

在我国以建立市场经济为目标的体制创新过程中，存在着两种基本力量和因素：一是体制本身的自构造、自演化规律，即体制内部诸要素之间存在着功能耦合性关系，一种类似于生态性的共生互赖关系。二是体制创新的道德价值。在体制创新过程中，伴随着人们的经济利益格局由一种均衡状态向另一种均衡状态转换的过程，对不同类型的人群会产生不同性质的影响，人们基于各自的利益会产生不同的评价，并采取不同的行动。利益阻碍着人们对体制创新过程达成一致性理解。社会的进步与发展恰恰需要人们对一般趋势达成共识。

对于体制创新过程中所存在的规律性与价值性的矛盾，存有两种类型的解法：一种是单纯考虑规律性要求，而不必顾及道德价值，也就是说不必关注体制创新对一部分人的不利影响。这种解法，容易使体制创新的内在矛盾发展为外在的二元对峙形式，使由此引发的巨大社会紧张性和不稳定性得不到有效的缓解，势必损害体制运行的社会基础。另一种较为理想的解法是将体制的完善置于优先地位，兼顾道德价值的要求。按照这一解法，可将市场经济体制划分为主导部分和辅助部分，前者实行要素优化组合，通过严格的市场竞争决定资源的配置和收入分配；后者则降低组合条件、标准，对以各种形式退出的人员实行有效的社会救助。对于后者采取系统的保障措施：（1）加强社会的引导、疏导；（2）随着生产力发展，逐步提高社会保障线水平，扩大惠及面；（3）大力发展个人贷款；（4）以项目运作为中心，对弱势群体提供综合性就业服务支持，激发其回归主流社会的信心；（5）沿着一二三次产业依次发展的走向，延长产业链，创造就业机会；（6）针对闲暇时间增多、假日经济日益活跃的形势，拓展城市消费领域的深度与广度，为居民创造便利舒适的生活空间。

与市场经济体制分解为主导部分和辅助部分相适应，社会竞争领域形成了二元性的竞争模式。竞争固然是社会进步的一大动力，但竞争的性质和方式，将会随着社会的发展、社会生态环境的变化而改变。所谓二元性竞争模式，是把竞争模式分解为两种类型：一种是以衣食竞争为目标的低级竞争模式；另一种是以智德竞争为目标的高级竞争模式。社会进化的趋势是逐步取消衣食竞争，实行智德竞争。举一个不太恰当的例子，高级竞争模式类似于体育场上的比赛，政府是裁判，参加智德竞争者是运动员，取消衣食竞争者是观众。我国现阶段正是主张和努力创造公平、公正、公开的竞争环境，通过使社会生存标准达到起码的社会保障线水平，达到取消以衣食竞争为主要内容的低级竞争模式；通过依法打击假冒伪劣、权钱交易等种种失信违法的恶行，达到建立以智德竞争为主要内容的高级竞争模式的目标，这将使社会运行更加趋于合理化和有序化。由于我国现存特殊的城乡二元性社会结构，生产力发展不平衡，这种取消低级竞争模式的努力还只能在有限的城市中推进，乡村中尚有相当数量的人口依然生存在贫困线以下，生活于低级竞争模式中，其中，通过个人和家庭努力处于求学上升过程中的人群，仍然有相当部分人没有摆脱衣食竞争的痕迹，节衣缩食而求学。我国许多贫困大学生的经历已成为震撼人心灵的事情。这说明由现存的二元性竞争模式过渡到单一性高级的智德竞争模式，还需要整个社会付出长期的、极大的努力。二元性竞争模式的存在具有相对性、动态性、开放性，生活于低级竞争模式的人们，可以经过自身的努力提升自己的生存层次，摆脱衣食之忧。已经进入高级竞争模式的人们，由于年龄、身体、才智结构等原因适应不了竞争的要求，会成为掉队人、落伍者、牺牲品，需要社会提供救助和保护；若律己不严，降低了自身的智德水准，甚至贪赃枉法、胡作非为，完全有可能沦落到为衣食而竞争的境地。一种极端的生存状态使一些献身于人类崇高事业的人们，反而摆脱不了衣食之忧，社会有责任为他们创造和提供生活条件，使他们尽心于创造性的事业。

5．生命意义

关于生命意义的三种理解

对生命意义的理解大致可以分为三种类型：一是“形而下”的理解，也就是根据肉体感受确立生命的意义，把生命存在的意义、价值理解为生物肉体存在的状态及相应的感觉，这可以称之为世俗化的理解。二是“形而上”的理解，把生命存在的意义、价值理解为超越生物肉体的一种精神追求，是“灵”与“肉”可以分离的理解，比如宗教的生命价值观，或者生命就是为了服务于某种主义主张。三是对生命的生物存在与精神存在和谐统一的理解和追求，是“灵”与“肉”相统一的生命价值观。对生命、生存意义的理解和实现受着生命存在本身所固有的生物肉体存在与精神存在矛盾的制约，而人类生存物质技术条件的限制，历史地决定了人们选择解决这一矛盾的方式。生命的生物存在受生物化学规律的严格制约，使生物肉体的存在受着严格的时间与空间的限制。精神因其想象性特点具有超越物质存在限制的可能。人类早期通过寻求长生不老药以求使生命获得永生的行为，反映了当时人类对生命存在的幼稚理解。现代科技进步的曙光向人们展示了人的精神存在可以克服生物肉体存在局限的诱人前景和可能。当代世界科技发展出现的智能高级化趋势预示，通过向人体实现神经植入形成人机复合体，脑内仿真手段可以创造人所需要的一切，使人感到身临其境，获得相应的仿真体验。或者只是一种猜想，也许在非常遥远的未来，甚至人脑细胞不再由碳组成而是由电子、光子组成，停止人对生物肉体的需要，人的思想、精神存在的载体转换成电子电路而获得永生。人类发展中现存生命的生物存在形式所造成的种种局限将会被轻而易举地突破，由于生命的物质存在形式的改变使生命的物质存在与精神存在在高级水平、高级形式上得到完美的实现。当然，这只是根据科学技术发展前景对生命影响的一种猜想。遗憾的是，我们不得不回到现实中来探讨如何合理地解决生命的物质存在与精神存在的深刻矛盾。由此使我们可以对现实生活中因陷入生命和生存的理解误区所引发的种种矛盾得到合理的诠释，并寻求现实可行的化解途径。

对生存危机可以进一步分解为生命的生物存在危机和生命的精神存在危机两种形式。由于人的生物肉体存在形式所固有的局限性，迫使人们在自身的生物肉体存在之外寻求精神依托。因此，人的精神存在就形成了双重依托：自身的生物肉体与外在的精神寄托。通常所说的生存危机、生命危机是指人的生物肉体存在危机及由此引发的精神存在危机。人们在一定的社会物质环境中生活，由于人的自身因素和外在环境因素的影响，使人的生物肉体存在面临着种种风险，产生了相应的心理压力和心理紧张状态。为此，人们通过创造各种物质技术手段、社会条件来防范和化解各种风险，以增强人们的安全感。进一步地考察生物肉体存在危机及由此引发的精神存在危机之间存在的时滞极为重要。人类在许多情况下为了延续生命的努力都是为了缩短这一时滞，因为延长这种时滞就等于增加人们的痛苦。由于引发危机因素的多样性和人类心理复杂性的影响，需要细分若干种情况加以讨论。如果由于遭到意外毁灭性强烈打击使生物肉体瞬间消失，则由此引发的精神危机可以忽略不论。如果人的生物肉体遭受毁灭性打击刚刚使人来得及作出瞬间反应，则只能会在人的面部留下痛苦、恐惧的表情，自己和他人来不及作出化解危机的努力。在其他各种情况的考察中，文明、理性等因素会扮演重要角色，起到重要的作用。由于自然因素造成的不可预知不可抗力的打击，受害者的自我认同心理会发生作用。虽然属于自然因素所引发但由于人为预警、预防机制人为失灵合并造成的伤害，则会诱发复杂的心理反应，如产生烦躁、不安、不满、仇恨、报复等心理。这就需要加强社会心理调节、社会管理技术调节。一般来说，要建立个人自我调节机制、社会心理调节机制、社会管理技术调节机制三大机制。较为复杂的危机反应和危机控制是精神层面存在的危机问题。比起由于人的生物肉体存在危机引发的影响来说，外在精神依托消失所引发的精神影响，规模更大、程度更深、范围更广、持续时间更长，更加不容易恢复稳态。

佛教徒可以排除尘世烦恼坐而静修，基督教徒能够面对生死关头默默祈祷，共产主义者为了信仰粉身碎骨也心甘。从养成内心定力、行为定力角度考察，三者可以达到同一境界，这使它们各有自己存在的社会根据。但是三者的内涵和外向发展的路向各不相同。佛教，佛在我心，人人有佛性，佛性以善性为本，其外向性体现在普度众生，劝人行善，强调通过内省的方式改造人的心性。面对尘世的苦与乐、得与失、荣与辱，实现精神上的升华、超越。佛教的精神超越之意即摆脱世俗化的束缚，摒弃世俗化的杂念，简化内心，以此获得心安、心定。佛教徒为什么可以坐而静修？为了提升意境，环境系统的极度宁静是绝对必要的，实现自我意识与肉体的分离，达到与佛的和谐一致，肉体必须不受任何欲望冲动的困扰，禁止一切行为，达到入定状态。瑜珈之术就是通过坚决控制感官状态，达到出神入化、寂然不动。当某种行为模式、仪式经过千百次重复时就会成为习惯，就会在内心产生定力。临床医学证明，经过足够次数的暗示可以使人产生幻觉。有意的行为强化之力会产生内在的精神升华。佛教中的精神超越，也向教徒展示出独立的精神活动空间，提供独立的思想材料，提升人的精神意境，赋予丰富的精神意趣。在世俗化的生活中，普通人有时也表现出佛性，例如不去想对自己的利害关系虽然极大但自己不能左右的事情，即是一种心安之术。当然，这要经过无数次生活的心理考验和进化才能养成。值得注意的是，佛教中所追求的精神超越、达到的精神意境，并不是通过学习、学问达到理解、认识，而是主要经过直觉洞察、感悟、顿悟的途径获得。佛教通过摒弃、简化肉体的需要获得心灵的解放，自我意识与肉体的复杂感觉不再相干。

基督教中的原罪观念就产生于肉欲这一根源，出于肉欲的发泄触犯了上帝的禁忌。触犯上帝的禁忌要被处以极刑。在《圣经》中随处可见违约者被处极刑的命运。由此使教徒陷入灵与肉的深刻矛盾之中，产生苦闷、不安、紧张、犹豫、恐惧、绝望等心态，认为每一个人甚至还在娘胎的时候就由上帝决定了他的最终命运。从逻辑上看，这将导致宿命论的悲观主义态度，是一个人对命运的完全屈从。行善和辛勤劳作成为把宿命论态度转变为活跃而繁忙生活态度的基本途径，成为摆脱永恒性精神紧张、精神疑虑的基本手段，使超凡脱俗的精神追求与世俗化的商业精神实现了统一。行善和被救的渴望，被吸引到财富积聚和投资的途径上，进而转化为积极的社会进步的推动力。

孔子的思想和学说为在现实中理解和化解生存、生命的内在矛盾提供了重要的思想源泉。面对现实中的种种矛盾，各种情感之间的冲突，寻求平和、和谐、中庸，其重要的思想价值在于开辟了在现实生活中化解生命内在矛盾的途径。其基本的出发点是以人格的至善至美去影响和改造社会，并且设计了一整套为人处世的生存技术。把对生存、生命意义的认识、理解和实现融于现实，赋予现实以勃勃生机，为治家治国的策略谋划以及文化演进提供了丰富的思想源泉。在现实世界中它可以纯洁人的心灵而又回返于现实，成为消解现实矛盾的溶剂。《孙子兵法》中提出的不战而胜的战争理念，金庸在《神雕侠侣》中评价郭靖时提出的仁者无敌思想，都反映了中国传统文化中一以贯之的思想内涵和人格力量的魅力。孔子思想在某种程度上真实地揭示了现实世界构成机理的复杂性与人为性特征。生命过程的内在矛盾并非只有外在化对峙一途，可以通过内在调节达到内在消解。佛教、基督教则不同。佛教厌倦肉体享乐、鄙弃肉体感觉，通过舍身、苦修去折磨、摧残肉体，直至把肉体的需求简化到极致，放弃肉体，把肉体看成不得已而为之的躯壳，以此获得心灵的自由、精神的完美，达到永恒的快乐。基督教中的原罪说也使人的内心世界陷入尖锐的冲突，通过禁忌的途径超越世俗，达到精神完美、和谐。

共产主义思想体系在解决人的生存价值、生命价值问题上，在精神系统层面上呈现为高度开放性、动态性的结构，而且其基本的思想原则、外向性的发展路径是一以贯之的。全心全意为人民服务的宏大的利他主义的基本理念，构成强大的、持续不断的行为上的精神动能；认为哲学的任务不在于解释世界，而在于改造世界，从而赋予其以积极的、全方位的外向性发展路向；它的精神与物质相统一的基本原则，为人们在改造客观世界的同时改造自己的主观世界指明了航向；它的真理标准、主观动机与客观效果相统一，发展生产力、共同富裕、精神鼓励与物质鼓励相结合，物质文明建设与精神文明建设相结合，以人为本与构建和谐社会等等思想观念，反映了社会总体发展趋势与特定历史发展阶段要求的统一。持续性的发展需要获得不断克服阶段性局限、不断实现阶段性超越的精神力量，把人类社会不断地提高到新的发展水平。

6. 命运的齿轮咬合效应

你信命吗？你是如何看待和对待人生命运这个任何人都无法回避问题的？人生命运确实存在着某种必然性的因素。那么，我们应当如何看待这种因素对人生幸与不幸的影响？

我把这种必然性称为人生命运的齿轮咬合效应。

在日常生活中，在关键时不到位，人们戏称为“掉链子”。对精彩的惊世创举，人们评价其过程和环节为“丝丝入扣”，事件演化好似精确设计一般。像球星在足球场上的精彩进球，军事家在战场上对战役的神机妙算，企业家在市场上的精确策划，教育家在课堂上进行严密的逻辑演绎等等，都可以堪称齿轮咬合效应的经典之作。正是这些经典之作造就了人生的辉煌。

人生命运的所谓齿轮咬合效应，也是对参与和影响人生命运的各种类型因素排列组合过程的一种恰当形容。用齿轮咬合效应来形容人生的某种命运安排，并不是把人生命运归结为一种机械运动，而是说明在事件演化过程中，要施加人为的影响，应提高设计的精准性，从而提高成功率。它提醒人们注意在选择一些因素，创造条件推动事件演化的过程中，要进行缜密的安排策划，尽可能减少、避免多余和错误的举动，不留死角和盲区。

人生幸与不幸的命运，是由于一系列主客观因素“精致”、“精确”相互作用的结果。不管是经过理性权衡，还是出自偶然一闪念，回溯事件演化过程，就可以把一系列因素想象成按照时间系列结成的因果式链条，看上去就像齿轮咬合的过程一样。

人生命运具有部分可控性，这种可控性赋予了人生命运的人为色彩。非人为性所产生的不可控性，增加了人生的风险性，使人生富有挑战性，格外增加了人生的意趣和魅力。某些人富有传奇色彩的经历，就格外增加了其人生的魅力。

根据人生命运存在的齿轮咬合效应，人们可以对未来进行预测，并对影响未来事件的因素施加积极的影响，使事件演化向着人们预期的方向发展。人们对社会事物演化过程及其规律性具有可知性，因此可以预见未来的过程、环节、结果。历史上也不乏精确预见社会演化趋势、进程的先例。

提出人生命运存在的齿轮咬合效应概念，可以加深对人生命运的理解，增强人们的紧迫感。人们常有的体验是，错过了某种时机，等于错过了改善命运的某一个齿轮轮牙，类似的“牙口”不再重新浮现。它提醒人们为了改变自身的命运要进行有意识的铺垫。有些人形容自己命运出现重大转机，形成某种有利的结果，回溯以往历程会产生一种恰似一步步铺好了人生道路的感觉。所谓水到渠成，功到自然成，说明了人生努力与结果之间存在着“精确”的依存关系。

人生命运存在的齿轮咬合效应，不但说明了人生命运存在着程序性、因果性、人为性等特征，而且表明人生命运受社会运行规则的支配。人生遵循、符合这种规则的要求，就可以最大限度地避免人生离轨的风险。

在计划经济体制下，人是国家机器上的齿轮轮牙，要服从机器整体运转的要求。一切活动几乎都带有预定性，职业、生活都预先设计好、安排好了。在市场经济条件下，人生命运缺乏统一安排、协调，自主选择和协调，固然增加了人生的自由和灵活，极大地丰富了个性的体验，但命运的“咬合风险”相应增大。

我们伴随着知识链在广度和深度上的不断拓展，我们所能够体验的人生乐境也将不断地得到提升。如果我们把决定我们命运的各种因素描述、想象为一个生态系统，由我们自身的性格、天赋、努力等因素，推展到我们周围的人际关系，进一步提升到国家、民族命运的高度，升华到宇宙规律作用的层次，由此将不断提升我们的人生意境。

我们即使没有掌握星辰学足够的原理和分析方法，但我们可以相信，根据宇宙间存在着广泛的相互依存关系，决定我们性格、命运的来自于宇宙空间某个天体或某些天体运行产生的力量，会转变成我们人生的周期律。比如，3年一个周期，七八年又来一次，把我们人生的悲欢离合、喜怒哀乐，纳入到宇宙规律发生作用的更加宏大、更加神奇的宇宙空间中。从人与宇宙之间关系的视角来审视我们在人世间的各种命运，我们将感到更加释然。对宇宙规律、宇宙中天体运行节拍的尊重、敬奉，转变为对我们人生道路上存在的生物节拍、表现出的某种周期律，也应抱有尊重的态度。人生也有季节性。在生物节拍的作用下，使我们在无所期待时默默无闻地进行耕耘和铺垫；不必为人生某个时段的努力没有得到应有的回报、回响感到失意、不满、痛苦、悲哀和绝望，因为收获的季节还没有来临；对我们的收获，我们在感谢我们恩人的同时，也应感谢宇宙的恩赐、大自然的恩赐。正是我们恩人的恩惠与宇宙节律的合拍，才带来了我们人生收获的季节。

按照我们世俗化的理解，我们能够察觉和注意到周围人际关系链条发生的某种变化会给我们带来幸与不幸，如果没有星辰学，谁会相信遥远的天体运行系统的变化，会给我们带来幸与不幸的影响呢？确立这种奠基于宇宙规律作用基础上的超然人生态度，将使我们获得一种超然的精神力量。

星辰学，为我们认识自我、实现完美的自我控制、创造内在的精神和谐意境，提供了一个崭新的视角。

7. 辩证看待知识决定命运

对知识决定命运，我们注意、强调和看到的，是知识使人的命运向好的方面变化的一面，却忽视了知识使人的命运变坏变糟的一面。

不学高能，人间天才，世上罕见，可以存而不论。高知低能、多知少能的现象却并不少见。

培根说过，权力使天使们堕落，知识使人类堕落。天使，很好理解，从古代的天子，到现在的人民公仆，因为权力而腐败堕落的不算少。但知识使人类堕落，不说事实是否存在，就是这种说法，当我第一次读到时，也着实感到困惑。

知识是人类文明发展最直接、最重要的发动机和推动力。知识的创新是一切创新的基础和前提，是人类文明的摇篮。知识是净化人类心灵、灵魂的纯洁剂，也是人类社会最好的美容师。现在讲知识经济，建立学习型社会，知识上升为核心性资源，被提升到前所未有的高度，自然更加光彩、更加崇高、更加神圣。

但是，知识经由文化，有了走向低落、封闭、保守、庸俗的可能，经由对能力的误导变成对人类文明的破坏力。

知识使人变得腐朽，散发出霉气，自然就是堕落的表现。用本已经是垃圾的东西，却自以为神圣。诸葛亮舌战的江东群儒，言出必引经据典，被诸葛先生批个“临机应变，百无一能”。

知识更使人自足。自足的唯一根据，就在于千年以来，人们一直把知识神圣化、庄重化，以至于失去了对知识的鉴别力，更不敢对知识存有半点怀疑，以为那样就是对知识的不尊重。于是，有多少实际上已经处于堕落状态的人，却还能披着太阳的光芒，混迹于人间。讲起别人的东西来，滔滔不绝，说完了别人的没了自己的，把自己真正变成了书蛀虫。

知识人格化为穷酸劲，透出一种矫性劲。我非常赞成艾丰的说法，当代知识分子应该少些旧时读书人的矫娇迂腐，多一点工农大众的皮实豁达。

我有一次听课，老师讲的题目是有关学习型社会，让我真是“欣赏”到了什么是低水平课程、什么是浅薄和平庸。自己边听也在边自我警示，别犯那种文人相轻的毛病。但是，尊重不能无原则尊重，可以尊重他的人格，但不该恭维他的浅薄。这也是一种净化，有助于增加厚重感。

用知识伪装的堕落，比无知的堕落，更加让人鄙视，更加败坏人的胃口，使人一刻都不能忍受。

但愿堕落之中不要丧失自知，自知能够开启人的良知和心智，使人可以在堕落中产生一种内在的提升力。

我真不知道，在这样的老师训导下，迈向学习型社会，将是一种什么样的景象，至少，增加了对那类社会的厌恶吧。一旦遇到这种低劣的演讲，我的第一心愿便是早早逃离。

演讲作为一种高超的艺术，应当展示出一个人的全部才华。我真奇怪，也感到非常遗憾，有许许多多的讲者，怎么有如此缺乏把讲坛当舞台的那种意识，照本宣科，或者不厌其烦地讲述最浅显的相互关系，拿浅薄当深刻、把无聊当欣赏、用人们的宝贵时间做垃圾桶，对听众的反应视若不见。

我也因此增加了对学习型社会的体悟，这个社会应该是一个不被人愚弄的社会，使人有效防范被愚弄命运的社会。这种说法，权当是对学习型社会的一种另类诠释。学习型社会，也应该使人具有对峙不失乖巧的灵性、拘谨时而洒脱的皮实、刻板有时放纵的自由。

我在一次梦中，幸运地梦到了有一种万能型知识结构，自己在梦中即感到极度的喜悦和激动，生怕忘记马上提笔记录。遗憾的是梦醒皆无，对万能型知识结构得而复失，带给自己的是比一般的遗憾更加遗憾的心情。

摆脱遗憾的办法就是把这件事还原为梦境。梦境虽然不是现实，不意味着真实的存在，但却因为这次梦境，使我有了一种心愿、一种期待、一种渴望、一种追求，就是去寻觅那种在梦中曾经出现过的万能型知识结构。万能型知识结构，应该完全不同于我们所熟悉熟知的各种类型知识，不同于我们对现实问题研究思考形成的结果。这些类型的知识，往往只对应于一时一事，适应于一事一时，它们的价值甚至会转瞬即逝。也许，外变心不变，就隐藏了那个神秘的、只在梦中出现过的万能型知识结构。相信它的存在，而且人们一旦知晓它掌握它，便可以从容应对人生所面对的一切，走向洞悉人类心灵深处，成为自己心灵的主人，并享受那种成为心灵主人的无上喜悦和激动。

8. 脱俗与还俗

几年前，我曾经为自己确定一个目标：在人生与宗教之间搭建一条相通的桥梁。从社会、政治、文化角度考察宗教问题，已经存在过各种形式的相通相容和谐共存。相通相容并不是目的，而是从教化的意义上对宗教与人生的关系建立一种新的理解，从中寻求教化人生的源泉。这也符合现时代宗教泛化、扩张的趋势，以便引导二者走向健康和谐轨道。现在，从传统文化角度开发教化人生源泉已经成为时尚，解决当下社会存在的有关人生价值问题。这个动向很值得重视和研究。宗教的长期发展过程，也蕴涵积累了丰富的教化人生的源泉，是不是也可以从那里开发提炼教化人生的源泉。

从政治角度看，张中行说政治靠近科学，远离宗教。历史上则是科学与宗教二者不可偏废。中国的“文化大革命”，取缔宗教革除儒教影响，用个人崇拜代替宗教信仰，结果造成政治与封建家长制、集权制的结合，反而背离了科学。个人崇拜消失造成道德滑坡。西方政治与宗教的结合，强化了政治与科学的结合，强化了道德法律的力量。宗教是道德的基础。现在，我们普遍感到道德的约束力很弱。如果宗教对人的思想和行为都没有约束力，道德和法律也就很难产生有效的内在约束力。通俗点说，神鬼生死不怕的人岂能敬畏道德和法律。从人生角度看，宗教与大多数国人，没有什么关系。许多人到寺院去不过是走走形式，并不是虔诚地去拜佛。仔细观察，就是烧香拜佛的人群里，从拜佛的姿势仪式上，也可以看出分别来。

宗教对人的行为约束是通过戒律实现的。教徒对遵守戒律具有坚定的意志，面对世俗的诱惑也有动摇，但通过内心世界斗争，会养成刚强的意志。人们对待道德和法律，很难有教徒对待戒律那样的神圣性。

宗教与人生，对幸福的理解感受截然不同。教徒与世人之间难以理解体验对方的感受，甚至教徒也常常难以把世俗的情感与宗教的情感区别开来，所以才产生了二者混杂的状态

如果二者不可相通，一个人就没有办法由俗界进入圣灵之界，也就是没办法脱俗，脱俗之后尘念萌生并且日甚强似一日却无法还俗。过去以后能够回得来，回过来还可以过得去。至少，世俗与宗教相通，总比阴阳两界相通要容易得多。二者毕竟都属于阳界。至于阴阳两界是否可以沟通，有人说能但没有得到证实。有人说人死后灵魂自然消失，人们却以各种方式祭奠亡灵。

世俗与宗教，既然能够相通也自然应该能够相容。但二者的兼容是赋予新的意义基础上的兼容。宗教信徒可以从事俗务，世俗之人可以崇信某种宗教。宗教有一种净化提升世俗之功，可以排除不良之念，培育善念。世俗生活对宗教也有回助之效。释迦牟尼最初坚持苦修，后来发现苦修使自己陷入身体之累，对修道悟道反而不利，开始接受施舍。宗教再纯粹也不能割断与世俗的联系。当然，在发生联系时，或者是由于迫不得已发生联系，宗教往往赋予世俗的东西以另外的意义。比如，基督教的新教改革，赋予世俗职业为救俗的证明。在教徒心目中，从事职业活动是为了求得上帝的认可，使自己得以从苦难中最终得救。

从和谐的观点看，和谐发展到极致，应该能够使世俗与宗教得到兼容。但实现二者的兼容，在实践上难度非常大。在一个人身上，能够到达抽象思维与形象思维兼容就比较难。与世俗的杂相对应，宗教求纯而又真的境界。如果真伪相伴、纯杂相混，难以接受。在我们的视野中，展现的世俗景象是人生各种各样的失败失意失恋需要寻求精神出路，才选择了脱俗之道。宗教之所以存在，是因为世俗存在苦难。宗教与世俗的苦难情结结缘。金钱使人获得世俗的自由，宗教使人获得摆脱世俗拴束的精神自由。脱俗

是以割断世俗之念为前提的。世俗与宗教的感受不同。二者的差异在于：世俗的感受是借助于肉体器官，作用于神经器官，引发深度体验；宗教则切断了世俗相通的管道，直接从精神层面获得感受。

就人的心性来说，可以看做三性的统一体，是人性、神性、邪性的统一体。从性理上看，包含了世俗与宗教兼容整合的可能性。但事实上实现兼容整合，难度大。信仰不同、情感不同、语言文化不同，使各种宗教之间也难于整合。印度莫卧儿王朝的第三代皇帝阿克拔曾经想消除宗教隔阂和敌对，他召开世界联合宗教大会，甚至娶了分别信仰伊斯兰教、印度教、犹太教的三个女人为妻。

我们通常对人的考察往往只是关注其人性的一面，而对人所有的神性、邪性，则被忽略了。“出神入化”，“真神了”，就是对人的神性的一种形容、一种表达。人有时表现出超级智慧或者因超级智慧有了超级表现，就是人的神性。人的神性也可以诠释为人所达到的超凡脱俗的状态，所谓普通人达不到的境界。人对未来命运的祈求、渴望，人偶尔出现的某种不可理喻的神秘性体验，就是人的神性成为一种内在的需求。

世界三大宗教都认为人是人性与神性的统一体。佛教认为“一切众生，皆有佛性”。人人只要对这种内在的本性有所突破，“即心是佛”。基督教的正统教义认为“圣父、圣子、圣灵（圣神）”三位一体，神性本体应依附于人性本体之上。在伊斯兰教中，真赐是真主先天赐予人的，人皆有之，从而可体认真主。儒学也认为“人人皆可为尧舜”，肯定了人性与神性的统一。在现实生活中存在着潜宗教意识，即人们在现实生活中把苦难归结为神秘的命中注定，或把某种消灾避难的行为归结为难于理喻的神秘根据。这样将会解除人们对不可预期因素的精神压力、精神紧张，消解内心的不安，寻求某种精神上的慰藉。这在某种程度上可以说是宗教存在的合理性根据。

如果说科学是对人性的揭示和表达，宗教是对人的神性的揭示和表达，邪教就是人的邪性的一种释放。邪教是采取暗示、诱导的方式，开启了人的邪性心智之门，精神受到控制，形成某种极度的偏执。

人性神性可共处一体，相生相容相谐；而邪性一旦被激发出来，则相斥而成外在对峙。

我与一位朋友交流感受，介绍自己读《圣经》时里面提到人要注意维护保护自己的心灵；读《金刚经》提到要“善护念”，谈到自己体验到人要善待和保护自己的心灵，心灵也会善待保护自己。朋友说，关键是消除贪婪之心。我说，现在有许多人犯了一种毛病，叫合理性缺乏症，内心缺乏是非标准，不知自己行的是贪婪。朋友说，合理适当是上帝给予人最宝贵的赠与。我觉得贪婪和无知是烦恼的根源。

读《季羡林谈佛》一书，说汉族在几千年历史上利用宗教达到政治目的或其他目的方面，表现出非凡的本领。受《金刚经》里讲的“善护念”的启发，一直在思索如何去“善护念”。偏巧读到说朱子叫人用白豆黑豆来“系念”，起一善念投白豆一粒于器中，起一恶念则投黑豆。这个办法来自于印度教。以白豆黑豆象征善念恶念。佛教用此裁决和尚之间的争端。不过，系念一法，使我想起富兰克林在自传中讲到的美德计划，他给自己制定的修身计划是，把每天做的善事记一红点，恶事错事记一黑点，经过若干时间检验自查，所记红点越来越多，黑点则越来越少，说明自己的道德境界在提升，像这样的简便方法，最容易化为日用常行，并不神秘，也不难做。读《罗斯福传》，介绍其母在他小时为培养他制定了纯洁心灵计划。

我所追求的是，力求在宗教与世俗之间搭建相通的桥梁。维护善念，事实上就是二者相通的关键点，只不过二者维护的方式不同。实际上也说明，无论宗教还是世俗生活，人类在这不同领域所表现出的高明智慧是相通的。据说，日本在宗教世俗相通两用兼得上处理的最好，和尚可以结婚成家立业。

古人讲，人有三立：立德、立功、立言，维护善念便是立德，假使一个人，三立都立不起来，那还可以回归到最起码的起点标准上，即立人。在纷繁复杂的人世间，坚持做人有时也很难。何况其他三立。我恨自己不能用三言两语助人解除精神烦恼。后来想，谁有那种功夫神通？也许只有如来佛。想到有许多虔诚弟子跟随释迦牟尼一辈子也没有达到他那种开悟境界，也就释然了。

二 乐业至上

1. 乐业要成为理想和追求

乐业，是职业神圣性与个人乐趣的高度统一。它的引申意义是在管理者与被管理者之间，或者企业与员工，或者劳资双方，存在着建立共识的基点。双方对待职业都应该有一种尊重，增强责任感，同时也要互相尊重各自的意愿和选择，这是增进和谐的基础。

乐业要成为一种理想和追求。乐业是一种应对态度，是一种职业境界，也是一种从业的状态。一般来说，如果能够达到我乐我业、人人乐业的状态，也就是人人都能最大限度施展自己的才华，并能够心情舒畅建立和谐相处的状态。毛泽东曾经描述过要造成理想的工作状态："既有统一意志，又有个人心情舒畅、生动活泼那样一种政治局面。"

过去，我们对职业讲谋生手段的多，职业是衣食父母，是饭碗，也可以说是一种生存强制。人不干活就没有生活来源，就没有饭碗。职业也是一种社会活动，聚集在企业或者其他社会场合。就要有纪律有责任有职业活动标准。至于个人乐趣，往往把它看做是个人的私事，是个人的愿望，并且常常把个人的兴趣爱好，与组织要求组织纪律对立起来。现在看来，知识经济时代，职业活动的智能含量知识含量越来越高，智能知识潜能发挥的状态、水平、程度，与劳动者的主观意愿关系非常密切。乐业才容易产生高水平的创造力。乐趣，已经成为决定生产力、决定竞争力、决定创造力的一个内在的、重要的因素。

人类从事的任何职业活动，都有程度不同的乐趣。传统的农业手工劳动，重活粗活，那里也有乐趣。基本的农活，播种、铲地、收割、打草，那里面有脑和手脚的协同动作，有对土壤墒情气候时令的判断，特别是劳动起来手脚动作的舒展，也富有节奏感、挥洒感，自然伴随征服自然的信心感、力量感。从庄稼的长势可以看出主人的勤懒手艺，给主人带来成就感。农业收成，五谷丰登也会给人带来享受感。只是农业劳动单调重复，体力要求高，风吹日晒雨淋，劳动环境比较恶劣，伴随疲劳、厌倦，从总体上是苦大于乐，仅靠农活的乐趣很难产生内在持久的吸引力，所以需要有一种生存强制。从文明进步和人文要求看，出现了用机械甚至电子代替人工的要求。

工业劳动，技术性强，加工制作产品的过程带有艺术性，产品本身在某种意义上说就是艺术品，可以使工人们产生审美体验，感受到乐趣才能干出好活、漂亮活。但它的重复和单调，日久难免生厌。机器运动对人产生一种技术强制，人成为机器附庸，是机器在统治人，而不是人在统治机器，外加工厂的铁的纪律。由此产生技术不断革命的必要，出现自动化趋势，甚至无人车间、无人工厂。

在普遍的意义上说，科学家可以堪称是乐业的典范。他们常常在童少年时代，大多对游戏或者机械感兴趣，为之所深深吸引。在科学发现过程中，当获得某种新的认识、新的发现，产生飞跃，脑海中会出现特殊的情景，那些外部信息在脑海中成为被意识被解读的信息元知识单元，如同整齐码放在一起灵感来时喷涌而出，使科学家感受到一种极度兴奋喜悦，形成所谓职业冲动。科学家们把那些从脑海中喷涌而出的想法记录整理就成为定型的知识模块或者科学定理科学理论。我们对科学发现给发现者带来的感受，还缺乏认识。但从结果从状态从体验上看，脑海中的神经元形成一种新的排列秩序，也许就会使人感受到兴奋喜悦。由此可以扩展到管理、改革、经营、革命、战争指挥、文学理论创作，都存在着对外部杂乱无章、漫无头绪、心如乱麻的无序混沌状态，经过头脑的加工制作成为有序的过程。

科学家们的感受是我们很难体验感受到的。爱因斯坦形容，宇宙空间如同挂满众物的橡皮筋，太阳等天体就是挂在天空中的那些重物，光线沿着弯曲的空间运动，才有光线经过太阳表面会弯曲的伟大发现。

毛泽东曾经说：“我们不但要善于破坏一个旧世界，而且还将要善于建立一个新世界。”这个新世界没有建立起来之前，有理想、有理论、有方案，有实际行动步骤，真正建立起来了，就会带来实现的喜悦。当它已经先验地存在于人的头脑中，并已经大致勾画出它的图景，如有地种、有饭吃、有衣穿、有房住，人与人之间平等和谐相处，就能够鼓舞人、吸引人、振奋人投身于这一革命事业中。

乐趣有高下之分、价值大小之别。

麻将、扑克等娱乐工具、娱乐方式，也会使人产生乐趣。这些活动的规则是，不同数字排列组合也有一种秩序感，它们的原理产生于数字组合变化的偶然性、运气和自己的选择再加上适当输赢，格外有了刺激。

小品的编剧和演员在设计“包袱”的时候，一定会自己感受到乐趣，从自逗扩展到逗人。存在着心理效果评估能力，自己能把自己逗乐了，也就会想象到抛出去的“包袱”会引人发笑。据说，几年前看电视连续剧《刘老根》引出了一起乐极生悲的现象。在某城市一位64岁的老年妇女，在家中看电视连续剧《刘老根》，当看到“老根”说“拿下”、“看我白不白”的情节时，忍不住想乐，但又想忍住，就在形成乐极冲动与克制压抑的一瞬间，突发心脏病而去世。

这种乐极生悲现象的发生说明了什么？

我认为这种艺术喜剧酿成生活中的悲剧，固然与“老根”抛的“包袱”太大有关，更主要的可能是与老太太怕人把自己的发笑误解为老不正经而产生的恐惧压抑有关。瞬间形成的巨大心灵撞击超过了自己的心理承受能力，酿成现实悲剧。

在最富有表现力、欣赏性的艺术领域中，常常会出现人们愿意看却又害羞而不敢看、愿意听而又不敢说的现象。最常见的是在电视、电影中出现男女之间亲近的画面，在数人在场的情况下，人们表现出既想欣赏、又躲躲闪闪不敢直视的拘谨状态。这说明在现存文化中存在着某种无形的禁忌，在阻碍着人们欣赏需求的充分表达和追求。甚至存在着原始、野蛮、粗暴剥夺人们欣赏追求的行为。

在中国古代，因为隐私被人发现而自杀者或被谣言所杀者大有人在。阿富汗塔利班政权曾经规定男人不许刮胡子、女人要遮面。这是以合法的方式对人们审美天性、对审美意境表达和追求权利的野蛮剥夺，更加强化了对人们审美欣赏需求的压制力量。在无形禁忌和某些合法形式的压制下，人们对自己所作出某些“非法”欣赏表现和追求，感到害羞，实质是一种自责式的行为。

乐业中的乐趣与一般游戏活动中存在的乐趣不同，它是与职业结合在一起的，在职业活动中感受到乐趣，最重要的是它能产生富有价值的物质财富和精神财富，它能伴随信心感、力量感、成就感、崇高感、享受感。

在影响乐业的各种因素中，信念起着决定性的作用，其他因素，如态度、收入、成就、荣誉、人际关系状况、才智、道德、心态、智商，对能否使人达到乐业状态，往往只起到暂时的作用，甚至是转瞬即逝的。乐业并不是指人们在工作过程中一时的状态，而是一种长期、稳定表现出的状态。其他因素的作用，都会受到信念的引导和控制。良好的信念，对于其他各种因素的作用，可以起到正向引导、增强的作用，对于它们可能产生的负面影响，则能够削弱、消解、转化、升华。

乐业，应作为一种信念和理想去追求。理由就是，乐业于己于人于企业于国家，都是一种有益有利的状态。对己，获得愉悦祥和温馨满足的体验，可以提高人的品格影响力；对人，增进友善和谐，自己的言行能够给他人带来愉快的体验；对企业，员工处于乐业状态，也就是处于最佳的竞技状态，人力资源的潜质潜能得到充分发挥，有助于提升企业的核心竞争力；对国家，人人乐业，提高幸福指数，表现为软实力增强。

乐业有助于增加职场积分。每个人的命运与他自己的表现存在着一种对应关系。你有什么样的表现就有什么样的命运在等待你。用时下商界流行的概念，收入与业绩挂钩，每个人的职场命运与每个人的职场表现挂钩。职业生命决定于职业表现。当然，这种对应关系不会像数学等式那样严密严格，但对应上的概率应该很高，不然人生就没有必要去努力了，去努力提升自己的表现力和业绩水平。唯有这样，人对自己的行为和后果，才有敬畏之心，对自己的行为才能有所约束。

职业表现可以用积分的方式来衡量。过去评选先进、劳动模范，大家投票看得分多少，现在竞聘提拔干部乃至下岗末位淘汰，也采用积分制。什么样的职场表现更容易获得高分？自然是能够创造优良业绩的人。什么样的从业态度有助于提升职场业绩？自然是敬业勤业乐业。认真工作的、勤于工作的、乐于工作的，更容易获得上级的欣赏、同行的拥戴。如果这样表现的人没有好的结果，只能说明风纪败坏了。乐业有助于增进职场和谐、赢得好的口碑、提升职场业绩、增加职场积分、提高职场生命质量。

过去有一种很坏的倾向：宁可不干工作，更谈不上干好工作，也要拼命维护不良的人情关系。攀关系，施以小恩小惠去拉票。现在这种方式行不通了，能力不行的人提拔上去会影响企业命运危害大家命运，涉及下岗失业谁也不会让谁，需要硬碰硬的较量。谁能够获得高分，就看平时的职业表现。

敬业才能勤业，勤业是要求做到精益求精，精工才能出细活，出艺术产品。自己亲手加工的东西，自己都不喜欢看、不愿意用，怎么能够经受住客户冷酷无情眼光的挑拣评价。乐业是从业态度的高级形式，人唯有赋予职业以人生理想，寄托情感、爱好、追求，才能表现出乐业状态。人达到乐业境界能够给自己带来高层次的审美享受，带来人生价值的实现感，人生潜能充分释放所伴随的那种舒畅感。乐业是利己利人利企业利社会，何乐而不为呢。

人到老年，回顾一生，主要也是自我评价一辈子做了什么，有没有留下什么遗憾。这种老年寄托，主要也看中青年时代的职业表现，是否作出了值得骄傲的业绩，能否给老年的回顾梳理增添一点乐趣。

既然，乐业有那么多的益处好处，就应该树立和坚持乐业的信念，实现职业观由谋生观向乐业观的转变和飞跃，克服有可能滋生的苦业厌业甚至恶业的情绪，去积极体验积极感受，获得克服的勇气和信心。

我们之所以强调信念在实现乐业中的作用，更重要的是，信念可以引导控制调整改变甚至决定我们对事对人的感受。我们人类个体生命的肉体存在方式，很自然要伴随各种欲望，上升到意识层次就是意愿，有了欲望愿望就要满足，满足不了就会不满，如果任由各种欲望去表现释放，难免受到种种外界条件的强迫性限制。我们就会感受到压抑痛苦。通过努力取得成就，克服了外在条件的限制，有了满足的体验。但是，取得了外在成就，是不是就一定会伴随乐业的体验？不一定。现实生活中，有许多人取得了不错的成就，内心感受反而不顺畅，甚至带来痛苦。这说明外在成就并不能自动带来愉悦的体验。

任何职业活动都有层层递进的意境，问题在于我们要善于开发自己的感受能力。我们通过观察脑出血现象和科学解剖，确认大脑有内部分工，左右脑对人的肢体是交叉控制。科学实验证明，我们的大脑还有灵感区。

我时常带着好奇心思考，佛教徒在寺院里坐禅，那么靠什么去充填脑海中的寂寞空间？自己有时也带着好奇去尝试，没有任何目的地处于冥想状态，脑海中究竟会浮现出什么。脑海脑海，该用什么去充填。上网读到一条消息，说英国《泰晤士报》2006年5月22日报道：佛教徒真的知道快乐的秘诀。文章说，佛教徒声称他们的宗教拥有快乐的秘密。科学也许可以证实这一说法：对虔诚佛教徒的脑部扫描发现，他们促进快乐与平和的脑部区域活动异常活跃。美国的一项研究已经发现，虔诚佛教徒脑部的“快乐中心”经常处于活跃状态。这解释了佛教徒能保持平和知足心态的原因。神经科学家认为，初步研究结果能够为宗教修炼改变大脑对某种环境的反应提供最初的证据。威斯康星大学麦迪逊分校的研究小组，对一些已经皈依佛门多年者的大脑进行扫描时，特别留心对感情、情绪和性格具有重要影响的区域。他们发现佛教徒左脑的“快乐中心”经常处于高度活跃状态。杜克大学的欧文·弗拉纳根教授在《新科学家》周刊中写道：“我们现在能比较有把握地假设，人们经常碰到的那些看上去很快乐平和的佛教徒心里真的很快乐。”佛教徒的这种良好的心态能一直保持着，不光在坐禅时如此。这表明，佛教徒的生活方式能改变他们大脑的工作方式。其他研究也表明，佛教徒处理恐惧和焦虑的大脑区域的活动比一般人要缓慢。这些研究成果最终能帮助研究人员研究出用于治疗抑郁症的坐禅方法。

世界上如果真的存在快乐秘诀，确实值得我们去探索。

经验证明，我们的感受确实会因为时空环境的变化而改变。经常感受某种外部刺激信号，会对这个信号产生敏感性反应。按照用尽则废的进化论观点看，长期不用的器官功能会丧失。假如，我们对外界输入的不良信息总是采取删除的反应，成为一种习惯，也就会对这类信息反应迟钝。同理，经常修习强化对某种信息的反应能力，应该确实能够养成一种敏感的反应能力。这种判断，帮助我解决了心中疑问：上帝或者各种神，看不见摸不着，如何使人信服。长期从事宗教仪式，会强化教徒对这方面信息输入的反应能力。佛教徒坐禅，隔绝了与世间活动的联系，改变了自己的感觉世界，对人间薄厚冷暖已经失去反应能力，回归内心感受的只是快乐祥和。

经常感受一种信息，会对另类信息反应迟钝，甚至干脆失去反应能力。如果这个判断成立，也就意味着两类互相排斥的信息很难兼容。我们可以合乎逻辑地得出结论：宗教与世俗，是很难兼容的。在二者之间搭建一条相通的桥梁确实很难实现。从神经心理学的角度看，人就需要训练在两种反应能力之间实现快速转换。一方面，根据当事人所处的具体生存环境，能够迅速进入竞技状态，以有效改变自身处境；另一方面，遇到不良境遇、不良信息刺激，快速回归内心，营造平和快乐心态环境。这种兼容转换能力的要求，也许比在同一个人身上实现抽象能力与形象思维能力、内向与外向性格的兼容难度更大。它要比一般的兼容转换难度更大。

要实现二者之间的兼容转换，唯一的途径，就是强化修习训练，养成一种兼容转换能力，实现宗教与世俗的相互作用、互相借鉴。这种世俗宗教兼得的快乐秘诀，要比单纯某种快乐秘诀的获得，难度更大。但是，它毕竟向我们展示了一个心灵体验的新天地，使我们免受世俗宗教两界隔离带来的痛苦。要实现这种兼容相通转换能力，应该提供相应便捷的工具或者转换器。使人乐于接受的恰当的语言文字，是必不可少的媒介。更重要的就是坚定乐业的信念，有意识地强化积极体验，经常感受那些美好体验，久而久之，我们的脑海区域中，属于快乐感受区就能得到开发强化，我们也就经常处于快乐状态中。面对不良刺激，经过长期心理上淡化、弱化的训练，形成超乎寻常的忍耐力，同时，转化升华的功力也大为增强。

2. 乐业不难

乐业，乍一想，太难了，或简直不可能。原因是人们把这个问题想象得太复杂了。经过我长期对职场人心态和行为的观察研究，能不能达到乐业境界，最重要的问题是人的感受问题。在人的精神感受领域，恰恰存在着特殊的点—面效应。也就是每当人遇到哪怕是一点点不愉快的事情，即刻弥漫、扩散到整个心境。如果没有掌握相应的心态调整技巧或缺乏积极向上的心理基础，那一点点不愉快就会如同关闭的房门一样，锁定了当事人对其他事物的感受能力，使自己的整个心境陷入到不快或生气的状态中。有时，你只要做一个简单的提示，想一想有没有高兴的事情，只要对方说出有高兴的事情，他就有可能立刻从那种不良心境中解放出来，摆脱掉那种心情。人类普遍存在的倾向是，人的注意力、感受力，要么集中到使自己不愉快的事情上去，要么是集中到愉快的事情上去，这是一种比较牢固的心理倾向。非得需要有其他方法介入，才能有所调整。宗教、心理学，发现发明了各种规则方法去谋求建立调整心灵的规则方法，这种调整心灵活动的规则方法，要求与世俗活动隔离开来。乐业至上，是在实际从事的职业活动中，在现实的职场环境中达到调整心理倾向的目标，就要探索一些身处世俗之中又能超然于世俗之外的规则方法途径，达到调整、改变职场人感受力的目的。

基本的规则和方法是实证方法。我的亲身经历，别人的有效经验，需要与大家实际沟通，亲身验证。要讲三亲效应：亲耳所闻不如亲眼多见，亲眼所见不如亲身体验，亲身体验不如亲身所悟。

实证的方法，大家容易接受。但我和大家的处境不同，就不能简单地告诉大家一些方法技术性的东西，这些东西到了大家手中，常常是一用，就不灵了，因此也是无效的。必须在大家比较容易接受、运用起来也比较有效的方法下工夫。我想，乐业，关键要在感受力、理解力上下工夫。比如，我是怎样感受、理解、处理一些事情的，使大家容易接受理解掌握。

职业，按照辞典的标准解释，是指个人在社会中所从事的作为主要生活来源的工作。就业就是得到职业，得到职业也就意味着得到饭碗。还有更深的意义，意味着自己能够养活自己，减轻了父母的负担，同时，也建立了与单位的新感情，一起都感觉很新鲜、很快乐。投入到职业环境中，新鲜感逐渐磨掉了，一些不愉快的事情也逐渐产生了。尤其人到中年，当代的中国中年人，面对五大考验，很容易引起职业焦虑，那就不是乐业，而是苦难、苦恼、焦虑。有的同仁形容，有时的心情，看办公室的桌椅都不想做，上班就盼下班，可见职业焦虑、浮躁。出现这种情况，业绩自然下降，失误不断，领导与同事对自己的信任下降，职场竞争力下降，加深职业焦虑，看不到希望，唯独剩下那么一点生活来源，感受收入才是实在的、有意义的东西。这样的处境，距离退出岗位就不远了，至少，要离开比较重要的岗位了。

失业，对于有工作能力的人来说，是对人生最重要的打击，是人生最重大的挫折之一。失去工作，意味着是对失业者价值的否定，不只是失去稳定、可靠的生活来源。在社会保障机制逐步健全的背景下，失业者能够有比较体面的收入，将会大大淡化这种负面影响。

乐业，在职业活动中，或在工作中，感受到快乐、乐趣，能够经常感到快乐。乐业的意义就更加丰富要求也更高了。

乐业，当然包括生活来源意义，而且希望得到更多的收入，但高收入未必会带来乐业的感受。收入增加了能不能带来快乐感受，要看你怎样感受收入。你要觉得早就应该增加了，现在增加了是太晚了、太迟了，而且比别人增加得还少，不但不高兴，反而不满，反生出不愉快了。

乐业，在很大程度上决定于自己的主观感受。怎样才能感受快乐、愉悦？除了起码的收入这一点，我归纳有这样几个要素、要点：

一是兴趣、兴奋点。任何职业活动过程内部都存在让人感到快乐的兴奋点。最初开创这种职业活动方式的人，肯定会感到非常兴奋，这是对原有活动方式的改进，使发明者感到比过去省力、方便、快捷了，自然感到轻松愉快，才能被别人接受效仿，并定型传播开来，为后人所遵循。对职场上的新人来说，很自然会产生由于陌生而带来的新鲜感。我们中年人如果单纯从事某一种工作，由于单调、重复而感到乏味、厌倦，磨掉了兴趣，这是很自然的，就需要转换职业，或在改进原有职业活动方式中焕发出新的兴趣，找到新的兴奋点。

二是所从事的职业活动，有助于增强体力或增进智力、发展才能，有内在的益处，压力和工作量比较适度。

三是活动的游戏性。空想主义者傅立叶早就说过：未来劳动能够像游戏一样吸引人。马克思说："劳动是高度紧张严肃的活动。"现在工作电子化，使用计算机成为当代职场人必须具备的技能。我是1999年才开始学会使用计算机的，一开始接触，就感受到它的神奇之处。经常用手工写东西，容易疲劳，不规范，反复修改誊写，格外增加工作量。在计算机上打字，给人标准整齐划一的感受，尤其是可以在写好的稿件上根据需要任意删削增补，计算机能够自动保持完好界面，质量标准提升了，效率提高了，顿时感觉格外喜欢使用计算机。因此还悟出点道理，写了一篇文章，题目是：虚拟，文明演化的高级形式。

四是同事之间的亲和性和亲近性。同事之间日久天长难免出现碰撞摩擦，又存在竞争关系。遇事往开了想，没有过不去的事情，只有过不去的人。尤其避免你给我不愉快、我给你制造点小麻烦，同事之间的矛盾常常就在这样的你来我往中，矛盾升级关系恶化，直到难以合作共事。同事之间最忌嫉妒之心。我在读中学的时代，就注意克服嫉妒心。有位同学文学功底很深，我们经常手里拿着那时的《新华字典》考他，他无论简体繁体字都能写出来，一概难不倒，自己心里总觉得不是滋味。我想，这就是嫉妒吧！知道有了这种心理以后会有害无益。一次，我就公开对他说，我嫉妒他。说出后反而再无这种心理了，我们俩也成为好朋友。亲和力非常重要。它部分决定于你的性格，又在很大程度上决定于你的后天努力，可以养成的东西。

五是感受力。感受力的重要性在于，你选择感受什么就会感受什么，是你自己在决定你感受的好坏。

这几个要素有一个共同点，都是自己在决定整个过程。乐业，不是别人的事情，完全是自己的事情。当然，我们期待有非常好的工作环境，但不能把乐业建立在别人努力的基础上。要树立自信心，自主自信是乐业的基石。靠别人恩赐的乐业是不存在的，即便存在也是昙花一现，转瞬即逝。

六是要有职业成就感，它将使自己得到心灵上的安慰。

七是希望。小时因为家庭贫寒，几个月前就盼过年，再贫穷父母也要想办法在年关之际给儿女们置件新衣服、吃上几顿好饭。现在回忆，那就是很快乐的日子；长大后处了对象，一年两年地盼结婚，终于盼来了人生第一幸福高峰期；现在的职业活动，每天总能出现一个或数个兴奋点，而且努力去创造新的兴奋点。对自己所从事的职业，有一种寄托在里面，它能够焕发你的激情。

八是善于发现技术手段，产生省力和提高职业活动效率的效果。有时，乘汽车火车运行途中萌生一些想法，想在颠簸中及时动笔记录下来。后来发现，手机短信可以储存，解决了问题。

九是要树立相应的理念，以调节规范自己的行为。一个人，遇难有人相助、失当有人劝止、罪恶过错自当受罚，就不错了。

十是职业活动有一定规律性，要讲科学。尤其是现代职业活动竞争性强、变数多、风险大，富有刺激性和挑战性，带有游戏性，更要重视科学性，说话办事想问题，要有个“准头”。

十一是利心不要太重，不能太过计较。

十二是乐业也需要有一种牺牲精神，善于舍弃。1988 年，我和两位同事南行，途经万县时船停一夜，那两位同事去闲逛，回来后有位同事给我买了纪念品，说一定会对上我的心思。拿出来一看，原来是一个小石雕，刻一字为“忍”。的确，乐业也要有能忍难忍之忍、能容难容之容、能苦难苦之苦，能忍能容能苦才能有乐，才能表现出乐性。人生要讲耐苦性。人不能太“伧”，人总有不想面对不敢面对也要面对必须面对的事情。人如果有将死之心去面对人生、职业、社会，以即将告别人世之心去面对人世，人世间的一切都值得珍惜、爱戴。人也将多一点理解谅解和宽容。来自于人为灾难将会大为减少。事实上，来自于人为不文明行为造成的伤痛要远大于自然和疾病给人造成的痛苦。

乐业，是一个文化问题，有一个乐业观问题，涉及对职业、人生、社会、审美的理解、接受、掌握的问题。我们需要把它放在宏大的文化背景中去思考它、理解它、把握它，这样才有可能建立开放、大气和应时而变的乐业观，我们才能对我们所从事的职业投入我们的激情，把我们自身的努力融入到宏伟的事业之中。

职业冲动是乐业的典型表现。按照词典解释，冲动有两层含义，一层是说能够引起某种动作的神经兴奋；另一层是情感特别强烈，理性控制很薄弱的心理想象。职业冲动是一种很值得重视和研究的现象。

早在十多年前，有位朋友问我，别人都不写东西了，你怎么还在写？为什么？我说了几点理由，都被那位朋友摇头否定，意思是没说真话，或者感到不让人信服。我说了一句自得其乐、苦中作乐，没想到他立刻赞成，说这个我认可。最近，因为思考乐业问题，如果人家要问，你自己是否达到了乐业境界，乐业究竟是一种什么感受？用过去想到的职业认同感、使命感，总觉得不够劲，没有说清楚那种感受，或者说得不透彻。自己的职业生涯，总应该有自己的提炼，有自己的感受能力，应该有一种审美的东西在里面。有人评价我干什么都很投入，干什么都行。我自己总结，无论做什么工作、从事什么职业。都能够从中发现、找到乐趣。乐业感受的乐趣是什么？是一种职业冲动。有了职业冲动，才能说明职业内在具有的吸引力，能够使自己激动起来、兴奋起来、鼓舞起来，产生一种内在的驱力、内在的满足，是一种职业内在的高级享受。这种感受自然伴随满足感、成就感、享受感。职业冲动是从业者掌握职业活动规律、揭示职业活动奥秘、获得职业成功感时出现的一种综合性心理状态。正是这种心理状态，使乐业成为从业的高级形式，也就是高于敬业、勤业的一种从业状态。观察我们周围的上下级和同事，我们就不难发现那些堪称乐业典型、典范的人。思考起工作的事情、干起工作来，总是处于一种高度兴奋、兴致勃勃、视野开阔、思维敏捷的状态，这种状态是最容易出成就的时刻。乐业的人，是最容易铸就职业辉煌的人。

职业冲动，也有它的周期性。一个人不可能始终处于职业冲动状态中，那样他会很快耗尽自己的生命而走向死亡。2000 年时，我所在的部门和单位，根据需要进行收缩性调整，结构转型和功能转换。最初感受到的是自己知识贬值，随后亲身经历和体验到了“改革的阵痛”，许多年龄比自己还小的男女同事提前退出工作岗位，有的同事后来对我说：“有 3 个月心没处放的感觉。”当时面对那种场面，痛切感到自己过去学养的贫乏和苍白，“一言难发”，萌生了“应该告诉同时代人们一些什么”的想法，形成用平生之所学所思写点什么的动议，这大概就是现在讲的发生了职业冲动，顺势而发写出了《生存意识解析》、《乐商：心中欢乐的殿堂》、《假如阿 Q 还活着》、《Q 哥聊天》等学术作品，最后整理成名为《话说乐商》的书稿。相伴而生的是信心感、力量感、成就感。尤其是到了 2003 年 10 月，经受一番蒸煮式的煎熬，在写作问题上发生了飞跃，由过去写论文转向写散文，并很快写出近 300 篇人生感悟类的散文。一天，正在写题为“无根之草”这个的题目，突然有了一种写“飞”的感觉，实际上就是把自己的心灵从世俗名利追求中解放出来，脑海中一片光明，体验到一种人生从来没有体验到的极度的轻松、愉悦，感到自己人生已经别无所求，再活下去就该做一些对他人对社会有益的事情。后来我把这样的体验叫做终极体验。这大概就是职业冲动达到了巅峰状态的表现。

一个人要善于在增加本领中感受快乐；在遇到机遇时感到快乐；在助人中感受快乐；在与单位、系统越结越深的情结中感受快乐；在痛苦中感受快乐（痛苦的背后肯定有自己的缺点、弱点、过错甚至罪恶，意识到痛苦就是在提醒、警示自己注意克服自己的毛病，也就在消除痛苦之源）；在不断的动脑筋中感受快乐；在坚守和超越中感受快乐。

要想达到乐业状态，应学会体验、善于体验。体验是什么？受点皮肉之苦，延伸至精神痛苦，是一种提示和警示；触摸身体某些敏感部位，通过末梢神经传导到神经中枢，产生麻酥、发痒感觉，再经过反复刺激，强度递增直至达到极致，是一种满足。

没有那种体验，说不出那样的话，话里凝聚着体验，洋溢着体验。有时，虽然有了体验，却有一种说不清、道不明的那种感觉，只能感觉却无法说出，只能意会不能言传。体验的独到和亲历，具有知识性，它的传神性又是知识无法取代的。体验是经验，却要比经验深刻得多。

体验，伴随着岁月的流逝、激流的冲刷、对峙和碰撞。浓缩了人生的苦辣酸甜，变成记忆，成为储藏，蓄积起来，潜移默化地提升着人的品位，不经意中陶冶着人的灵魂，丰富着人生的感受，是衡量人生底蕴厚薄、财富丰寡、福分深浅的标尺。

体验，是人生的温度计，测量着世态的冷暖炎凉。

体验需要通过积淀、发酵、蒸发，提纯出意境的画面，展示出超现实的魅力。

体验更是一种奇特、神奇的信息感应，是迄今科学无法企及的领地，是人们无法解释的一种预感和灵验。

体验是一种情结，发展为一种欣赏偏好，熔铸为一种个性，将展示出一种迷人的风采。

人生如果缺少了体验，将没了大海般的深度、缺少了燃烧的激情、失去了地壳的厚重、无法散射出五彩缤纷的变幻魔力，就会逐渐蜕变成风干了的木乃伊。

体验，可以是一种猝不及防的瞬间，使人感到无奈和脆弱；也可以是一种选择，有一种清醒和明智。

体验需要点滴积累，但也不时出现跳跃式的顿悟，瞬时弥漫一种从未有过的感受，带来身心整体的改变。原来欣赏的突然觉得乏味，本来厌倦的却猛然间有了新奇。体验通过记忆的窖藏、潜意识的催发，可以升值，充实、丰富人生的价值体验。正因为如此，使它成为青年人的向往、中年人的经历、老年人的寄托。中年人对体验，如果多一点青年人的热情，少一点老年人的偏执和固守，就可以极大地拓展人生长河的宽度、深度、长度，为人到老年提供一份丰厚的彩礼。

体验成为一种追求。人生的许多奋斗努力，竟然就是为了品尝那种瞬间生成的体验。努力去体验，看似荒唐，其实不然。体验的诞生尽管只是一瞬，却被即可捕捉并转化为人生宝藏的一部分，堆积而成人生的富矿，供日后提取、把玩、赏鉴、陶醉，使人长久地痴迷于那种神往的境界之中。

包裹着体验的人生躯壳，不应是寒气逼人的雪雕，更不是机械的模仿，而是一尊晶莹剔透的暖玉，是喷涌而出的熔岩流，散发出灼热，闪耀着光芒。

体验，也是人间苦难的深渊，提供了人生超越的强大动能。

人生能够体验到什么？可以预计，也有未知。预计，增强了人生去体验的信心和勇气。未知则使人好奇。唯有好奇，更激发了人生原创的热情，使人敢于尝试和冒险，去领略从未有过的体验，格外增加了体验的魅力。

如何获得你所预计、期待的体验，过去的体验固然会成为一种暗示和指引，但更需要学会体验、善于体验，深知体验的品格，才能敲开你所期待的体验之门，去拥抱、收纳、感受、饱尝体验的喜悦。

人生三级体验：初级体验，健康生活意识，是普通人容易体验到的；中级体验，自我建立心灵偶像，需要特别智慧，培育乐商；高级体验，超级体验，最不容易达到，也许是只有极少数人才能领略的巅峰体验。

终极体验，是极致的体验。它是成功的高峰体验、峰值体验。它使人定位于那种感受，摆脱了犹豫和徘徊，建立起人生体验的坐标，为其他体验提供参照，建立起永恒的依托和行动上的终极根据。它建立起人生的防御和警示。人生一旦获得终极体验，就足以抵御任何人间变故，与人生面对的任何压力相抗衡。它有大海般的深度，磐石一样的沉稳，山岳似的耸立和坚定；它虽然只是闪现在脑海中的那一瞬，却可以永驻心间，激励人生走向辉煌。

缺少终极体验的人生，显得太脆弱，如同茫茫草原，随风飘摇。人，如果有经历却没有体验，更没有终极体验，将缺少一种超拔的精神，也就难于激发出创造力。

要树立崭新的职场竞争观念：两强相争勇者胜、两勇相争智者胜、两智相争仁者胜、两仁相争乐者胜、两乐相争和者胜，最高境界，免去纷争烦扰，达到合作共赢，升华到同乐境界。

要树立干一行、乐一行的从业观念。过去讲，行行出状元。状元是什么人？不是名列榜首，也至少要榜上有名。那样的职业追求，当然是鼓舞激励人去创造辉煌。可是，这个世界能拿第一的不是很多，总拿第一的更少，永远第一的不可能有。大家都看到亚运纪录、奥运纪录一再被突破，更多的是拼搏一辈子却拿不到任何纪录的人。而且，现在就连起码的工作岗位、饭碗都变得不那么牢靠了。时下应推崇什么职业概念？

有的人说摆脱就是幸福欢乐，但能摆脱得了吗？在工作岗位上，竞争这样激烈，使人就像放在一个筐里的螃蟹，谁也别想摆脱谁。

干一行乐一行：要摆脱想摆脱的想法，就要钻进去，再钻出来。

其实，成为干一行乐一行的乐者并不神秘。在人类所从事的任何一项活动中，经过自己的亲身参与和体验，都不难找到兴奋点，都不难找到使自己欢乐兴奋的人和事，这就提供了一种可能，经过努力可以巩固和扩大这些兴奋点，从而开发出乐源，从中体验到乐趣。一个人如果能够做到善于从自己所从事的各种活动中发现兴奋点，并运用合适的方法、语言把它提升为乐趣，并且养成乐趣的全面性，在现实社会生活中把它实现出来，营造幸福欢乐的氛围，他就完全可以成为一个干一行乐一行的人。

人有感受感知感应苦乐的能力，人们才有理由去从事让人感受感知感应快乐的活动，避免去做让人感到痛苦的事情，这也是实行道德关怀的根据。如果人人可以从自己的心性提取感受、感知、感应快乐的源泉，可以减少对别人的期待，减轻别人的道德压力。

快乐不能建立在别人痛苦或者由别人承受压力的基础上。假定人人都是拥有道德感的人，也就可以衍生出宁可自己承受一些痛苦也要减轻别人的压力，并且以此为乐事、幸事。事实上，有些临终者，也正是不愿意给亲友增加负担痛苦，而独自承受忍受病痛和死亡的痛苦，如果亲友作出减轻自己痛苦的努力，反而会加剧自己的痛苦。从道德感中可以产生快乐的源泉。对临终者的道德关怀，也是对临终者来说极为重要的快乐源泉。

尊重临终者的选择，确实出于临终者发自内心的愿望，不想再增加亲友的负担，主动减少一些出于道义责任上的干预，会增加临终前的快乐。从道德角度，可以建立新的生死评价尺度。一次，我与一位哲学社会学教授谈论生死话题，他说：该死的不死，不该死的却偏偏死去。比如，老舍就不该自杀。这就是一种生死评价。有些人不死，制造世间的罪恶；有些人死去，却增加了世人的惋惜和遗憾。人们对生死的评价，受到道德观念的深刻影响。道德感可以使人激发出一种心性的力量，依靠道德感，可以促进死亡痛苦向乐感的转化。许多人，可以凭借道义感，慷慨欣然赴死。有些自私者进入临终期，不体谅他人的痛苦和压力，他人即使面对那种临终状态也很难生出同情心，减轻了他人道义上的压力感。我们也能够听到有关处世处人的评价，对那些你对他好他没什么反应对他不好他也没什么反应的人，没有必要给他好处。世上确实有不知好赖的人，对苦乐的感受、感知、感应能力很差。对这样的人施加关爱，反会徒增烦恼。这里就涉及到道义关怀的条件性。如果道义关怀无条件，道义关怀就不是互相的，维持道义关怀的平衡的压力，就会过度集中到施爱的一方，这样的道义关怀就会难以为继，势必会中断终止。人需要有感受、感知、感应道义关怀的能力。时下，感恩的话语、感恩的歌声越来越多，说明世人对道义关怀感受、感知、感应的能力在提高，也在呼唤这种能力进一步提高，这样将增加社会凝聚力，减轻社会痛苦。那些拥有高尚道德的人，在患病或临终时不愿意增加亲友世人的劳累痛苦，反而会激发出他人强烈的道义关怀热情。

人对死亡的态度会决定人对生活的态度。有濒死经历的人，为什么会转变人生态度，也许是由于他们有过临终的那种孤苦，所以倍感世上道义关怀的可贵，才能够格外施加一种现实道义关怀的热情。有些孤儿，在后天的成长中，对别人给予的爱有格外的敏感，然后以感恩的行为回馈社会，也是这个道理。

我们对乐感，应该有一种道义上的警醒觉醒，在追求快乐、获得快乐、体验快乐的过程中，努力增加它的道义含量，这样的快乐才是可靠的快乐、永恒的快乐。

要尊重从业规律。乐业有乐业的规律。认清从业形势，把握从业规律：顺势择业、勇于创业、善于守业、精于成业、应时转业、成于乐业。人要适应职业发展演化不同阶段的要求。

3．积极心态的生成策略

读《新华文摘》2006年第24期上有篇短文，题目为“关于‘爱’的科学”。每次拿到新出版的《新华文摘》都是先浏览一下题目，最初，看到这个标题并没有引起自己的注意，也自然是先看那些自己关切的关心的题目。这并不表明自己不关心“爱”的科学，而是因为这类题目这类话语太多太泛太滥。读了自己喜欢的题目，翻阅完其他题目，也是很随意读到这个题目下的内容，却没想到被其中的内容所深深吸引。原来，这个题目下面讨论的内容，恰好与自己刚刚完成的《乐业至上》小册子所讨论内容高度一致。文章说，21世纪，在美国诞生了一门新的心理学科：积极心理学，目的是研究并推动积极的主观体验，建立积极关系以增进幸福。自然，进一步引起了我的思考。

如果从学理上概括《乐业至上》，应该做如何概括？或者，假如有人问我，你的乐业至上讲的是什么道理？我该如何作答？

解读乐业至上的关键，或者是“书眼”，或者是“天窗”，就是人生各种遭际命运中，统统含有教化提升人生的机缘，问题是每个人能否抓住并且能够切实把握好这个机缘，实现人生重大转折，而且保持住这样一种接二连三的持续转折能力。联想到国内有人研究复杂性科学，我想，这里讨论的问题就应该属于复杂性范畴，自然应该成为复杂性科学研究的范围。

就是通读伟人百传、千传，我们也会遇到这样的问题：许多伟人们为什么没有绕开、避免那种后人不愿意看到不愿意想到的各类结局式的命运？原来，伟人也有伟人难以破译的复杂性，那种由于其所处于的时代、社会以及特异个性造成的复杂性。

积极心理学应该探讨复杂的多因素高强度作用下的积极心态生成机制和自我控制机制。研究和思考复杂性问题的出路，一般是清理出头绪思绪，把复杂问题简单化。简单化的途径之一，就是把复杂的多因素高强度作用下的积极心态生成机制，分为三种情况去观察思考：第一种情况，有较多负面因素的强烈作用，合并起来使人难以承受忍受，积极心态怎样才能生成；第二种情况，有较多的良性因素在发生作用，能力适应工作要求、工作压力感减轻、环境改善、收入增加、良性信息和观念的传播扩散；第三种情况，负面与良性因素的作用混杂难分强弱。

生成何种心态，是受心理活动策略的引导和控制。感受有一种效应，也就是感受效应：好的感受是越感受越好，坏的感受是越感受越坏。人对心理感受能不能进行主动、积极的干预和引导？能否采取恰当的心理活动策略就变得非常重要了。在第一种情况下，排查出能让你感受到兴奋的因素，使你振奋起来、兴奋起来。实在找不到什么让你兴奋的事情，那你可以想象未来，未来总有让你希望的东西，希望就会燃烧起你生命的激情。在这种情况下，你想做事情也许会做不成或者做不好，只能做坏做糟糕，那么你就别做事情。要学会等待。在你所处的时代，身边会不断出现掉队人、落伍者、牺牲品，如果你能够幸运地留下来，那就是积极的开始。如果你自己不幸成为掉队人、落伍者、牺牲品，如果你改变对这种命运的态度，知道有所为有所不能为更能够做到面对有所不为的从容坦然，采取淡然退出的态度，那种不幸的心理就会让位于有幸了，你就会感受到幸福。第二种情况，较多地感受到良性因素的作用，一方面应加强正面努力，产生正面积累的效应，扩大发展和增强积极体验，使心态和业绩之间产生相互增强的作用；另一方面努力去寻找不足，消除死角和盲区，实现人生的健全、全面发展。第三种情况，如果一个人能够成功地应对前两种情况，那就可以轻而易举地应对第三种情况了，只要冷静分析，仔细排查，分出轻重缓急，扩大和发展积极因素，消解转化消极因素，经过时间推移，局面就会逐渐明朗改观。

4．学界之乐

高尔基早就富有远见地指出，经受了一系列社会剧变的人类精神生活今后还会继续复杂化，人们“将必须和不能不探察自己的精神世界，将再一次思考人生的目的和意义”。进入21世纪的当代中国，每个人都需要重新面对生存问题，思考生存价值，选择生存方式。如何使人生存下去，如何使人更好地生活、提升生活质量，已经成为人们非常现实的话题。面对普遍的生存压力，如何实现国民思想和心理的顺利调整和尽快走向成熟，向学术界提出了严峻的挑战。

时代的发展在呼唤着学术界的觉醒。在市场经济大潮的冲击下，学术界自身的存在价值、生存地位也同样受到了冲击和挑战。学术界如果有独立的存在价值，如何实现出来，已经成为学人们思考和求索的问题。学术界的价值，固然需要得到政界和社会的认可和重视，但也更需要自身的创造力和表现力。现阶段学术界迫切需要面对社会普遍存在的关于生存价值、生命意义的求索，结合自身的存在价值，作出积极有效的回应。就人的生存价值问题开展与大众的对话交流，从中汲取社会营养，通过自己努力得到提炼、综合、升华。同时使大众的生存意识得到提升，丰富生存体验。学人应以理性自觉的态度，身临其境地感受现实、了解现实、理解现实、尊重现实、影响现实。积极投身于改造现实的社会实践之中，自觉地承担社会调整与发展过程中形成的思想重压，思索人生价值、分担人生压力、化解人生痛苦、提升人生价值。

学术界的努力，应集古人心性改造之说的优秀精华和近现代自然科学、社会科学探索与社会改造的成就之大成；结合现实人生问题，在实现精神超越与有效解决现实问题的结合路上，进行新的整合，实现内向的心性调适与外向的有效提高生活质量相统一。学术界所倡导的当代生活理念，建造的话语结构，应既不同于旧时宗教所提倡的封闭、内向、保守的苦行主义、苦修方式；也不同于大而化之的空洞说教；更不同于时下流行的支离破碎式的行为劝诫和指南。而是把生存行为作为一个既具有精神超越性、又回返于现实心性再构造并提供社会生存技术的客观过程加以考察。通过这种考察，解决既要在精神上超越现实，又要在实践中有效地改造现实的矛盾。为深入揭示人类心灵中的秘密进行有益的富有启发性的探索。

时代的发展，社会的变迁，在呼唤着学术领域进行高水平的创新，以普遍提高人们的心智能力，从容应对入世的挑战，促进社会的健康发展，增进人们的福利。在社会前进调整过程中，尽可能消除盲区、减少误区、缓解阵痛，为普遍增强社会成员的生存能力、提升生存的意境提供思想和智力上的支点。

学术界具有广泛的发展前景。历史经验证明，每逢事关社会前途命运的重大转折关头，需要有人首先站在时代高度，提出具有重大意义的创见，消除前进中的盲点；面对争吵不休的“话语声音”需要消除“噪音污染”，减少疑点、误区；隐藏在社会生活中富有价值意义的事实，需要通过话语进行系统的“文化再现”、文化解读，增加社会的亮点、趣点、闪光点、兴奋点；对社会生活中的丑恶、罪恶现象需要揭露、批判、抨击，对“暗点”、“污点”进行曝光；净化社会生活。

我所痛恨的学界腐败

近些年来，反腐败已经由反政治腐败、经济腐败到反学术腐败。学术界是为反腐败提供思想、智慧、方法的领域，承担着净化人们思想、提升人们思想品位的使命，但由于腐败却也成了需要净化拯救的对象。

固然，劳动力都商品化了，任何劳动产品的商品化本来无可厚非，出现不顾学术价值的粗制滥造倾向，也可以理解，市场会逐渐过滤和净化。但是剽窃，并且剽窃得堂而皇之，就实在值得注意，值得警惕。因为假冒伪劣粗制滥造，难以抵挡市场交易的强大渗透功能。而剽窃，却可笑到整篇文章可以从网上复制下来，连网上为了防止剽窃难以删除的一条横杠，也原样印刷到打印到文本上去了。

我真痛恨这样的腐败，也为这样的腐败感到悲哀，究竟悲在何处？悲在它的自我封闭、悲在它的远离百姓、悲在它的腐败引不起百姓的痛恨。其他领域的腐败，只能你知我知天知地知，唯独学界腐败，可以你知我知大家都知，也就可以堂而皇之了。

正因为我痛恨学界腐败，所以我追求哪怕是说上三言两语、写出三行五行，也要求原创原装原汁原味，怕污染了人家的心境，怕玷污了学界的圣洁殿堂，这样才能让大家放心去品尝。

官场腐败、商界腐败，都会引起百姓的痛恨，因为它的存在与百姓生活息息相关。学界的腐败则不为百姓所感知。甚至百姓还视为神圣敬畏之地，处心积虑地把子女送入学界去教育、教化，期待成材。如果百姓有知，岂不成了花钱送子女去受腐败的教育？！那就是百姓的可悲。

如何防止学界腐败，不负百姓们的信任和期待？那就是让学术让科学走向百姓、走进百姓生活，从中汲取反腐败的动力和营养。长期以来，学术界满足于孤芳自赏，自我封闭，从来没有意识到、提出过面向百姓、服务百姓的问题，好像学术注定与百姓无关，百姓没资格谈论学术问题。根治学界腐败，提供了学界认真思考自己方向的时机。否则，如何去激发自己的原创热情，到哪里激发自己的原创动力，如何获得自己的原创生命力？

5. 乐业至上使人成为完人

读许志伟主编的《基督教思想评论》(上海人民出版社2006年版)，其中收入浙江大学法学院张新樟的文章，题为《一种面向现代问题的古代神学》，评论尼萨的格列高利的神学人类学及其现代意义。文中提到，为什么要对生活在4世纪人的作品感兴趣？原因是尼萨提供了理解基督教信仰的另一种方式，可能发现更富有创造性的表述。他认为，唯有神—人关系才能使人人性化，才能使他成为造物主所期待的样子，即神自身在创造物中可见的存在。因此治疗人类及其文明的唯一途径，在于人摆正与他的存在的另一极之间的关系。从而，人类不是因为自身的原因成为宇宙的主人，而只是因为作为不可见的神的形象才成为宇宙的主人。人如果不依赖于神来行使对世界的统治，就会成为扭曲的人。人并不是代表自己做世界的主人，只有在他作为造物主的形象或显现的时候，他才成为创造物的主人。

格列高利帮助我们从另一个角度解读了神—人关系。通过神—人关系，神成为塑造人走向至善求得真理的力量，人也只有通过神的形象才能成为宇宙的主人，依赖神统治世界。神是人与宇宙、人与世界的中介。

神—人关系结构中所包含的信息，有些类似于人—货币的关系。区别在于拜神与拜物。神是无形无质无实体的，货币是有形有质有实体的，神是想象的、超验的，货币则是现实的、可证明的。货币在人们没有科学认识之前，它的关系它的力量具有神秘性，人们不清楚货币是从哪里获得支配人、统治人的力量。但是正如马克思所说，即使揭去了货币的神秘面纱，并不能把人们从货币的统治下解放出来，货币的力量存在于现实的社会结构之中。人只有借助于货币，才能获得那种支配万事万物的力量感。

神，货币，作为象征，作为一种人与世界之间的中介存在，有提升、强化人的信心、力量的作用。人如果拥有了神、拥有了货币，同样拥有了万能的信心力量。但，神与货币，毕竟不同于人的自身的完善与强大。人如果离开神、货币，又降落到脆弱渺小的地位。尤其是，在神、货币的关系结构中，存在着悖谬，它们在强化人的信心力量的同时，也有使人丧失人性、遭到异化的可能和危险。人在获得和坚定关于神的信仰、获得货币方面，同样需要付出艰巨的努力。

乐业至上隐藏的关系结构是人—完人，提出的是在现实中人自身求完人的信仰追求，是对人—神关系、人—货币关系的超越。在中华民族源远流长的思想文化演进的历史长河中，积累了有关乐业的丰富的思想源泉，但并没有把乐业提升到至上的高度去追求，并没有明确作为一种信念。

乐业成为至上的理由，就是实现乐业可以达到利己利人利于企业利于国家利于社会的效果。由这样一个点扩展开来，就达到了至上的和谐。尤其是乐业至上要求人具有感通万事万物性理的能力，有与万事万物相知相近相亲相谐的灵性。这种想象这种表述，使人们能够看到人的自身蕴藏的无限力量，回归于人自身的万能体验，人自身被完人化了，这样的表述已经与全知全能的上帝表述没有实质区别了。它可以帮助人们回归自己内心，帮助人们确立牢固的自信。各种遭际命运统统含有教化人生的机缘，也就使人获得了充分的灵性，人与人之间以和谐作为纽带，在共享和谐体验的同时，结成牢固的共同体，获得超越单个人的神奇力量。乐业至上的万能体验，展示了一条现实的张显人性力量的方式、途径，确立在现实中确保实现人生幸福的努力方向。尽管，它对人的个体提出了相当高的甚至严酷的要求，实现的过程充满了艰难险阻和严峻的考验。但它通过彰显感通万事万物性理的可能，一种趋近于至善的过程，包含了激发人、鼓舞人的现实力量。由此，也就达到了宗教与世俗的相通，既能够净化人提升人又能够消解宗教的神秘性。

6. 乐业的历史渊源

在革命战争年代，农民子弟踊跃乐于参军，就是把红军、八路军和新四军、解放军当做摆脱贫困、改变自己命运的希望。但真正成为革命的职业军人，却经过了一个复杂艰难的改造过程。最初的红军，以井冈山时期的红四军为例，组建的成分主要有两个部分：一是农民起义军；二是朱德率领的南昌起义残部。自然把旧式军人习气和农民的不良习气带入军队中。面对严酷的战争环境，如果不克服这些不良的习气，就会使红军无法生存，更谈不上打胜仗了。1929 年 12 月红四军在福建上杭的古田召开会议，形成有名的古田会议决议，划清了红四军与一切旧式军队的界限。当时部队中表现出的不良思想甚至恶劣的习气有单纯军事观点、极端民主化、非组织观点、绝对平均主义、主观主义、个人主义、流寇思想和盲动主义。若不进行抵制克服就会失败。在贯彻落实古田会议精神改造部队的过程中，也自然会遇到阻力和不满，甚至仇视。通过说服教育引导外加制度纪律约束，比如三大纪律八项注意，在塑造新式军队方面产生了良好的效果，极大地增强了部队的战斗力。当时，突出的是以统一意志为特征的政治标准。中国社会是农业社会，它给人们思想行为带来的最为典型的烙印就是散漫，用孙中山的话来说，如同一盘散沙。在那样的背景下，唯有突出政治标准，才能提供改造和建立新型军队的有效思想武器和纪律手段。延安整风，针对教条主义为主要特征的王明“左”倾机会主义和衍生的三股歪风：主观主义、宗派主义、党八股，通过思想改造、审查干部历史和肃反、新制度建设，造就了延安精神。实现了队伍由“俄化气质”向“毛化气质”的革命性转变，增强了革命队伍的团结和战斗力。解放后涌现的劳动英模，雷峰精神、铁人精神，无不突出国家、民族至上的精神，并逐渐形成了富有特色的以荣誉激励为特征的激励体系。在职业行为特征上，表现为政治导向型职业模式。沿袭至今，我们填写的各种履历表上都有一个栏目：政治状况。政治标准依然是铸造职业素质的一个核心性要素，政治表现也是衡量从业人员状况的重要标准，在这种模式下，崇高感是乐感的最高表现。在中国特定的历史和现实环境中，职业行为也打上了特有的烙印。

在“文化大革命”期间，政治导向型职业模式被推到极致，政治标准被形式化、孤立化、绝对化了。在“文化大革命”高峰期，学生离开课堂、工人离开工厂、农民离开土地、干部离开办公室去闹革命。“四人帮”甚至喊出“宁要社会主义的草也不要资本主义的苗”那样荒谬的政治口号。到了20世纪80年代衍生出“红与专”的争论，衡量人的职业表现形成了政治标准和专业标准的双重标准，并在很长的历史时期内困扰着从业人员的选择。社会的和平稳定、文明发展，为人们提供了充分的职业选择的余地，职业行为导向模式也多元化了。

我国现代化过程迫切需要破除单一官本位的职业导向模式，代之以多元本位为依托的职业模式。建立起文化本位、经济本位与官本位并存的多元职业模式。以文化本位刺激学术文化的活跃，以经济本位推动实业的发展，以官本位实现经济和社会的综合治理、社会的和谐发展。古代中国实行科举制，建立了文化决定社会地位的职业模式。“学而优则仕”。这种模式比较世袭的社会等级制度前进了一大步，但也阻碍了经济发展。落后的农业不足以吸引能人志士，高官厚禄又强烈地决定着人们的价值取向和职业选择。后来的实业发展，也多在官僚、政府的主持下发展起来。官办经济强化了官本位的力量。随着工业的发展、技术的进步，经济活动日益复杂化、高能化了。产生了吸引大批优秀人才的要求。高考制度和公开选拔人才的机制开始普遍建立起来，进一步强化了文化本位的影响力。20世纪80年代出现的“全民经商”热潮，标志着经济本位的形成和崛起。人们开始在货币这个尺度面前，重新估量自己行为的价值、实效。在市场机制的作用下，原有的价值选择标准受到冲击，弃官经商、弃教经商、弃农经商，出现了经济本位强劲崛起的趋势。职业选择模式的多元化，有助于形成合理的人力资源配置格局，促进社会的和谐发展。同时，也为每个社会成员选择适合个性的多样化发展提供了合适的平台。

7. 乐业是顺性而为之道

这里所说的性，泛指人的天性，或者人的自然属性。比如，孟子说的“食色，性也”的性，表现为人的内在的生理需要、生理反应，这种需要是人的主体积极性的心理基础和源泉，是人的潜能得到有效释放的开启机制，如果这种需要不能得到满足，就会使人陷入紧张、冲动、焦躁、机能紊乱、瘫痪直到死亡的状态。如果需要得到满足，紧张、冲动、紊乱的状态得到有效缓解，呈现出生命力勃发的景象，人会感受到舒适、适意、愉悦。

读张中行的《禅外说禅》，其中评价佛教是“逆性而行”。就是说，佛教的主张与人的天性、人的自然要求相悖，那就要与这种自然天性形成的大量相抗争。佛教始祖佛陀，以性为苦因，提出苦、集、灭、道之说。因逆性而不顺，就要想法求顺，于是发展起庞大而又繁杂的佛学佛教体系，无论是意念，还是具体的修持方法，就是为了强化意念、排除世俗干扰，达到大彻大悟的意境。能够达到逆性而行的大顺，恐怕只有极少数人才能达到那种境界。更多的人只能屈就于这种自然天性的统治。基督教，是不是也属于逆性而行？《圣经》开篇就讲的亚当和夏娃故事，就是因为受了蛇的诱惑，违背了上帝的禁令，偷吃了禁果，发生了男女之情，成为所谓原罪，被上帝逐出伊甸园，沦落而到人间，承受种种苦难。宗教有一个共同特点，就是与人的天性相对，因为把基于天性的行为看做苦难之因，或者是原罪。不但如此，就是现实生活中，古往今来，也往往把天性的需要和满足，演绎成信念的天敌，看做是破坏、动摇、瓦解信念的克星。

与宗教的逆性而行的倾向相反，现实生活中，也有主张“顺性而行”，“食色”，既然是人的天性，是人的生存权利，是人的可以自由支配的资源，就可以对于种种顺其自然的行为，不必施加各种干预，否则是不文明的，是有违天性的。干预的理由，或者是有违某种观念，或者是顺性而行会产生种种危害人类的后果。

逆性而行，反弹力太大，就连佛陀也意识到一味的苦行反不利于修行，反使人的意志受到肉体的拖累，促使他接受施舍。逆性而行，舍弃、摒弃肉体的需要，有助于修行，但也陷入另一种苦难之中，即天性欲望不能得到满足的痛苦，甚至连思考的功力因体能衰竭而丧失。达到明心见性、自性心静的境界，自然没有了那种苦感。但克制天性的难度可想而知。这反而推动了佛教的进化甚至飞跃。由最初的渐修到南宗禅的顿悟。为了达到那种禅悦意境，有没有可能，有没有办法，既避免传统佛教或者其他宗教的那种苦修之路，又可以达到净化、洗刷人生的目的，获得明心见性、自性清净的意境。也就是说，有没有摆脱要么流于世俗、要么与世俗截然分立的可能，使我们跳出宗教与世俗对立的思维模式。

乐业之路，就是一种尝试。

8. 实现乐业要运用好三大机制

金钱是最有效的激励机制。要发挥金钱最有效的激励作用，需要合理的薪酬设计。衡量薪酬制度是否合理的三大标准是：薪酬水平是否合适、薪酬结构是否合理、薪酬机制是否有效。

在某个企业会客室的正面墙，悬挂着许多奖状锦旗。走近一看，有许多省部级荣誉证书、锦旗，却偏偏把某家银行的一个支行授予的“唯一信得过的黄金客户”的锦旗，放在中央位置。看来企业如此重视银行的评价，把银行的信任当做最重要的奖赏。后来，我到某行讲课，说到这个例子时，提出一个问题，我们的荣誉证书应该放在哪里？通常是放到荣誉室里。可是，有多少客户会特意到我们的荣誉室去欣赏我们的荣誉？建议应该把荣誉证书、锦旗等放到客户自然会浏览的营业大厅里。这样可以帮助客户了解和信任我们，建立信任感，同时，也使信任成为一种有效的资源。

你与领导的关系状况，直接决定人的命运，而且也直接或者间接地决定着你与周围人的关系是否和谐融洽。所以，如何赢得领导的信任，也是每一个下属极为关心的问题。

曾有一位市委书记高升，秘书在他临行前请“书记留几句话”，书记说：“领导不重视的事情你重视就行。”后来，这位秘书到市委调研部门任处长。在一次机关干部大会上，新任书记顺口要求他所在的部门去调查调查秋菜供应情况。他的主任们没有当回事，他却上心地搞了一个详细的报告材料。在他遇到书记的时候，把材料递了上去。书记问："我什么时候提出过这个要求？"他帮助书记回忆起那次会议的情况，书记想了起来，说："小伙子干得不错。"结果赢得了书记的信任，以后部署他所在部门的工作任务，便越过主任直接交给他去办，重用之后自然就是提拔。

按照一般人的思维是领导重视的事情，自己才会去重视，而且往往是领导非要三令五申才真正重视起来。这个经验却道破了如何赢得领导信任的天机：领导不重视的事情你重视，就会在领导心目中造成领导重视你会更加重视的心理效应。

信任是一种宝贵资源。应善于利用信任去争取更大更广泛的信任。赢得信任需要智慧。

乐业至上不一定是最有效的激励机制，但一定是最好的激励机制。

9. 乐业的十大瓶颈

十大瓶颈的存在，容易使人生陷入厌业苦业恶业的状态不能自拔。

一是心智瓶颈。是因为一旦形成某种思维定势，心智能力处于一种锁定状态，难以转换视角，造成心智障碍。

二是利益瓶颈。由于利心太重，产生利益刚性，难以割舍。

三是语言瓶颈。语言最具杀伤力，同时也最具表现力和开发力，有所谓一句话效应、一句话的事情等等说法，但是常常就因为缺少所需要的一句话，吝啬一句话，而使生活变得缺乏沟通、缺少乐趣。

四是恶意瓶颈。自坏心境，根本不会、不能去想高兴的事情，那就不是乐业，而是厌业苦业恶业。

五是价值瓶颈。价值取向决定人们把什么样的事情看做是高兴的事情，如果没有形成健康的价值取向，就会限制人们的感受力。

六是成本瓶颈。预期开发成本过于巨大，自我评估得不偿失，就会限制开发乐源的努力。

七是心志瓶颈。主要是意志力不强造成的。

八是人格瓶颈。它规定了开发乐源的方式、途径，比如不能去做伤天害理的事情。这说明实现乐业是有条件的。

九是资源瓶颈。社会发展在客观上是否给人们提供了可供开发乐源的设施、手段、工具、方式等等，是否提供了开发乐源的潜力。

十是文明瓶颈。社会开放和文明水平低，就会限制人们的幸福欢乐追求，将会使人们积淀更多的不良体验。

突破开发乐源的瓶颈约束，可以采用相应的心智策略模式：破除观念上存在的“不可能”、“不信任”禁区，敢于异想天开，实现自我突破；能够提供突破能力、竞争性强的“武器”；选择恰当的策略，选择易突破部位实行正面突破，或者由于遭遇正面的刚性约束，采取迂回突破的策略。

10．乐业教育巡讲体会

工商银行黑龙江省分行工会于2007年，面向全行以省行营业部和各二级分行为单位发起组织了“乐业教育”巡讲活动，聘请我担任主讲教师。

回顾这次巡讲活动，是自我的一次强化和洗礼。

人生的一个念头、一种想法只要付诸实施，往往就会演化为一个重要的人生拐点，人生的命运将会因此发生重要的改变。识别和把握好这些想法念头，就会变得异常重要。在巡讲活动接近尾声之时，我想应该对这段人生历程进行一番仔细回顾梳理，从中汲取宝贵的营养。应该感谢富有人文情怀、明智的各级行长和工会领导，给予我莫大的信任，给我搭建了前所未有的平台，使我能够面向全分行广大员工讲述我对乐业的所思所想所得，使我能够融入到一个与我共同工作、有着相同遭际命运群体的精神生活氛围中，与他们分担精神痛苦和忧愁，分享通过共同努力摆脱困境获得幸福欢乐的体验，为拓展精神之路的大门作出一点有益的尝试。在一个多月的时间里，几乎走遍全省各地，风雨兼程，往返穿行数千公里。有时也想，到各处长途奔波数百公里，真正有效的工作时间只有一个多小时的讲述时间，所作所为的是否有意义。然而所到各行无不精心动员组织员工听讲，广大员工对我们的讲述报以热烈的掌声。面对那种场面，心情感到格外欣慰，是对我劳动的莫大鼓舞和激励，我们的旅途劳累也非常值得。

伴随着巡讲之路的展开，使我对乐业的要旨有一个逐步提炼的过程，脑海中对乐业的认识也渐渐清晰起来。经过净化洗刷心灵世界，对人世间低劣粗俗丑恶的现象格外厌恶、反应更加强烈、排斥感也更强。对于既含有美好又含有丑陋的现象，反映到自己内心世界，如同冷热相激经受淬火一样，加深加剧了内心的紧张对峙冲突，反而使自己变得脆弱，有些弱不禁风，变得异常敏感了。尤其是对现实工作中存在的苦业厌业恶业现象，产生不容的心理，力图把现实带入到乐业的完美状态、完美境界，容不得一点瑕疵。形成这种精神矛盾，说明乐业至上还不是至上境界，这种思想结构还存在着缺陷。至少应该有一种新的宽容和包容，是建立在乐业至上基础上的包容和宽容。对乐业至上要进一步发展和扬弃。由此进一步感悟人间事物大多都是善恶混杂、美丑共处、良莠相伴、草苗共生。甚至存在越亲反而越加排斥、不亲反而更容易包容的现象，即所谓“亲则易斥、疏则易容”的效应。人生也就需要在包容宽容之中格外有理解尊重，格外需要增强忍耐力，练就机敏的隔离、回避、缓冲之术，有超强的自我净化洗刷之功和助人净化洗刷之心。唯有在宽容、包容的前提下，才有寻求共同超越现实的可能。

讲述乐业的过程，也是一种新的情感凝聚的过程，是一种崭新的精神升华过程。许多行已经实现了盈利，摆脱了多年亏损的困境，员工的精神面貌焕然一新，在纯洁的地平线上开始新的搏击。

正是盛夏时节，沿途风光无限，景色宜人。一路上，展现在眼前的农田沃野、草原风貌、江河湖泊，令人赏心悦目，使我们尽情地采集吸纳水分养分营养。途经内蒙的莫旗，草原景象却比曾经看过的草原景色更美，一片翠绿，有一种铺展的气势，一直铺展到遥远的天际。想象我们人类，无论是红色的地毯，或是绿色的编排，总要讲成本费用，大自然却毫不吝啬地向我们展示这美好的一切，我们更应该对大自然投注一份虔诚、呵护。一路上经历的片断、记忆中碎片、人物形象，纷纷在脑海中激活起来，以鲜活的样式展现在我的脑海中，成为值得我珍藏的一次极为重要的人生旅途。

三
乐业与乐生

1．乐生中国人

我曾经带着一种极其敬畏的心情，通过阅读伟人传记，开始了特殊的人生精神之旅。展现在我视野中的那些生活于不同时代背景的传记人物，他们鲜活的精神特性和不同的命运，深深地感染着我。他们的精神之旅打上了鲜明的时代特征和个性烙印，个性化的精神矛盾、冲突，经过调适产生不同精神特质、精神状态。漫漫的乐生精神之旅，有的人可以成功化解人生精神危机、消解精神痛苦，精神得到张扬和实现；有的则长期承受精神压抑、抑郁的折磨；有的人精神堕落；有的人则发生精神变异、产生精神病态。精神的健康表现，取决于他们个性化调适、兼容、整合的结果。如果能够成功度过人生各种危机，可以保证精神旅途的和谐平安；如果出现某种兼容整合障碍，则将忍受终生精神之苦。

乐生，如同生物多样性一样，乐生表现也具有多样性。不但不同人有不同的个性表现，而且同一人在不同处境下也有不同表现。

乐生，集人理、气理、机理、事理、药理、医理、天理、心理、文理、义理、情理、法理于一体。诸理之中，以心灵之理为要，心灵之理的核心在兼容整合，如果兼容整合的功夫强，则一理通百理通，一理不通百理难通；一理不通即使百理皆通也未必融会贯通。

实现乐生就在于心灵通诸理皆通。

把乐生当做集人理、气理、机理、事理、药理、医理、天理、心理、文理、义理、情理、法理为一体的一种智慧结晶，是诸理融会贯通的一种表现。《天龙八部》，那里提到“武学障”、“知见障”，能够成为大侠者，都是在思想上存佛、儒之念者，方能融会百家而成大家，邪道人很难成为武学大师。用于乐生也是如此。

乐生的中国人，是在“丑陋的中国人”、“智慧的中国人”、“勤劳勇敢的中国人”、“愚昧的中国人”等展示国民性的平台上，提出了一种新的视角。这个视角能不能成立，要面对两个考验：一是中国人的国民性中，是不是存在着乐生的成分。国民性，无论好坏，首先就面临一个事实上是否存在的问题。作为国民性，就不是在极少数个别人行为中偶然闪现的特征，从时空角度看，它要有广泛、普遍的分布，不仅当代人有，以前各个时代生活的人都程度不同有所表现。如果事实上有，通过揭示、阐释、提炼，把它展示给世人。如果事实上存在，一当展示出来，就会引起同类的共鸣。鲁迅先生的《阿Q正传》一发表，他的许多同行就对号入座，又引起社会强烈反响，至今余波不止。这说明鲁迅先生对国民性作了杰出的展示。二是国民性具有生态上的适应性，很自然地产生了变异问题，属于良性还是恶性。当然，展示的目的在于，恶性的，提醒人们要革除，良性的，要发扬、张扬。乐生这个话题，按照大家非常熟悉的经典说法，劳动还不能成为乐生的手段，而是谋生的手段。乐生似乎离我们很遥远。面对现实：职场上存在的严峻竞争形势；迫切需要提供社会保障的庞大弱势群体——讨薪的农民工、贫困的下岗职工、落后地区的农民以及家境贫寒的学子；强势群体存在的腐败。思考起来，要么使人紧张、压抑、痛苦，要么使人痛恨、愤慨。时下也流行着找乐的氛围，也有追求乐生的表达和倾向。面对普遍的谋生压力，谈论乐生这个话题，也许令人感到滑稽，要不就会使人感到艰难沉重。

在人性、国民性与人的倾向性行为之间，隐藏着丰富的信息，容易使人错解误读。有时，必要的冲突，也是一种很好的教育方式、教育手段，它能够使冲突的双方感受到对峙、冲突带来的那种不良体验，使双方意识到应该有所节制、有所收敛。美国传记作家在《毛泽东传》中甚至提出了毛泽东发动“文革”运动，很可能是在对中国社会进行一种高水平的治疗，他想摆脱苏联模式，想要摆脱农民的困苦，想要探索一种新的政治模式。而那场运动，却改变了国民对政治的态度以及对政治的感受，当政治被孤立化、绝对化时也就走向让国民厌倦的反面。国民也从那场运动中受到了一种洗礼洗刷。

我们感觉，古罗马的角斗活动是一种极端残忍的、惨无人道的活动，是靠人与人、人与兽的互相残杀获得快乐。其实不然。我们不能用今人的观点去评价古人的行为，也不能离开具体的国民性去评价某国人民的行为。高福进在《古罗马决斗：残酷娱乐还是时尚游戏？》（《新华文摘》2006年21期）一文中，从人性的暴力倾向对暴力存在的审美倾向角度，从古罗马人的勇敢沉着视死如归的国民性角度，多层次多视角地解读了存在长达700年的角斗娱乐。是古罗马人的特定的国民性，造成了这种特殊的历史时尚。娱乐的偏好，追求的是血腥残酷残忍的场面，那种娱乐偏好，在亲身参与投身于角斗场里的人们，感受到的是极端的喜悦，从中受到的是一种勇敢的教育。但是，终归以人的生命为代价达到教育人的目的、达到欣赏娱乐的体验，毕竟太沉重太残酷，牺牲了高贵的人力资源，同时也毕竟违反人道主义精神。

中国人的麻将游戏，则反映了贪图安逸、享受人伦、追求群体和谐、承受低强度刺激的精神偏好。

能不能实现谋生向乐生的转变，固然要考虑外部条件，但也更取决于人们如何看待、对待、理解人生、劳动和职业活动的问题。在市场经济和知识经济的条件下，劳动的内涵和形式已经和正在发生越来越大的变化，劳动本身的智能含量在提高，社会交往含量在扩大，为人们提供了更多、更充分的表现机会。在客观上，人们就可以不再把劳动当做单纯的谋生手段，可以用崭新的态度对待它。事实上，许多人给劳动、给职业赋予了更多的内涵和意义。在基本的养家糊口基础上，增添了干事业、谋福利、交朋友等具有乐趣的追求。对待人生，真是仁者见仁、智者见智，但每个人无论如何理解和解释，都可以成为自己行动的合理性根据．司马迁说人有五福：寿、富、康宁、美德、善终。在过去很长一段历史时期内，我们形成了一种工作就是生活唯一内容的观念。美国唯一一位美国黑人五星上将克林·鲍威尔说“工作只是生活的一部分”。现在，社会生活多样性．人们对生活意义、幸福的理解也更加多样化了：没病，钱够花就是幸福；生活就是事业、福利、交友；人生包括生活、事业、审美；幸福就是小富换房、中富换车；幸福就是高薪不如高寿、高寿不如高朋、高朋不如高兴等等。人们对于自己认定是幸福的事情，也是很舍得投资的。谋生意识向乐生意识的转变，标志着人生意识的一种理性的成熟和觉醒。

2. 挑战中年的人生命运

我在青年时代，就听到一种说法，西方人对人间有一种经典式的概括：“儿童的天堂、中年人的坟墓、老年人的乐园”。那时，没有中年人的那种苦涩和艰辛，感觉这种说法很奇怪，但离自己很遥远，也就没有用心去琢磨。后来，又听到有人把坟墓改成战场。似乎中年人只有两种选择：要么死、要么斗，真是陷入了一种非死即斗的下场。时下流行找乐，按照这种逻辑，自然没有中年人的位置。乐生，是儿童和老人的专利，与中年人无缘。中年人如果不幸地被埋葬在坟墓中，也就不能进入老年时代的乐园；要想进入乐园，需要经受住生死争斗的残酷考验。

有人说，人需要拿出 3 年时间，分别到 3 个地方进行人生实习：墓场当看护人；监狱当看守人；医院当医生。也有的领导，对遇事想不开的下属做思想工作，就是主张到火葬场走一走，要不，去想一想布什、萨达姆。似乎只有看到人生的悲剧、人的生存价值被否定的一面，才能领悟人生价值，才能使人产生理性的警示和自觉。中年人，在事实上有着与童年、青年、老年完全不同的话语结构。

乐生到底有没有中年人的位置？中年人能不能为自己建立另一番话语结构？

中年人的观念中应不应该有乐生意识？如果每位中年朋友进行自查，

袒露心迹，中年人不仅有乐生意识，而且也很强烈，却又有很深很重的压力。中年人扶老携幼的人生使命、岗位责任，似乎就不该有乐生意识，有了乐生意识，甚至是不道德的。在中年人的意识世界中，似乎天生与乐生无缘，甚至成功也不该欢乐，要居安思危，给可能赢得的欢乐，也蒙上了一层隐忧。中年人乐生，似乎于天理不容、义理不容、情理不容、事理不容。中年人经常承受压力、感受痛苦才是正常的。

这样理解、对待中年人生，又有些感到简直是对中年人的人生摧残。中年人也同样有乐生追求、乐生渴望，也在努力建造自己的精神乐园。中年人却不能靠回避人生压力、拒绝人生责任的方式，去营造欢乐的殿堂。那么，中年人，就必须有自己独特的乐生追求和乐生表达方式。中年人面对的挑战是通过乐业去实现乐生。他们不能像儿童和老人那样，可以无忧无虑、无拘无束地尽情欢乐。中年人的社会使命，作为社会主流的主体，要同时感受和承受社会舞台上的成败、得失、荣辱、冷暖、苦乐，唯有乐业是一种正确的选择。

人生，也像信息密码系统，需要识别、确认、破译，这就形成一种话语结构。中年生活的复杂生态样式，需要有相应的话语结构，对中年人生进行解读再现、表达追求和渴望、建立精神家园、得到精神慰藉。

我们这一代中年人，有一种很深的童年情节，那时虽然食不饱腹、衣不蔽体，在记忆的深处却隐藏着要什么就有什么的宝葫芦故事、指点迷津的白胡子老头、温馨美妙的仙女下凡的话语结构。现实的中年人却很难找到这样一种话语结构。许多人，为了建立这种适合中年的话语结构，也进行了艰辛的探索，以求破解中年奥秘。检视自己近年所进行的种种探索和尝试，通过回忆和梳理，才真实地感觉到中年人的生存空间，已经在事实上圈定了自己的思考力和表现力。由此多了一点中年人的觉醒，又有了一点责任：中年人面对中年还是去做中年人自己的事情吧。这里面既有一些理性，似乎也透出一种无奈，更重要的是它能够融入自己的体验、倾注自己的情感。但，目标真正锁定在中年这个话题上，究竟能做什么？思来想去，开列出一个中年题目的清单：解读中年人生；中年人面对什么；中年人还能干什么；中年人，怎么啦；坟墓，还是战场；中年危机；中年欢乐场；中年人的使命；中年人，唠唠叨叨，等等。每个题目，初觉可以，都能有那么点感受，却又总觉不妥。主要是，没有抓牢中年人的痛感神经。

中年人的痛感神经在哪里？其实，这个话题并不神秘。我们可以从流行的中年话语结构，得到某种启示。

中年的生命本色是什么？它不是知识的堆积，拥有激情，行动起来少点情绪化，多一些理性的成熟和睿智；它不是单一价值的载体，消解了青年人的那种冲动和狂热，不应染上老年人的暮气；中年人的生命，有回归自然的倾向，这样才能呈现出栩栩如生的生命原色，在焕发出勃勃生机的活动中，再添点沉稳、持重、大气；人到中年，是人生的集大成，没有了青年人的单纯，还没有发展出老年的那份散淡；中年人格应显得厚实、坚韧、丰满，不像青年人格的骄娇脆弱；更不能如同老年人的老态；中年人的锐意不失圆润，和谐不失个性，虽为社会砥柱中流，忍受冲刷和孤苦，是因为把爱撒满人间；有人说，怀旧是衰老的表现，中年人的回顾却是对人生的梳理，是为了重组人生，再现生命的本色，给朋友们一点惊喜；让中年生命永驻人间，让人生少点青年的那种焦躁，免去老年的那种慵懒；中年，因为它成熟而不自炫，张扬而不张狂，展示而不暧昧，使它散发出迷人的魅力。

有人说，人生太荒诞；也有人说，人生是一种浑浊，是一个大杂烩、大染缸；有人借用《红楼梦》里贾宝玉女人水做的男人泥做的话说，男人也是水做的骨肉，从现代医学角度，人体70%是由水的成分构成的，水流不畅自然造成心灵阻滞。反转过来再说，其实，女人也是泥做的骨肉，也有泥土的那种浑浊气息，只不过在浑浊中独显一丝女性的清纯和靓丽，有一种母性的慈爱和妻性的贤惠。即便是在职场角逐的女性，也有女性天然的柔弱。

人到中年，人生呈现出多条复线演化的轨迹，放眼人生百态、品味百感千姿。所以，我说人到中年视野中的人生，才是真正的熔炉，是炼狱。有点接近类似中年是坟墓、是战场的说法。难怪有些友人，读了我的东西，感受不同。坟墓一说，显得悲观也显得过于死寂苍凉；战场一说，虽然有搏击的气势和斗志，却难有熔炉炼狱的那种烧烤煎熬的感受。

常言说，女大十八变；士别三日当刮目相看。说的是人生富有变化的一面。人到中年，经过那种熔炉炼狱，能够变化出什么，当然要看人的资质禀赋，要看社会在熔炉炼狱中添加了什么材质燃料，产生什么气候火候，更要看人到中年的努力表现，是炼出火眼金睛金刚不坏身，增加了变化的功夫，还是熔毁了意志熔化了斗志熔去了人形。

人生有许多关头许多环节，中年这一关最为重要。固然要看资质禀赋，看中年前的勤勉积累表现，但更要看中年正面突破所能够蓄积和激发的能力和表现。中年所能调动的是人生所能调动的最充沛的资源，是能够最大限度激发自身的潜能，也理所应当、水到渠成地成为最富有收获的人生阶段，更是人生努力的极致。所以，中年是最不能轻言放弃的人生，也是最难割舍最难放弃的人生，更是放弃不得的人生。

中年的人生，如果放弃努力，等于放弃了许多应该承担的责任，社会承继的链条会出现断裂，人间将增加许多苦难，减少许多应有的欢乐幸福。中年人生，因为承担各种责任，在社会发展的张力作用下，既有施展作为带来的欣喜，也有知音难觅的怅然；需要独自承受社会压力释放的重量，又要忍受难以倾诉的孤苦。中年人生，因为人生轨道大多已经定位固定，人生自然增加了一些固守和偏执，在人生选择上也自然增加了许多无奈和苦涩，许多不想割舍的却需要硬性的割断，也就难免有那种硬性割断的痛苦。中年人生的积累和厚重，也能够给中年人生的提升超越跨越，提供了能量、强度和力度。经过熔炉的冶炼，将使中年人生增添一种合金的品格，增加抗压的柔性，闪耀出夺目的光彩，给年轻的一代增添一种依托，给老年人生准备一份丰盛的厚礼。

当代中国的中年人因为所处时代的特殊性，面对着五大考验：

一是学习能力面临前所未有的考验。知识经济时代的到来，知识废弃速度提高，使职业生命周期缩短，对知识、技能更新要求越来越高，需要很强的学习能力才能够适应知识经济的要求。

二是年龄歧视的考验。社会结构进行战略调整，特别是公有经济进行战略性收缩调整挤出的剩余劳动人口，面临失业、退养、买断工龄、继续从事旧有职业等多种命运安排，两次择业受到“35 岁以下效应”的刚性约束。重新回归主流社会年龄阻力加大。

三是心智能力的考验。市场经济注重外在成就标准已经为社会所普遍接受，围绕外在标准的竞争空前加剧，重过程体验还是重结果，对自己的努力将会产生不同的感受。经验证明，外在的成就标准只是一种阶段性标志，它给人们带来的体验是瞬时的、易逝的，只有重视过程中的体验，才是永久的、持续的。如何使奋斗的过程富有乐趣，需要培育全新的心智能力。

四是承受职场竞争风险能力的考验。由于职场竞争公开化与暗箱操作双重规则呈现复杂的组合状态，相应加大了职场竞争的风险，令人遗憾的功亏一篑出现的概率相应提高，往往是通过了一系列复杂的程序，到了决定命运的最后关头，可能因为突遭暗箭或者一种很偶然的什么因素，导致前功尽弃。

五是能否摆脱旧有生存模式束缚的考验。进入新的更加复杂的生活环境，要求对自身进行脱胎换骨、洗心革面的改造，以适应新的生存环境。

把关爱中年带入老年。古老的带有动物特征的关爱，是沿着代际自然继替的链条顺向传递的。中年就是承继人生关爱链条的重要转折点。中年，承继了老年人的关爱，施爱于子女。青年有了互关互爱，其关爱强度产生了排他性的互相吸引，已经不需要来自于老年人的关爱，嫌这种呵护为多余，有一种抵拒，所以使老年人有那种隔代关爱，逐渐结束了被关爱和施爱，在漫长的情感枯萎、冷落苍凉、寂寞孤苦之中打发自己的余生。

步入老年，关爱的逐渐失去，更因为是被关爱的价值已经失去，施爱的情感资源已经匮乏，所以，对于关爱的这种命运，该多一点从容，少一点悲哀和怨恨；少一点硬性要求，多一些随顺自然；少一些情感的寄托和渴望，多一些理性的明智。

关爱的价值在于人生的价值、个性的张扬、魅力的展示。所以，对于关爱的基础已经失去，也就不必去悲哀关爱的失去，如果继续苛求关爱，那种关爱也就没有了关爱的味道。

把中年关爱带入人生老年，贵在人生价值的再培育和升值，带来那种创造力的勃兴，魅力的闪现，是立足于人生价值的关爱，而不是乞求无价值的关爱。这样，将使人生的老年，老迈中不失温情，苍凉却不早衰，有一种知道人生所能为和不能为，增添一点对待关爱命运的坦然和大气。

现在，我们存在着一种人生的误区，把职业生命等同于人生的生命，又把职业生命狭隘偏执地看做是正式组织安排的岗位，一旦离开、告别这种岗位，便感到职业生命已经终结，也是人生价值的终结。施爱没有了资本，被爱缺乏了价值，结果必然是加速早衰，加快了关爱时代的终结。

要想延长关爱的时间、提升关爱的质量，需要从单纯的依赖于纵向传递的关爱链条中解放出来，增大横向关爱的力度，增加横向关爱的强度，把青年人的那种炽热的互关互爱，带入中年，延续到人生的老年。在纵横交织的关爱网络中，互补的关爱，使关爱的情感将得到丰富和充实，关爱的资源得到开发，关爱的能量得到极大的释放，让关爱永驻人间，让人生能够感受更多的关爱。

遗憾，是一种努力弥补却又无法弥补的感受，是想企及又无法企及的那种心情。遗憾，表达的是一种缺失，追求的却是完美。遗憾，建立的是一种如同梦境的期待，通过追求也能使自己置身于陶醉的状态，达到一种虚幻满足的境界。

遗憾，竟然还有遗憾的境界，搭建出人生另一番景致。遗憾毕竟不同于后悔，所以，想说人生无憾事，岂不等于承认自己领略不到遗憾的风采。怎么也要为自己找到遗憾的事情，建立一种梦幻般的体验。

我唯一的人生遗憾，就是没有当过兵。我的人生遗憾真是标准的人生遗憾，所以想找到弥补的感觉，把自己置身于想象的军人意境之中，有了浓厚而又强烈的癖好：喜欢军事题材的一切。我很欣赏电视剧《和平年代》中的一句话："在和平年代，手握没有子弹的空枪，如何保持昂扬的激情，作为民兵，如何获得军人的激情体验。"在读克劳塞维茨的《战争论》时，因为读到"坚强是果断和智慧的合金"这样的合金式佳句感到兴奋不已；对《长征》则百看不厌，为《十送红军》所浸润的恩情似海、鱼水情深深深打动；对创造战争奇观的将帅传记更是爱不释手，常常在掩卷之后还沉浸在战争画面的想象之中。

这样的诉说遗憾，毕竟坦然，自己熟知且有深度感受，也就根据自己人生体验的旋律，增添一些激昂舒缓流畅，多了一份自我警示。

3. 品味人生

人生如玉。人的容貌、身材、人品，不能十全十美，容貌上存一点瑕疵，身材上有些病处，人品言行上也犯错误，并不能致命。而且，如同美人痣对美的点缀反增美的韵致。人生，即便是伟人也有缺点和错误，这样的缺点错误并不贬损伟人的伟大，反在伟大之中增添一种平和亲切。普通人历经磨炼的人生，也许更增加一种雕琢回味的余地，闪现出一种人生的魅力。

美玉之所以成美玉，有自然之功也有人工斧痕。玉苗因山洪冲刷而下，经过千百万年反复磨滚撞击，杂质尽去，只剩下圆润光华细腻如脂的宝玉。但，浑然天成的宝玉毕竟太少，所以，玉成美玉就需要人工的雕琢，琢玉成器。对美玉的雕琢，毕竟不同于开凿建筑用的石材石料。高明的工匠，在玉坯上开天眼，仅凭一道细微的小口，就可以识别玉质，透达玉的纹理，稍加斧凿即可以成器。

人生如玉，世面风雨也是成就人生的一种自然之功；高明的大师则只需点化之力，即可以开启人的天智。人玉一体，将一份通灵剔透沁入人生，沁色渐深，让人生放射出夺目的光华。

重情感的人，心性太脆弱，太容易受感动，一生都坎坷；理性固然使人冷静，冷静得寂寞，寂寞的人生，也能寂寞出寂寞的景致，有些人正是在寂寞中创造出辉煌的人生；苦难的人生，再苦恐怕也苦不过阿Q，阿Q那是一种典型的孤苦，既没有“恩人”的关怀，也没有来自于亲朋好友的关心和帮助，他却能够凭借一种精神胜利法产生“天生的优越感”，成为精神上的永恒胜利者；罪恶的人生，却也能通过忏悔获得再生。

有人说，人生就是无奈的动物。的确，人生在许多情况下需要面对无奈和尴尬，但这未必是坏事，如果能够坦然面对无奈和尴尬，那无奈和尴尬也就消失了；人生难以割舍和摆脱，就像装在一个筐里的螃蟹，谁也别想摆脱谁，所以，超越才需要功夫；人不为己，天诛地灭，意思是说，狭隘自私是人的天性，狭隘自私者大有人在，但我们不能因此把社会看成是由狭隘自私的人群组成的；人生要实际一些，再清高的人也要食人间烟火。

有人说，人生没有朋友就像食物中没有盐，但朋友会给你什么呢？只有伤感和遗憾。故对待朋友不要产生太多期待，也许就能避免那种伤感和遗憾了。人生浮躁，浮躁就是内心不安，再沉稳的人也有浮躁不安的时刻，人生总会出牵肠挂肚的事情，但不要让它统治自己的思想就行；人生疲惫，有一种很累很累的感觉，一切都好像没有意义，有了这种感觉，要么需要休息休息，睡上几天好觉，恢复恢复元气，要么就是需要调整人生价值坐标，改变人生感受；人生有时看上去很荒谬很怪诞，如果有了这种感觉，就要回归到人生底线，来消解这种荒谬和怪诞。

人生有一天也许会感到自己不像自己了，自己完全有可能变成自己都不认识的自己、自己都想不到的自己。其实，我们要摆脱的不就是原来的自己、塑造新的自己吗？还能怕失去原来的自己？

现在的人，工作、生活压力非常大，这并不奇怪，市场经济是最大的压力器，也是最大的激活器，无压力的只能属于那些永远退出职场竞争的人群，那样的幸福并不值得羡慕，在压力中能够感受到幸福和欢乐，才是人生值得羡慕和追求的。

品味人生，是品味自己亲手创造的幸福，还是品尝自己亲手酿制的苦酒，这才是品味人生的真谛。

品味10年陈酿。比起千年陈酿来说，10年陈酿能够品味出什么滋味。

如果说，一部书写上10年，算不上凝聚什么功力。马克思写《资本论》用了40年，不但没有写完，而且在世时也只出版了第一卷。岳乐山，现在很少有人知道这个名字，不久之后，却有可能家喻户晓，他毕生只写了一本书名为《尘世奇谈》，却洋洋洒洒360万字，他于1943年死去，他写的这本书事隔60年的今天，才问世出版。

一篇散文呢，也就5000多字的篇幅，比起有些文人日写万字的纪录，不足挂齿，却写了整整10年！这就是巴金写的《怀念振铎》。

曾经在《新华文摘》上读过这篇散文，但那次读的有些不经意，也许是由于带着轻松随意的心境去读的缘故，也没有引起心中的什么波澜，没有牵扯出什么思绪。最近，到书店买散文类书籍，看到有《2003中国最佳散文》和其他几本书，也就买回并投入阅读，最佳散文的开篇收入的也是巴金的回忆文章。因为自己写了几篇散文，感到散文题材更加能够贴近人生、舒展心灵，这次的阅读便投入了追求和寄托，自然有了专心品味的意图，所以重新阅读《怀念振铎》也就有了细心，确实有那种心灵受到拨动的感受。读到篇尾，看到加注的一句话：此稿于1989年春动笔，1998年12月至1999年1月修改、定稿，竟然意外地引发了自己的思绪。原以为，这篇文章不过是巴金一挥而就的即兴之笔，万没想到断断续续用了整整10年！进而用心去品读其中的人和事，去体验大师的那种心境、意境，品味的同时也就自觉不自觉地检视审视自己的人生、自己的一些感悟，便感觉到自己的渺小，折射出自己的浅薄，感受到自己心灵的那种收敛、固守、拘谨和狭隘。

巴金写到内心的自省，自白："我交朋友即使感到有负于人，即使受良心的折磨，我也不做形式上的悔过。这种痛苦超过良心的责备。"想起我们面对朋友、面对恩人，因为歉疚而常常作出的道歉表白，才多少悟出一点人生的真谛。联想起几年前，在一些朋友面前说出没有某某某，便没有自己今天的话，但是有朋友说，这种事情不能说出来，说出来就没有了。感觉到人生的微妙，那种看似念念不忘的有情有义之举，看似对自己的深刻检讨，实则是不愿意忍受那种良心的折磨，通过廉价的表白，放弃那种道义责任，逃避应该付出的感恩式努力，来使自己获得自私的轻松。

人生真难。难得在混浊中拥有一点清纯，喧闹中独有一种清醒，淡然中留有一丝超然。

巴金的散文，本就写得沉重，写的是两个人的恩情和友情，表达的却是一代人、几代人的诚挚追求，透露出时代曾经制造的那种荒谬和给人生带来的苦涩、扭曲和无奈，凝聚了他的10年笔力，浓缩了他的人生感悟。我们不该轻松随意地对待他的散文。

机缘与机巧。每个人都肯定地、投入地争取过人生的许多次机会，但终未能成功；后来回忆，又觉得错过了许多次宝贵的人生机会，只是苦于当时没有把它当做机会，这是有机缘没机巧。普通的机缘与机巧相遇相合尚且如此，大机缘与大机巧的把握更难。如何让机缘与机巧天衣无缝般地结合在一起，增加点投机意识，应该能够提高二者有效结合的概率，但更多的属于人力不能为，很多事情属于可遇不可求。顺其自然，多一份潇洒，少一点刻意，就是一种随缘态度，它未必能够增加人生的成功，但却可以使人安身立命。

应对与搭配。搭配，我在小时务农的时候，就在田间听到男女搭配干活不累的议论。但最早引起人们普遍关注的，是在那个紧缺年代，劣次商品与紧俏商品搭配出售，使你不得不接受。再有，就是先进与落后的搭配，一帮一一对红，因为不允许淘汰，也就成了一种搭配的社会景观。

对搭配，真正引起我好奇的是，2005年6月底的伊春之行，到石林观光，看到一幅幅令人称奇叫绝的搭配景象，为大自然的鬼斧神工感到惊叹。看到一块块大小不等的石块石板，一层层如犬牙交错，又错落有致，叠床架屋般的形成种种壮观奇异的景象。同伴们不仅议论纷纷，引来是自然之功还是人工设计的疑问，似是怀疑自然的神力却又难免最终确认是出自于自然的杰作。游人的想象力，随即也便与自然的杰作搭配到一起，赋予其以种种人格化的意境、人格化的名称，有些意境名称令人哄笑不止。

嬉笑之余，也多少萌生了写意，却又苦于思绪难以伸展扯开，才感到自己笔力的笨拙，不能像许多游记作者那样，可以随处拾取、随时解读、随意挥洒。

美，就是一种结构比例的匀称合理的搭配，是巧夺天工；美味佳肴便是色香味俱全的一种合理搭配；美，本身也存在复杂的结构，令人产生复杂的美感：遗憾的美是压抑的美，完美的美是美的充分展现和实现，悲壮的美是美的毁灭。世人追求的是美的充分展现和实现，但唯有悲壮的美才更加能够震撼人的心灵。构建和谐社会，在某种意义上说，也是一种社会结构比例的合理搭配。最近，高频率地出现了“应对”的词汇，联想到3～5年前，伴随中国入世，应对也就具有了连续性，想到有那么多应对不完的题目问题，我仿佛是为了摆脱应对不完的纠缠，思绪忽然出现了跳跃，脑海中闪现出搭配。应对与搭配联系起来，也就成了一种搭配的搭配。

从搭配角度反观应对，应对就是现实与未来的一种时空搭配，就是搭建一条由现实通往未来的桥梁，是为了通往幸福的彼岸。由应对式搭配，可以引申出机遇和挑战的词汇搭配，变成了一种命运搭配，充满了风险变数，如同高水平的游戏，由于有严格的时间限制，又有输不起的刚性要求，变得格外刺激而迷人。思绪由此一点向彼一点的伸展搭配，随现实的时空置换，常常出现原以为是落脚的点，却神奇地消失了，原来看准了是固若磐石，却左右摇晃，使人站脚不稳，似乎在同人们开着老大不小的玩笑，是在拿人们的命运开玩笑。命运的旋律，也常常在不经意间轻轻一拨，便会发生神奇的意想不到的变幻，也只有这样，才能彰显出命运的无穷魅力。

我不由得想起，前不久中央电视台4频道推出的“探索与发现”栏目，有一期节目提到现在科学研究的最前沿，在探索研究宇宙自然包括地球人类的过程中，是某种超级智慧设计出来的问题。在应对与未来之间，是不是也属于有一种超级智慧设计的产物，是一只“看不见的手”在那里进行一种搭配。人们在它的作用下自然会感到茫然，感到神秘，感到充满了变幻，感到难于驾驭。

人们开动脑筋，努力与那种超级智慧对话，但这成了一种尝试、一种探索、一种猜测。在这里进行的搭配，需要科学、需要艺术、需要智慧、意志、勇气和胆略、需要眼力眼光、需要调动全部的感受力理解力。即便如此，面对未来出现的搭配景象、搭配事实，人们难免还会发出疑问：这样的搭配，是自然的杰作，还是人工选择的结果？

面对形形色色的搭配，真是一个天问，一个难解的谜团。人们却前仆后继乐此不疲地去求解破译。其实，答案也许就在你的自我设计之中：你搭配的是什么，它就是什么。如果你进行的是一种错误的搭配设计，那就是失败的搭配事实在等待你；如果你进行的是正确的搭配设计，那就是成功的搭配事实将出现在眼前。可是，你能一眼就看出搭配的玄机吗？

人生的努力常常遇到极限，一旦面对这种极限，人的心理容易发生异变甚至蜕变。比如，人所共知的“59”岁现象，现在还在不断下降，甚至出现所谓“26”岁现象，是一位检察官对犯罪分子案卷进行调查时，发现腐败犯罪分子非常年轻，年龄26岁的占有相当比重，结果被有的记者称为“26”岁现象。

如何防止人的心理可能发生的异变、蜕变，是现代社会提出的非常严肃的课题。不仅执政党存在腐败的问题，平民百姓也存在心理异变、蜕变的问题，而且平民百姓就是执政党的社会基础。心理异变、蜕变现象的出现，常常是在遇到人生所谓极限时发生的。

人生的努力是否存在极限？

从外在的形式看，人生的努力的确存在着种种限制，也可以说是难以逾越的极限：年龄、职称晋级、职务升迁、职业选择等，但是只要面对某种界限、极限，不放弃挑战、冲刺精神和努力，就不排除突破极限的可能。存在极限最为明显的领域当推竞技体育运动。竞技体育可以称为是一种不断冲击极限的运动。恰恰是一再被宣布为极限的纪录，一而再、再而三地被突破。原因是竞技体育是一种高度个性化的运动，这种高度个性化的运动，受着个体的体质、竞技状态、爆发力、体能等因素的深刻影响。通过科学所测定的极限纪录，为什么可以一再被突破，原因在于由众多因素影响的运动员的运动速度、质量、状态，具有难以测定、预测的性质。

就极限的原初的数学意义而言，并不是某个绝对的数值，某种绝对的定量化的绝对界限，而是一种不断趋近极值的过程、状态，这个极值不能用某个具体的数值来表示或者代表。

人生的努力可以称之为一种不断趋近极值的过程。开放的社会向人们展示出无限多种多样发展的可能性，通过不断调整努力方向、生存发展的空间，已经不存在努力的极限。市场经济中，货币尺度的存在，只有量的差别，任何一个货币额都是有限的，都是趋近于极值状态的中间值，因此可以说市场经济的竞争是一种无极限的竞争，从而展示出商业文明的无穷魅力。正是在这种无极限竞争中，人们可以通过征服一个个“中间值”获得无穷的乐趣。

有些人在现实生活中，面对某种外在的界限，发出悲观、绝望的叹息，以至于给自己的人生留下遗憾甚至悲剧，就是由于没有树立起明确、科学、合理的人生极限观。因此不能突破旧有的眼界、视界，挡住了自己的视线。一些人蜕变、堕落，导致人的变质、变色、变味，也大多是由于看到自己人生极限而发生的心理异变，以至于人生都变得悲观、可怕了。

人生需要有一种集成的高度。人生，有四戒：一戒习而不专；二戒专而不精；三戒精而不博；四戒博而不成。人生需要有一种集成的高度。师从多门，博采众家之长，杂糅相间，互相激荡，可达极境。

人生集成，需要融会贯通，要融会贯通，需要有感通万事万物性理的本领。万事万物，可谓形态各异，不但有万般形态而且有万般变化，在人心感应上却是相通的。关键在心灵的感应。养成心灵对万事万物的关切关心关爱，心灵通则万事万物皆通，万事万物通也就可以助人走向集成的高度。

要使人们普遍提升集成的智慧，增强集成的能力，走向集成的高度，需要有崭新的科学支持。

现阶段，由于社会改革使大量的社会成员游离出各种类型的社会组织之外，还原为原子般的存在，离开了原有社会组织的保护和约束，相应扩大了个人行为的自由度，组织内部的成员也面临着日益加大的竞争压力，生存问题，争取生存空间过程中形成的行为失范问题以及由此引发的社会失稳现象，将会变得更加普遍，因而也更加需要提供相应的生存智慧，促进个性心理进化，提高个性心智能力，使个性能够有效利用自由行为的时间和空间，普遍提高个性的生存质量，实现社会生态秩序的和谐。生存问题已经是一个高度个性化的问题，如何在个性生存的有限时空内，不断地克服个性的种种局限，实现个性层面的阶段性超越，达到一种集成的高度，这也是个性存在与发展普遍面临的问题。

现代市场经济是高度开放的经济，它使每一位人类个体都面临着压力和挑战，若适应不良则可能陷入生存危机状态，同时也向每一个个体提供了广阔的选择空间，增加了多样化选择的可能。如何有效地防范和化解人类个体的生存危机，不断提升发展水平？首先要在精神层面解决价值依托问题。个性需要选择、学习和接受某种社会现成文化系统内化为自身的价值依托，从而构筑精神动能和心理稳定机制。我们现有的知识体系，基本出发点和落脚点往往是为各种社会组织服务的，而对个性生存层面的知识体系则缺乏深入系统的开掘，因而使个体一旦需要独自面对的局面便普遍陷入一种茫然状态。如果通过相应知识体系的挖掘，能够有效提高每个人的心智能力、自我调整能力、心态的自稳定能力和外向的拓展能力，使社会的基本细胞焕发生机和活力，将会有效地促进社会合理化进程。对于走向现代化社会的我国来说，如何挖掘和进一步培育民族所特有的博大精深的文化资源，加以同现代化成就的结合，经由文化调适形成整合力，尽可能地减轻和避免西方国家在现代化过程中所出现的社会病症，具有特别重要的意义。

人类的探索目标始于心灵世界，并且在人类的早期取得了辉煌的成就，尔后转移于自然与社会的外部世界领域，并在近现代取得丰富的科学成就，但是关于心性、心灵方面研究的成就则大大落伍了。比起人类在改造自然与社会方面取得的成就来说，有关心性探索与改造的成就则大为逊色。因此，反映到社会实践过程中，面对人们在心灵、精神方面出现的问题乃至危机，则缺乏有效的解决办法。随着人的寿命的相对延长，狭义工作时间的缩短，工作竞争压力的空前加大，重新引发了人们对生存、生命意义的思索。这种新的思索应集古人心性改造之说的精华和近现代自然、社会探索与改造的成就之大成，结合现实人生问题，在实现精神超越、心灵解放与有效解决现实问题的结合路向上，进行综合、合成，实现内向的心性调整与外向的有效提高，生活质量相统一。国人时下恰恰是由于对形而下的生计问题的关切与追求引发了形而上的精神问题。在思想界，高雅的思想作品与世俗化的思想作品发生了分离。一方面是急功近利的缺乏精神积淀的有关社会生存技能的炒作；另一方面则是缺乏实用性的精神意境阐释，缺乏对现实行为的智慧性解读和指南。

所以，我们提出人生需要有一个集成高度的问题，通过提炼出集成的智慧，解决人生普遍面临的难题。

把人生当做熔铸，该是一种什么体验。它必定不是拿浅薄当深刻，拿平庸当潇洒，拿无聊当欣赏。因为，有“坚强是果断和智慧的合金”这样的熔铸式话语；有“纯钢加火炼三炼、去掉渣子当好材”式的劝勉；有“铁人精神”这样熔铸成的人格。

意志因熔铸而成钢铁般的硬核，经过加压锤炼有了柔韧性；心血是熔铸的燃料，激情是熔铸散发出的炽热火焰，苦境是熔铸的动力，人格是熔铸发出的光芒。

熔铸使人坚定、沉稳、厚重。坚定使人耸立于人世；沉稳使人经得住风霜雪雨；厚重有了人生分量。

体验就是熔铸。熔铸的是生命，生命因熔铸而蓄积能量，充满了活力。熔铸是全身心投入，熔铸感是融为一体的那种消解了自我的化合。熔铸是杂样异质的吸纳揉捏，需要冷热相激的淬火；整合过程似有蒸煮式的煎熬、打磨刮削般的痛楚、挤压式的提纯、脱胎而出的淋漓快感。

熔铸成熟的随意挥洒便透射出睿智，有应对自如的从容。熔铸有拙劣的畸形，自然也有矫正后的健全。

熔铸不能没有足够的经历，更不能有经历而缺少超强度的体验，少不了精神上的提纯和超拔，一步一个脚印的铸模，即便如此，也很难成为大器。

人生既然是一种熔铸，不是浑然天成，自然有它的退质，逐渐的失落和散失，最终的溶解于自然，也因此熔铸出一种淡然。

人生的选择偏好定律。人生谁不想得好？

人生想好，是人生表现出的一种非常强烈、非常稳定、也非常牢固的基本心理倾向。这种倾向，可以称为人生选择偏好定律，即人生表现出选择有利于自己的条件、关系、环境的心理倾向。

在一定条件下，人生选择偏好表现出递减规律和递增规律。这是由客观上形成的可供若干人选择的机会总量与实际需求的机会总量存在差异决定的。客观上提供的机会总量受严格的客观条件的制约，而个人选择偏好具有灵活性和可变性，造成了客观上提供的机会总量一般情况下总是小于若干人所要求的机会总量。

机会的分配也有特殊规则。机会并不是均匀地分配到每个人身上。“机会总是偏爱那些有准备的头脑”。这样，客观上提供的机会总量首先满足部分人的需要，为部分人所利用。随机会总量的减少而使其他人的选择偏好依次递减，降低选择标准或推迟选择偏好实现的时间，以及转移目标等。选择偏好的递减对人生构成一种压力，也激励人生作出新的选择。科技进步，生产和服务不断创新，刺激人们不断产生新的需求，客观上提供的满足机会不断增加，人生的选择偏好就会依次递增。

每个人都受各自的选择偏好支配。人与人之间互为实现选择偏好的条件。自然需要人与人之间的沟通合作。人与人之间的选择偏好又互相排斥乃至互相冲突，比如，同向选择便互为障碍。机会越少，选择形式、渠道越单一，则使人们实现选择偏好的概率越小，从而使每次机会到来之时，人与人之间的关系越紧张，竞争也越激烈。

每个人的选择偏好，从它的原生层次看，具有纷繁复杂的多样性，各人有各自不同的爱好偏好。社会生存条件，也使人们表现出许多一致的选择偏好。比如，权力欲、金钱欲。在开放的市场环境中，各种资源都商品化了，人生重新组合的机遇无限扩展了，自由选择的机会空前地扩大了，人生实现和调整自己的选择偏好，也不再像计划经济体制下，在那种封闭狭隘的渠道内实现，常常遇到一种直接的强制的无法回避的限制。市场经济拥有巨大的激发人的潜能，激励人们为提高选择偏好的满足水平而努力。

从这个角度看，市场经济是有助于提高社会总体选择偏好满足水平的经济，也是一种非常文明的经济。我们的心态也应调整到与市场经济相适应的水平上，面对市场经济，善待市场经济，面向开放宏大的市场经济，去遨游，去搏击，去努力提升和实现人生的选择偏好。

人生如小溪。小溪，它虽然没有大海的浩渺波澜，缺少江河的汹涌奔腾，不如湖泊的光洁如镜，但却可以傲然跻身于充满江河湖海的世界之中。蓄满生命力的小溪，一旦汩汩而出，便顺着山形地势，忽急忽缓，忽左忽右，从不停顿，蜿蜒前行；它一路或绕过、或穿行于重重叠叠的屏障之中；它没有波澜但富有起伏，没有震天动地但有潺潺细语；以它纤细柔滑畅快的身躯，不畏艰辛坎坷，不避风霜雪雨，不惧瘦骨嶙峋山石的刮削，不吝花草树木土地的吞噬；它一路无私洒播生生不息的水分养分，无声地滋润着山林大地，万事万物；它一路上洋溢和弥漫着清醇的气息，无怨无悔，映衬出千年积淀落叶泥土散发出的大自然的馨香之气……

正是无数条这样的小溪，汇集而成江河，融入大海。在它融入大海的那一刻，虽没有轰然巨响，却有赋予无穷生命力的极度喜悦，从而更加显示出神奇，更加富有变幻力，更加具有无限的威力，更加展示出无穷的魅力！

反刍人生，来自于牛的反刍功能。人回忆起自己经历过的事情，类似于牛的反刍功能，亲身经历的事情，再“倒出来”，咀嚼一番，慢慢、细细品味，越咀嚼越有滋味。

人生百感千姿，不是经历来的，而是通过咀嚼的功夫才品尝到人生百味。有位名人说过：吃别人嚼过的馍没味道。写东西，重复别人的东西让人反胃。自己经历的事情，看似几经咀嚼已全然无味，换一种处境、一种心态去反思，竟然可以兴味大增。

反刍人生，需要有牛那样的倒嚼功夫，吃得了辛苦，耐得住寂寞。是细工慢活，急躁吞咽不得。

反刍人生，固然有味。人毕竟不是牛。创造美味人生，才更加有味。

4. 层层递进的人生意境

孔子说："知之者不如好之者，好之者不如乐之者。"意思是说对于任何事物，懂得它的人不如喜好它的人，喜好它的人不如以它为乐的人。由此，我们推展出人生的意境：

见之不如知之，知之不如释之，

释之不如信之，信之不如好之，

好之不如乐之，乐之必欲求之。

这里所说的见之、知之、释之、信之、好之、乐之、求之，是对人生要旨、人生真谛、人生意境的简要概括。百闻不如一见，亲眼所见、眼见为实的重要。看到未必知道，从他人之处了解得到不如通过自己了解得到的珍贵，"吃人嚼过的馍没味道"，知道的东西未必相信，不能相信也就很难指导行动。相信什么要比知道什么重要得多。相信的东西要达到爱好的程度，爱好则不如欢乐给人带来的极致体验。"求"具有两面性：一方面令人感到欢乐的东西，必然驱使人们去追求它，使它成为人生追求的目的；另一方面带来的问题是达到或者进入了乐境，是否还有追求。如果像《三国演义》中的阿斗那样"乐不思蜀"，失去了进取心，或者像现实生活中出现的小富即满、富而不进现象，则不足取。唐僧取经，修成正果，还有事情去干，那就是传经送宝，普度众生。乐并不是极境。极乐世界只存在于宗教领域，在现实之中，乐境的保持是有条件的。“富不过三代，官不传子孙”，说的是如果坐吃山空、不思进取，乐境也会消失。由“见之”到“乐之”，由外向内，再内显于外，包含了一个内心与外界的相互作用过程，表示心灵活动变化及向外在行动转化存在着强度递增的过程。认识到“求之”所具有的两面性，就在于理性地保持我们追求乐生的积极性，不断启动新一轮的由“见之”到“求之”的循环，以求达到人生常乐状态。

曾经写出小说《人生》的路遥，却只以42岁的短暂人生，告别了人世。他在《人生》中借助那位老者的话语，感叹“人呵！”《人生》对高加林的背叛、巧珍的美好心灵的描写，给我的印象极深。人能以美好的心灵去关心抚慰受到另一种伤害的背叛，也应该给那种背叛带来自我的悔恨、自我的痛悔。

人生意无止境，还是意有止境？从人生的追求、渴望、向往、憧憬，是意无止境，可以走向人生极致、达到巅峰，领略峰值的景致，获得高峰体验。意无止境的人生，才激励和鼓舞人生，不断走向新的辉煌。

人生意无止境，却也使人难以心安。人心难安，既是受到一种鼓舞、一种激励，也是一种折磨，需要一种忍受。人生意无止境，人心是开放的，但再开放的心境，也有止歇的时刻，否则何以为安？如果说人生意有止境，止于何处，才是止境？

我说，如果人生意有止境，那就止于心安之处。意有止境，人生恰似构成一个回环，一个闭路，叫它回应也行，称它报应也可，能够达到心灵上的自我认可、认同，就是意有止境的标志和尺度。

品味人生，也有极致。人生品味的极致，也许要算意有止境的那种体验。意有止境，止于自己亲手播种的幸福；悔于亲手犯下的罪恶。坐享其成，难以使人心安；别人恩赐的幸福自己也不会去珍惜。有人说：“自己的人生绝不是通过牺牲自己而建立的。如果体会不到自己曾竭尽全力拼命的幸福感，那就不可能拥有真正的幸福。”痛悔自己的过失，痛恨自己的罪恶，也就是过失、罪恶的终止。如果说，谣言止于智者，那么，过失止于自我痛悔、罪恶止于自我悔恨。

人生，恶积不足以灭身，行善不足以成佛。看起来，靠回应报应难达止境。人生意有止境，但止于何时何地何人何事，却极难断定。人生意有止境，却也难求止境。

人生，意有止境、意无止境，人生难求止境，本来就没有终结之语，我们也不能苛求有那种一语定乾坤的效力之语。从这个角度透视的人生，才富有变幻力，充满了玄想，也激发了我们的期待和憧憬，独显出人生的魔力和魅力。

人，教化难，难教化。有人说，我们中国人经受了先后两次大的洗礼：战争洗礼和市场经济洗礼，还需要经受第三次洗礼，即宗教洗礼。

几年前，我曾经为自已确定一个目标：在人生与宗教之间搭建一条相通的桥梁。从社会、政治、文化角度考察宗教问题，已经存在过各种形式的相通相容和谐共存。相通相容并不是目的。通过相通相容，是从教化的意义上对宗教与人生的关系建立一种新的理解，从中寻求教化人生的源泉。这也符合现时代宗教泛化、扩张的趋势，以便引导二者走向健康和谐轨道。现在，从传统文化角度开发教化人生源泉已经成为时尚，解决当下社会存在的有关人生价值问题。这个动向很值得重视和研究。宗教的长期发展过程，也蕴涵积累了丰富的教化人生的源泉，是不是也可以从那里开发提炼教化人生的源泉。

最初读《圣经》，感到很茫然，甚至觉得很絮叨、重复，要不就是家谱。后来，带着好奇心去读：人为什么信上帝。

宗教，教化人生，人性教化、心灵教化，把人类心灵活动纳人考察研究范围，在没有宗教之前，人类心灵是什么状态？宗教的作用在于实现了人类心性心灵的文明教化，形成合理心态秩序，现在，我国的主要问题之一，就是心态心灵问题。“彼得后书”里的约伯讲，有福是上帝恩赐感恩上帝，受苦受难则是上帝考验教化，这是对待祸福的心态；比较我们心态，有福不知不满足不感恩，有难则生出怨恨，心灵产生什么感受，由更深层的机制控制，那种更深层次的机制，就是由宗教培育的。

《圣经》的“彼得后书”中有段话，劝人“当在各等德行上求进步”，“有了信心，又要加上德行；有了德行，又要加上知识；有了知识，又要加上节制；有了节制，又要加上忍耐；有了忍耐，又要加上虔敬；有了虔敬，又要加上爱弟兄的心；有了爱弟兄的心，又要加上爱众人的心……若行这几样，就永不失脚。”心灵秩序层层递进，竟然有如此精彩描述。

我们感谢谁？一定要问具体人，谁给我们带来好处，有还不完的人情债。但市场经济一来，冲刷掉了，变成等价交换，当场算清，一把一利索，谁也不欠谁的。靠人情债来维持，负担重。于是恩情变得脆弱了。过去最怕忘恩负义的指责，就怕背上这个，所以很累。现在通过当场算清，解除了这种压力。却有单纯认钱的嫌疑，出现所谓道德滑坡、道德堕落，钱是最重要的，仿佛这个世界上没有比钱更重要的东西了。因为钱而进监狱下地狱的人又感到自由的重要、人情的可贵。关键还是人不能迷失自己，自己的迷失、迷失了自我，是最可怕的，灾祸会随时降临。西方人，感谢上帝，仪式化处理，负担很轻。其实，这是一种让人很轻松的文明生活。过去，我们不知内情，指责西方人父子吃饭朋友来往也要算账。其实，那是为了不背上负担。要感恩就都去感谢上帝，减少了许多人生纠葛。

人死了让活着的人很悲伤，基督教就不那么看，看做升入天国享福去了。至少，比起我们的悲伤文化来说，就是更加文明，是减少痛苦悲伤的文明，减少了痛苦悲伤就应该是增进幸福欢乐的文明。

5．杂感乐生

感受，是一种瞬间出现的情绪反应，如果缺少理性、信念的约束，就会直接激发出相应的行动。感受，常常就决定于某些偶然场景的刺激，具有突发性、瞬时性，无法预防。感受也折射出我们对事物的态度。

瞬间出现的感受，固然是对某种外部刺激的一种反应，决定这种反应性质的因素是什么？在某种刺激下可能出现的反应是多样的，能否出现一种比较稳定的反应类型？比如，同情的反应，不良的反应。这种能够控制反应类型的因素，就是人的心性，将决定人的感受趋向良性还是恶性。

根据良性愿望、理想、追求，经过人为加工，构建出来的意境，是一种良好的意境，可以普遍唤起人的良性感受，对不良感受能够产生消解力。意境是对感受的一种理性的超越、升华，对行动可以起到定向强化的作用。意境可以使感受力得到定向的蓄积和释放。

感受出知识，知识深化升华感受。

感受，比理性更加复杂，它与生理、与人体的化学物质有密切联系。

科学史研究表明，感受、感觉出知识。

感受出知识，来源于人的内在需要。可是，我们常常觉得有感受，却又苦于说不出口，找不到合适的语言表达出来。感受出知识，是把感受上升为系统化、条理化的知识形式，容易被大家接受的语言形式。知识形成了，对人的感受又会产生什么影响？模糊感受一旦被阐释出来，就会使人产生痛快淋漓的透彻感，体验到新奇、喜悦，有一种审美意义上的满足，对自己和他人的生活都非常有用的感受。

只有理解的东西才能更深刻地感受它。在感受与知识之间形成互动链条：感受出知识，知识深化升华感受。

感受不但出知识，也决定人生态度。一个人，在不同时刻对同一件事情，会产生不同感受。亲身经历过的事情，日后反复咀嚼也会有不同感受。不同的人，对同一件事情也会生成不同感受。感受是冷漠、友善、仇恨，或者其他内涵，大多与各自的经历和感受有关。人生态度不同，报恩，还是自私，或者仇视别人仇视社会，大多与人亲身经历的某件事情及其带来的感受有关。那种基本的感受一旦形成，对日后的经历和感受就起到一种定性定向控制的作用。山西曾经出了一位李医生，有一种奇特的近乎偏执的报恩心理，不但忘我而且忘记了家人。小时先后失去父母，得到好人周济照料，家人概念比较淡漠。有人对报恩心理感到很奇怪，怎么会有这样的想法。有人在人生脆弱期、风险点、社会转折关头，更多地得到了别人的关心支持帮助，构成了报恩感受的生成基础。

人为的努力，可以改变别人对你的态度，进而影响你自身的感受。产生什么感受，间接地是由自己控制的。别人的癖好，你可能无法改变，但你有选择空间，你可以尊重、不干涉，也可以在这种癖好威胁到你的健康时可以躲避、减少接触机会。如果一个社会能够不断出现，能够使人产生良好感受，它就会不断促进、鼓舞人们去创造良好的行动，在感受与行动之间形成良性互动。

感受到的东西，也许是一瞬间，稍纵即逝，需要马上把它记录复制下来，过了那个时刻，靠回忆的方式很难原样写出来，即便写出来，在成色上也会打折扣。这是知识生成的特点。很多人都有类似的体验，在人生某个阶段能够写出来的东西，后来再去写，无法原样写出。所以，需要抓住感受生成知识的那个瞬间，知识才能带有脱胎而来的那种鲜活特性，刚刚降临人间的激情和活力，马上记录复制下来，并力求在深度广度上拓展开来。

感动能够改变我们的生存意境。

理解感动、学会感动、拥有感动，为感动而增添一份敏感，将赋予我们极为丰富的生存体验。感动，将激活我们心灵、赋予我们激情；是我们接受生活、容纳生活、热爱生活、与生活融为一体的情感溶合剂；是对生存情景的深刻感知，是对人生遭遇的深刻同情，是寄予生活的一种深刻的人文关切。

感动，衬托着心灵的死寂、冷漠、荒凉，折射出人生的无聊和荒诞。

感动，是面向美的东西遭受毁灭所得到的心灵震颤；是对真情的共鸣体验；感动的累积，提升着情感的强度，太多的感动将使人充满热情、焕发出激情。

感动，是淳朴的象征和珍视，是善心的波动，是对人间美好的向往和期待，是心灵充满活力和富有激情的象征。感动，只有具备了同质性的心灵才能被它深深地吸引，得到它的经常眷顾和青睐。

有人说："感动可以使我们以生动而有力的方式感受生命；感动是一道宽阔的河流，承纳生命，承纳世界，让个体生命与世界达到默契、沟通。"我说，感动的背后是平静的情感海洋，激荡它需要真挚和淳朴；平复它需要默默无声地吸纳和熔铸；释放它却需要火热的激情；展现它不需要刻意的雕琢和技巧。

感动，是心理基础的重构，在感动中使人生的意境得到净化和提纯。

感动，虽然产生于心灵碰撞的那一瞬，却可以用激荡而起的心潮浪花，久久地滋润着人的心田。不能想象，一个社会感动的贫乏，意味着社会太缺少关爱、情感资源的匮乏、人心的收束和死寂、心灵长河的干涸、生命力的枯萎。

拥有感动，就是拥有丰厚的社会心理资源，就可以激活我们所拥有的各种资源；拥有感动，就可以激发我们生命的活力、搏击商海的斗志。

我凝神思考速度，感受速度。

速度有各种各样的速度。

最慢莫过于蜗牛爬行的速度。人们常常用它来形容故步自封、僵化老迈的思想和行为状态。

沉重又缓慢的老牛拉车，步履蹒跚，负重前行。

飞马狂奔，引来路人街人的躲闪和惊叫，这样的速度就已经开始蕴涵了危险的信息。

安步当车寓有悠闲和潇洒，也曾经是对贫乏的一种幽默，一旦大步流星也能带给人们生活有奔头的想象。

骑着自行车，快速在街路人海中穿行，也能给人带来游刃有余的流畅感。

汽车，也是由于汽车，把人们提升到现代化生活的意境里。现在的有车族，思想和话语都得到了彻底改变，与汽车有关的语言已经成为日常话语。过去，我们中国人见面的第一句话就是：“吃了吗？”现在的见面话则是：“有车位吗？”但是，汽车的速度，比起火车，我更喜欢火车的速度。

在众多的速度中，我独独喜欢和欣赏火车的速度。火车，已经不是原来意义的火车，蒸汽机车用燃烧的烈火为动力，故名火车。漂亮的内燃机已经全面超越了火车。火车拉动一长串车厢编组而行成为列车，本身就给人以壮观和整齐划一的流畅感，外观上可以使人产生那么多的美感。坐在运行的火车里，在嘈杂中感受那种速度。机车启动拖拽列车使人感受到一种艰难和沉重，通过不断加速达到匀速惯性运行时的轻松；列车重量通过车轮碾过钢轨使人感到一种沉甸甸的震颤；高速撞击气流产生的刷刷声响，不时通过一些车站道岔产生的咣当咣当以及由于道岔密度造成的急促的哗啦哗啦音响，简直就是一曲交响乐；进入夜间行车，没有了车厢内的喧哗，静静地体验品味辨析列车高速运行的速度，除了那种沙沙声便是两节车厢连接处对称的两组车轮撞击钢轨连接处所发出的极富有节奏感的咔哒、咔哒声。列车高速行驶生成一种内在的气势，穿行数千公里有一种纵横感，与车外景物对比激发起人的思绪和想象，乘坐火车就成了一种特殊的旅游、一种悠闲的欣赏，就是一种集景物观赏、休闲和畅想于一体的综合性审美活动。不断提速的列车更是不断提升现代化水平的象征和标志。

飞机，尽管比火车速度更高、更快，也许因为速度太快失去景物参照对比，反而常常使人感受不到速度。飞机起飞过程的加速能够使人感受到速度，但因为太短使人难以充分体验那种速度，一经飞离地面，就只有了轻飘飘的感觉。乘坐航天飞机，则是只有极少数人才能有幸体验的速度，挣脱了地球引力获得了空前的自由，但那种飞离地球、离开人类之母的感受，该是一种什么感受？自然，航天飞机的速度，可以使我们超越了地球上的一切速度，思绪的触角可以伸向茫茫的宇宙天际，伸展到光速。

光速，对我们人类来说，还只能想象却无法体验。或者只有爱因斯坦一个人才能感受到、体验到光速的神奇。光线经过太阳表面会变得弯曲，如同抻起一块布中间放上重物会弯曲一样。达到光速运行，是通过时空的改变而改变感受，那将是一种什么感受？现在，甚至连超光速的概念已经出现了。某些宇宙天体爆炸，或内部运动抛射出的物质，能够以超光速几倍的速度向外扩散。

人类现在只能想象、只能神往、只能梦想，人类在非常遥远的未来，能够亲身体验光速时代、超光速时代。人类完成从牛车到航天飞机速度上的跨越，经历了数千年，再从航天飞机向光速的跨越，也许会经历更加漫长的时间，但人类文明进步的脚步正在呈现日益加速度的态势，实现向光速、超光速时代的跨越也许不会太遥远。

目前人类唯一能够可以与光速时代比拟的本领，就是想象。想象也有速度。我们不是常说头脑有反应快慢之分吗？想象的速度是什么？想象的速度，就是心灵运行的速度。我想象自己到了哪里，也就是心灵到达了哪里。我们的想象也就可以超越光速。心灵的速度，不是运行，而是跳跃，通过跳跃实现一种超越、跨越。心灵完成从一个目标向另一个目标的跨越，自然是光速也难以比拟的。心灵可以超越肉体、超越一切运载工具、超越时空。原来，心灵的速度，才是我们人类的速度之母，才是我们对速度崇拜的归宿，是速度的终极。她可以孕育和生成人造物的速度；可以包容和超越宇宙间万事万物的速度。

与人的体型容貌形象相对应，人有一个形态特异的舆论形象，它代表了抽象的人格人品形象，使精神品质变成人们可议可说、可圈可点、可爱可恨的形象。它虽然抚之无形、听之无声，却能着实使人感到各种生命特征，可供人们称颂、赞扬，或者痛恨、诅咒。舆论形象的无形无质，使它的生命能够超越肉体时空的限制。在中国，最典型的舆论形象要算是处于善恶对峙状态的岳飞和秦桧。前人的舆论形象，也是对后人的激励和警示，是生命言行的标尺。

有些人受到世人的交口称赞，有口皆碑，也有人留下千古骂名。在物是人非的议论中，恰恰在编织着人的舆论形象。

舆论形象负载着人的感情。它越是丰厚，人们所寄予的感情越充沛。舆论形象，因为深入人们的内心，也就赋予了鲜活的生命特性。

近几年，自己也有些不自量力，给自己确定了打造社会科学大众化品牌的奋斗目标。题材也曾几经多变，却始终苦于找不到合适写法，甚至萌生了一种自己把自己下锅煮的那种感受，把那种追求和努力当做必须忍受煎熬的过程，这样反倒增加了对煎熬的耐性，多了一份释然。

因为读了一位朋友写的《自裁集》，感到写人生感受，竟然有这样的文体，觉得特别新颖，也被它深深吸引，更受到的是启发。人生的自裁有一种洒脱和从容，甚至有美学意义上的艺术欣赏，自己成为自己人生的裁剪师，如施神术一般，把自己的人生经历和旁观到的他人人生，裁剪成一个个得体的“艺术碎片”然后欣赏，回忆和品尝人生的百感千姿，也当做自己人生的警示和提示。人生的打造，则多了一份无奈，添了一点硬度，更有了一些艰辛和酸苦。说到打造，很容易让人想起小炉匠的劳作形象：挥汗如雨地用铁钳把烧得通红的铁器从烈焰熊熊的炉膛中夹出，放在砧板上用铁锤敲打成型。按照这样的理解，是把人生说话办事的一个个细小片段，当做打造一个个艺术碎片的过程，《打造集》则权当是一个特殊的整合、集合的过程，追求、期待完美艺术人生的活动和过程。打造，是为了让自己、让他人、让社会感到好用、好使，也为了有好的感受。

打造人生，自然也是一个痛苦的工作。常言道，用自己的刀削不了自己的把。下不去手。接受别人教育容易，自己教育自己难。但是，我们自己不下手清理自己的问题，将来会有人下手清理我们自己。

啸，是一种声音，又不是一般声音，而是长而高的声音。

虎啸给人以威严和恐惧；地震来临时的啸声给人以震撼和失去依托的那种感受；海啸，该是一种漫天轰鸣杂响。

啸，有汽车急刹车伴随的刺耳尖利的声响，使人意识到危险和恐惧；轮船汽笛发出的啸声，似乎是在向岸边的人们告别，即将扬帆远航；飞机从空中划过而生成的轰鸣声，给人以速度、雄浑和威慑。我却唯独喜欢火车的速度和它呼啸而过伴随的啸声。汽车也有速度，但毕竟没有自己的专行线，因不时躲避各种障碍而时快时慢，给人以阻滞感，感觉不是那么流畅和潇洒；飞机的速度，却让人感受不到，只有起飞降落的那一瞬，虽然感受到速度却短暂而又颠簸，缺乏那种静心体验的心境。火车的啸声，夹裹着奔驰起来的狂风，席卷而过，给人以高昂、冲击、威武、透达和力量感。

长啸，本来就长而高的声音，偏又加上“长”的修饰，就不单单是声音的简单延长拉长，应该有它独特的韵致，更加给人以想象感受的意蕴。长啸，首先给人以持续、耐久、蓄积已久激发出的声响。但，真正给我带来崭新意境，给我以震撼，产生喜悦感受的，是金庸对长啸的那种描写，简直是神来之笔。

在《神雕侠侣》中，对杨过的长啸有一段精彩的描写：

给郭襄的感受是：“这啸声初时清亮明澈，渐渐越啸越响，有如雷声隐隐，突然间呼啦啦、轰隆隆一声急响，正如半空中猛起个焦雷霹雳。郭襄耳中虽已塞了布片，仍然给这响声震得心魂不定，花容失色。心头说不出的恐惧惊惧，只盼杨过的啸声赶快止歇，但焦雷阵阵，尽响个不停，突然间雷声中又夹着狂风声……如千军万马奔腾汹涌。”

给一灯的感受则是：“杨过纵声长啸，过了一顿饭时分，非但没有丝毫衰竭之象，反而气势愈来愈壮。一灯听得也不禁暗自佩服，虽觉得他啸声过于霸道，使的不是纯阳正气，但自己当日盛年之时，却也无这等充沛的内力，此时年老力衰，自更不如。”

“再过半烛香时分，迎面一个黑影（瑛姑）从黑龙潭中冉冉而来。杨过衣袖一拂，啸声登止。”

如何使我对啸声、对长啸产生这许多联想？几日前，我与策划界一位朋友小聚，他建议我应该用个笔名。我说，把“谁叫你生在那个穷地方的”作为书名，用“琼笑”作为笔名如何。意为生在穷地方的人也同样能够发笑。谐音谐意。朋友认为“穷”的发音作为名称总应避讳。于是，我便翻查词典，看到“啸”字，很自然有长啸的提法，进一步勾连出这一串联想。想起小时候，嬉戏玩耍，与玩伴比拼内力，先憋上一口气，然后放开喉咙呼喊，看谁先止歇。

虽然，文字的东西，本来不能用啸声去形容。但想到文字的东西，也应向世人展示出一种功效功力意境，所以给自己冠以长啸的笔名，是一种自我激励自我勉励，要有耐性耐力，要有耐久的品格，要蓄积一种能量，练就一种内功内力，宣泄时应能展示出一种意蕴意境，给人一种审美的感受。

在人的精神领域，如同病理学一样，也可以通过植入疫苗的方式防范某种不良因素的侵入，这种方法，我们称为精神硬核养成法。“心如铁”、“心如磐石”，“人不可有傲气，但不可无傲骨”，“厚德载物”等等说法，都属于精神物质化的称谓。精神硬核如何养成？一是由自在到自为、由自为再到自然的演化升华法。人们形成的某种精神要素、精神理念，最初处于自在状态，表现为游移不定、不甚明确，不硬、不坚、不刚，如遇压力会发生变形，或者遭到排斥。达到自为状态，就是自觉、明确。由自为到自然是达到出神入化、浑然一体的飞跃，达到忘我的境地，对外界刺激成为自然反应。二是把正反、正误精神要素植入或者自我生成。人们单纯接受正面教育，往往缺乏对复杂形势的适应性，需要反面教材，植入“错误”甚至“罪恶”的意识，或者通过自觉不自觉地犯了错误，甚至从事犯罪行为，生成“吃一堑、长一智”、认错悔错、认罪悔罪的意识，就像人体植入带有毒性的疫苗以防止感染外界病毒的方式一样，构成心灵上的防护机制，产生“抗体”作用，阻止不良思想的侵入，善性则会生长和强化。这说明一个人一旦自我意识到自我的丑恶思想和行为，便会产生强烈的抑制恶行的意志。植入精神疫苗，相当于在人的精神领域安装了自警机制，有助于增强人的自律性。

独处的寂寞，带给我们另一番人间景致。

被动的独处，使人可以感受到世间的冷落和势利；主动的独处，则可以使人领略到对世俗权贵羁绊的蔑视和超越；无论被动还是主动的独处，都将产生思想上内向的聚合、收束，结果，使自己内心中散在、矛盾、相互游离的想法、意念，发生碰击，在相斥相容相生的过程中，产生痛苦，形成内在提纯超拔的动力。

我常想，司马迁为什么会作出那样一番有关圣贤发愤之作的精彩议论？发愤成为大作的条件，不愤不发、不愤难发、愤而必发。难道是独处在孕育着发愤？

如果这样，独处就彰显着寂寞的魅力。寂寞成为欣赏，因为欣赏而成为一种选择。寂寞成为思想提纯、精神升华的苦功。人生要有所作为，必须首先练坐功、静功，必须耐得住寂寞，然后与寂寞熔铸一体，实现人生的再生，走向新的辉煌。

我们都在自诩追求神圣、庄严的目标，至少是在追求有价值的生活。

生活，却常常把我们放置在一种初来感到欣慰，继而觉得困惑，后来陷入尴尬、荒谬的境地。置身于荒谬而又有无法逃脱的无奈。

按照我们接受的是非标准，不但一些已经存在，而且仍在继续发生的事情，已经注定没有价值，就不应该继续存在和发生，却能继续存在和发生。它的存在理由，只能用荒谬来解答，以便安慰我们寻究本原的内心。

很显然，荒谬的存在，让寻常的是非标准无法衡量，使我们不得不寻求另外的标准，不然，我们的内心将无法安宁。荒谬的存在就是一种存在，它的存在，仿佛就是为了证明人类良知的存在，帮助人们识别人类智慧一时无法企及之处，证明理性的局限和脆弱。当我们不得不伴随荒谬，不得不与荒谬同在之时，我们是为荒谬的存在感到悲哀，还是为我们自身面对荒谬而表现的尴尬和无奈而悲哀。

与荒谬同在，倒逼我们反省自身，是不是受到荒谬的污染和强奸，丧失了我们的自尊和感知，丧失了我们的虔诚和追求，我们自身是否也在荒谬化，而变得无可救药。

消除荒谬，让荒谬消失，也成为了一种需要努力的事情。当我们为消除荒谬而努力的时刻，也就是陷身于荒谬的努力中时，我们需要审视的已经不是努力的价值，而是我们人类自身的价值。因为这样努力的价值再有价值，也将随着荒谬的消失而消失得无影无踪。

荒谬的存在并不像它给我们感受的那样简单。它能够堂而皇之地存在于我们面前，承受着我们的挑拣性评价和痛恨的倾诉。它究竟触犯了什么，使我们对它既无奈又尴尬、既痛恨又不得不同在？原因在于它破坏了均衡、匀称、和谐，是对审美需求的摧残。如果在荒谬的上面，再刻意披上美丽的面纱，就更加令人憎恨和厌恶。

人类的一些是非标准，太容易发生变化，我们的荒谬感实际就来源于我们太相信这些易变而显得脆弱的是非标准，使我们在外物存在面前，经常显得无所适从，也经常陷入荒谬的折磨之中。为了消除这种荒谬带来的紧张和折磨，我们只好回归我们的自身、回归我们的内心，用我们内心永恒的尺度，去面对荒谬，去与荒谬对峙，在人类精神光芒的复苏、张扬和映照之下，让荒谬也回归它的原色、回归它的本相，让它剥去是非的外衣呈现在我们的面前，荒谬也就淡然而去，我们也就回到用人类自身的精神照耀下的现实。

践行一种关爱的信仰。

营造和谐的生存环境，是人生的一种生存策略；发展为一种人格，就可以成为吸引人、影响人的耀眼的人格魅力；进一步可以提升为关爱人生的信仰。

关爱，以个人之力总是十分有限，举一人之力能救几人，就是举一党一国之力，在浩大的世界空间，也显得局促。即便是曾经有过的“全世界无产者联合起来”的世界意识，但毕竟只限于无产者，是在对峙状态中的一种内在联合，一种排他性的联合。甘地、曼德拉，追求的是在对立、对峙中的消解，是超越种族、贫富甚至宗教的和谐。更加值得一说的是，印度的莫卧尔王朝的第三代皇帝阿克拔，作为一个外族统治者非常明智地想到宗教平等，并分别娶了信奉印度教、伊斯兰教和基督教的皇妃。他召集了一次联合宗教会议，说印度的麻烦在于宗教，因此要创立一种吸收各种宗教优点的新宗教，并修建了联合宗教的庙宇。比起阶级仇恨、种族歧视、宗教排他来说，世俗中的失意、不满、痛恨，又算得了什么？连阶级对立、种族歧视、宗教排他都可以谋求和谐，世俗中还有什么障碍会阻碍人去践行和谐？这也需要来自于深度体验的支持和追求，需要用浸润关爱之情的践行，作为社会的溶解剂，营造普遍和谐的氛围。

历史好像是开了一个大玩笑，因为螺旋式上升，把原来对峙的东西重新融合到一起。是荒谬，还是悖论，都不是，只能是人类心性和智慧的进化，超越了历史，也超越了人类的自身。本来把阶级仇恨当作培育阶级解放的强大动力，现在又遇到了贫富分化，“仇富”的情结又复生了。中国共产党开禁，在党章内兼容了贫富，谋求建立和谐的社会，体现了与时俱进的睿智，融化了横亘在贫富之间的历史冰河，填平了历史掘成的巨壑。过去讲，一部历史，就是阶级斗争的历史。崇尚和欣赏的革命，是穷人的革命。要改变穷人的命运，似乎只有革富人的命。这种以穷为本的革命观，使穷人因革命而成富人，再度成为仇恨对象，也就是再度成为革命对象。难以避免的对峙，经过人为的渲染，一次次走向激化。中国历史上无数次农民起义，实际上就陷入这样一种低水平循环之中，使这种循环成为一种旋转的怪圈，散发出一种魔力。幸亏中国共产党以前所未有的开明和宽容，超越了这一历史大旋涡的吸引力，是历史的幸运，是民族的幸运，是人类的幸运。

缺乏普遍平等的理念，普遍和谐就缺乏坚实的思想和心理基础，也就成了社会不安的重要思想根源。凯恩斯说得好，比起思想的影响来说，权力的影响被不适当地夸大了。

让普遍平等的思想成为构建社会秩序的基石；让普遍的关爱溶解普遍存在的对峙。

四
乐业与“乐商”

1. 一条线上千年：东坡——阿 Q ——“乐商”

这条线分别代表：乐观心态——乐观方法——乐观智慧。

苏东坡有极好的乐观心态，是名副其实的乐圣；到了阿 Q 那里，演变成谁都可以运用的精神胜利法；我经过对精神胜利法的重新解读，从中提炼出一种新型智慧，即乐商。能够制造方法的能力，难道还不能称之为智慧？运用精神胜利法，会产生惊人的调整自己感受的能力。

“乐商”这个名词，也许大家听到后都会感到新鲜吧？你对这个话题有兴趣吗？其实这个问题对大家来说并不陌生。很早的时候我们就读过鲁迅先生的《阿 Q 正传》，也许你还曾经觉得阿 Q 的精神胜利法是如此的可悲、可笑吧？其实，在某种程度上来说，它就是一种“乐商”。

由这条线，可以简要梳理出我们中华文明历史积淀轨迹，上升为文化自信，到达文化自觉的高度。有一次开会，我碰巧与某市宗教局局长坐到一起，我问他宗教在中国发展情况怎样。他说，世界上 60 亿人口，48 亿人信这样或那样的教，中国大多数人不信教。我记得地图册上介绍每个国家居民信教情况，回到家后好奇地打开世界地图册，翻阅各个国家概况，果然，除了中国、朝鲜、越南三国大多数居民不信教之外，其他国家居民无一例外地都信这样或那样的教。不信教，遇到精神问题、精神困惑怎么排解？我们不应再把阿 Q 当做劣根性的代表、化身，也不应该因为自己身上存在这样的因子感到委琐低劣，相反应从中树立起文化自信，上升到民族自信的高度。我们中国人就是凭借这种特殊的心智能力，去调节我们的精神矛盾，实现精神慰藉，达到了西方人需要借助于宗教才能达到的高度。

我读了美国著名史学家写的《全球通史》，感受到一种纪年单位变化带来的巨大时空跨度。时间会改变一切，感觉会随着时间的改变而改变。

也许，能够把隔着巨大时空跨度看起来很不相干的东西连接起来，就会给我们带来一种新奇的感受。这样的做法，也会引起人们的好奇。

有一次，我同几位朋友闲聊时说，可以把东坡与阿Q，再把阿Q与我本人连接成一线。有位朋友好奇地说，怎么会把你和苏东坡与阿Q联系在一起了？实在感到不明白，想不通。其实，从民族史角度看，苏东坡要算是我们的远祖，阿Q呢，按照鲁迅的想象，辛亥革命前后是40岁左右的样子，要算太爷爷辈分吧。所以，无论说起苏东坡，还是阿Q，我们从来都应该怀着一种深深的敬意才对。

苏东坡是名副其实的乐圣，有那种欢乐的心境；阿Q有精神胜利法，也就是一种使人摆脱心灵痛苦的方法；我从这种方法里提炼出一种智慧，叫乐商。从心境到方法再到智慧，也就形成了一种心灵演化的链条，在某种意义上讲，也可以反映我们民族心性的演化过程。

苏东坡是一个看得很开也想得非常开的人。有身份地位时，感到发挥了别人不可发挥的作用而乐趣无穷；失去身份地位时，又发现免了责任之累，更是喜悦常生。能够进亦乐，退亦乐；富贵可乐，贫贱亦可乐；事事可乐，处处可乐。真是地地道道、名副其实的乐圣。他有一个经典的经历。他被当朝宰相一贬再贬一直贬到海南岛，身体不佳，朝廷又剥夺了俸禄，弄羊肉不得，只好买羊脊骨，熬汤剔肉，剔着剔着，竟然剔出了乐，并且即兴赋诗一首。本来胃里空空，心中却乐趣不减，真是进入了神仙般的逍遥乐境。此事后来传到京城，被整他的宰相知道，咬牙切齿地把他贬到更加贫寒的地方。所幸后来朝野上下包括皇太后也出来为他说话，才算终止了这种命运。

至于阿Q的精神胜利法，我们大家虽然很熟悉，却从来没有人去深究这种方法。现在，我们遇到不顺心、失意、痛苦、悲伤甚至绝望的事情，自己想解脱，却偏偏解脱、摆脱不掉那种心境；好心人关心我们的人来劝解，要想得开些，那些不良的想法感受，却仿佛是生就的骨头长就的肉，如何也割舍不去。我曾经设想，对人生感受，如果能像运用电影剪辑技术那样，把效果不好的胶片都剪掉，剩下的不都是精彩的感受了，在电脑里操作那就更简单、更容易了。

可是，在人的精神感受领域，有什么技术可以达到这个效果？其实，就有非常现成的方法技术，那就是精神胜利法。

什么是精神胜利法？顾名思义，就是制造精神胜利的方法，掌握了这种方法，也就很容易摆脱种种使人心灵痛苦的想法。这个问题并不是我们的杜撰。我们每个中国人心中都有这种能力，但没有成为方法、技术，是鲁迅先生，为了国人使用方便，把它提炼出来，经过精心加工，制作成为精神胜利法。

《阿Q正传》里，对阿Q的心理活动有一段精彩的描写：赌钱，唯一的一次赢了，却在“混战”中遭抢，感到苦痛了，想到让儿子拿去了，总还是不乐，说自己是虫豸罢，也还是不乐，这回才有些感到失败的苦痛，但他又立刻转败为胜了：他擎起右手，自打两个嘴巴，感到热辣辣地痛，打完之后，便心平气和起来，似乎打的是自己，被打的是别一个自己，不久也就仿佛自己打了别个一般，于是心满意足躺下了。

这段描写出的心理活动，其实就隐藏着一种心智能力：被打的成了别一个自己，然后又变成了别个。这就是心境替代转换的能力，不良的心态就通过这样的心理过程被驱除掉了。我们有时对那些不良的心态想法，不是去想如何驱除，却偏偏近乎固执偏执甚至恨恨地去想，恨恨地去诅咒，结果只能加深那种不良，直至走向极致。

能够制造方法技术手段的能力，应该就是一种智慧。精神胜利法，理所当然的属于制造精神胜利、制造精神快乐、摆脱精神痛苦的方法。令人非常遗憾的是，我们却从来没有人想到，精神胜利法就隐含着一种合理的内核，即乐商。也许是因为阿Q的形象和行为，命运和结局，实在是让人不敢恭维，更不敢想象，他会有什么智慧，从来都把他当做愚昧的象征，是一个地道的混混罢了。

我们摆脱了、消解了那些不良痛苦的心境，是为了把时间精力迅速投入于那些富有积极建设意义的活动中。这大概就是我们在继承阿Q精神方法的同时，能够超越阿Q的所在。我们当代的中国人，既要发扬阿Q的乐观主义精神，又要继承和集成鲁迅的英雄主义精神，博采科学精神和文明精神，使我们从精神胜利，走向战场、商场、职场、人生的全面胜利。

我们每个人都在追求幸福欢乐，在努力争取幸福欢乐的过程中，也都深深体验到幸福欢乐的来之不易。但是，有谁会想到，幸福欢乐也有极其简单的实现方法，这就是阿Q的精神胜利法。他凭借这种方法，成为永恒的精神胜利使者，一个超越成败得失的永恒的精神乐者。他给自己建造了心中的欢乐殿堂。

阿Q是鲁迅为了批判国民的劣根性而塑造的人物形象，其性格核心就是所谓的精神胜利法。阿Q本来已经让人感到很可怜，没有父母也没有兄弟姐妹朋友，让鲁迅为他作传都感到很为难：不知他的名字怎么写，是“阿桂”或是“ 阿贵”，只好用英文拼法略做“阿Q”；不知他的籍贯，虽说住在未庄，却又到处流浪；没有家，住在未庄的土谷祠；也没有职业，只给人家打短工；他又很自尊。他与别人动口、动手，总是吃亏的时候多，包括最让他瞧不起的王胡、小D，他也占不了便宜，然而在“儿子打老子”、“你还不配”之类的精神慰藉下，心满意足地得胜了。他当众扭了小尼姑的面颊，引起鉴赏家们大笑，竟得意得飘飘然起来，由此睡不安席。因要与赵家女仆吴妈困觉不成反遭到主人毒打，使未庄再也无人敢雇他打短工，失去生计，只好进城谋生。本来是通过偷盗“巧获”了一些财物，却回到村里“装阔”，得到村人的敬畏，后来被人知道了底细，村人变相，使他又到了末路。见老爷们对革命党害怕，未免神往而快意，也要造反，他所谓的革命就是“我要什么就是什么，我喜欢谁就是谁”。本来想革命，却错投了投机革命的“假洋鬼子”，遭到拒绝：“不准革命！”后被诬为抢犯遭到枪毙，为画押不圆而恼怒，为游街没有唱只说得半句“过了20年又是一个”感到羞愧。

阿Q所使用的自慰方法，堪称典型的、极致的自慰方法，长期以来被人们所嘲讽，被看做是对国民弱点的深刻展示，视为民族悲剧命运的象征。从鲁迅推出这个人物形象以来，似乎并没有人对这种精神胜利法提出过任何肯定与赞赏。

如果说精神胜利法表现了一种民族的心智倾向，那么肯定有它存在的社会基础与合理内涵。否则，在国人已经深知、熟悉精神胜利法的“劣根性”的今天，大家就不会仍然沿袭这种方法来调节精神上的矛盾。比如，面对种种人生不幸，失业、下岗、失恋、离异、失去亲人、升迁受阻等等，无论是你我他，采取的解脱方式都是“想开些”、“你不要跟他一般见识”、“自己想不开是拿着别人的错误惩罚自己”、“压力其实是一根稻草”、“像阿Q那样遇到事情往好处想”等等。甚至把本来不幸的事情，竟然当做幸事流传开来，比如，40岁的男人，有所谓三大幸事：“升官、发财、死老婆”，有年轻的干部，妻子在家被害，有时也被落得个雇凶嫌疑。这种阿Q式的思维方式为什么在我们这一代人身上普遍存在着，这个问题难道不值得深思吗！？按照达尔文进化论提出的“不用则废”的进化规则，如果精神胜利法一无是处，恐怕早就被人们遗忘了，更不可能在生活中处处彰显其救人于水火的无限魅力了。

阿Q有着极佳的网缘，在某种意义上说明了阿Q精神的复活。我曾以“活着的阿Q”作为昵称上网聊天，在很短的时间内，就得到了许多网友的认可、赞许。有的网友戏称我为“Q哥”、“笑王”；也有的认为“活着的”这三个字用得特别好；还有的联想到“乐观”、“想得开”；更有的陌生网友给我发来“请求”：“我是阿Q啊”、“真酷”（可能是Q和酷的发音相近吧）。特别值得一提的是，有一次我让我的一位同事上网与一位网友聊天，对方打出“你好”，我对我的同事说，你就打“我是阿Q的朋友”，没想到对方打出的是：“我们都是阿Q的朋友！”更为令人感到惊奇的是，我以署名为“活着的阿Q”名义向一些网友发出“一位乐者的聊天宣言”，不管是加为好友的，还是陌生的，几乎都博得了良好的回应。可见，阿Q在网友心目中的位置，真是令人难以忘怀啊。如果阿Q真的活着，回想当年的悲惨和凄惨生活中出现艰难困苦，不要说有上帝、恩师的指点和教诲，就是连一个亲朋好友也没有出现在他的身边，看到眼前的景象，他将会感到多么的高兴、多么的激动万分啊！

知音难觅，人生难得一知己。好不容易交的朋友真的疏远、背弃，也是人世间最令人难过、难堪、痛苦、悲伤、气恼的事情之一。值得幸运的是，凭借现代高新技术手段，在阿Q的身上，竟然还蕴涵着这样丰厚的朋友缘分，这不就是阿Q精神得到继承、激活、发扬的象征吗？

民族精神是一个复杂的结晶体，众多精神要素、文化资质形成的结合体，不应是某种精神要素的单纯表现。仅凭某一要素不足以支持一个民族在复杂多变的环境中生存发展，确保其经久不衰。阿Q在那样恶劣的生存环境中没有得抑郁症，更没有自杀，别无依靠，唯一的就是精神胜利法。当然，多种文化要素之间存在对立、相互排斥的情形。鲁迅的英雄主义精神与阿Q的乐观主义精神长期就被人们割裂开来，处于一种外在的对峙状态，并没有把它们看做是可以相容的文化品格。在内忧外患的社会背景下，突出的是国民的英雄主义精神，这样的对峙是可以理解的。现在，需要在和谐的框架内达到新的文化整合。

虽然精神胜利法的外在表现形式令人不敢恭维，但它确实包含了“乐商”的合理内涵。令人拍案叫绝的是从来没有人提出过“乐商”概念，但它的内容已经存在于人所熟知的精神胜利法之中。鲁迅笔下的阿Q，生活落魄，那无奈、无状、无赖的形象，也许在今人的眼中，他就是一个可怜的混混，但就是这样一个人也表现出强烈的对欢乐生活的追求和渴望：肚子饿了就去偷萝卜；饱暖思淫欲，他也想跟女人“困觉”并付诸行动；虽然对革命一无所知，但也想通过革命改变自己的生活处境，但是最后这种追求却陷入四面碰壁而不得的境地。我们可以设想，假如阿Q没有这种精神，在那种悲惨的生活处境中，他完全有可能陷入失意、痛苦、绝望甚至得疯病直至自杀等另一番悲剧命运的境地。精神胜利法是通过特殊的心智能力，虚幻地构思、想象出自己的优势，比较典型的是阿Q明明挨打受气，本来打不过人家，在人家走后，爬起来拍拍屁股，通过“儿子打老子”而且“你还不配”这么一想，一下子就把自己从挨打后的不良心境中调整过来；街头赌钱，好不容易赢得两大块光洋，却有人故意制造混乱局面，自己挨了打不说，两块光洋也无影无踪了。这次用“儿子打老子”无论如何也排遣不了了，于是抬起手自打耳光，先是自己脸面疼，打下去变成打别一个自己，继续打下去变成打别人；明明是要被砍头却用“过了20年又是一个……”的想法安慰自己，并且为只说得半句而感到羞愧。这种虚幻的想象，对于想象者来说，却有真实意义上满足、转移、替代的功能。

通过想象、幻想化解人生所受到的压迫，消解人生的精神痛苦，是古老的农业社会中贫苦人表现出来的一种普遍的倾向，但是通过定型化为一种精神胜利法，则蕴涵了丰富的学理内容。鲁迅在《阿Q正传》中通过对现实人物形象的刻画，艺术地展示了运用精神胜利法的各种富有特征的表现力。它不仅需要想象，而且需要有一种特定的心智能力，即在心理上把自己置于优势地位的能力。在现代社会中，人们也正是以科学分析论证为基础普遍运用这种方法形成心理优势，增强信心，并采用合适的策略手段转化、实现为现实优势。只不过在阿Q那个时代，这种心理优势是脱离实际甚至是对现实地位的颠倒的反映，但并不排除它可以产生自我满足的心理效应。

不过在阿Q身上所表现出的精神胜利法，却只能称为“乐商”的一种极端化、低级化的表现形式。这也正是阿Q的可悲之处。因为他只有这种心智能力，但没有其他社会文明所赋予的丰富才智，反映了他的历史局限。人们常说的自己安慰自己，是人处于一种无奈状态下的自我调节。这种“乐商”是一种消极的、回返内心的调适路径。这是由于现实社会制度的极为不合理和人类自身缺乏有效的改善自身处境的能力、手段造成的，是人的幸福欢乐追求在特定环境下扭曲、丑化的表现。这种调节的结果是形成了人的内在自我满足与外在悲剧存在的尖锐矛盾，最终以人物的毁灭而结束。即便如此，它也避免了人物自我毁灭的命运，这也正是精神胜利法所具有的合理内核和表现出持久生命力、有效性的根本所在。这种合理的内核随着社会发展、时代进步、心智能力进化，其内涵和功能不断地得到正向的丰富和加强。

从这个角度思考，实现人人乐业也是提升核心竞争力、增强民族软实力的一种手段。

2. 取舍的难度系数

在人们非常熟悉的“智商”领域中，要放弃是最容易做的事情。在数学或者科学研究领域中，可以根据标准的逻辑要求决定取舍。在具体的社会实践领域中，除了在暴君的专横统治下，可以简单根据利害原则采取残暴的手段决定取舍；或者在缺乏信誉和法制的背景下不择手段地致富。排除这些极端的行为类型，在人类活动的一般情况下，需要采取能够令人信服、接受的手段、方法，去实现相应的目标。

要实现人生的欢乐幸福，根据节约与有效的原则去进行取舍，要受到种种现实因素的限制和约束。这种取舍不能简单像逻辑标准要求那样来进行，需要面对各种具体的社会关系、社会情景，进行更加复杂的权衡和心智能力的训练。

在心智上决定放弃还是执著，并不是随心所欲的个人心理过程，也不是纯粹自由想象的结果，它要受到社会文明规则的约束。社会伦理道德和法律作为社会强制力，会限制人们取舍的范围和取舍的方式。如果违背这些社会规则放弃一些东西，为社会所不容，就会遭受惩罚。如果一切都可以轻易放弃，固然可以使自己轻松，但这样做有悖文明人的本性。如果允许这样做，就等于可以使人任意索取，而不必承担任何社会责任。像人生幼年、童年时期，文化水平低，表现为单纯索取的倾向。

人的心智能力可以调控的空间，是由规则来决定的。社会规则有钢性与弹性之分。很多事情有没有回旋余地，主要就取决于采用的是什么规则。需要对某种事情作出决定，困难的不是在两极之间作出抉择，比如，在相互冲突的事情面前决定取舍，放弃和执著的抉择是很容易作出的。面对的如果是两弊相权或者两利相权的问题，就比较难办。人生的幸福欢乐与否，在很大程度上就决定于这种心智决定能力。人生为什么会遇到需要作出痛苦决定的事情，或者违心地决定一些事情，原因就在于客观实际事情存在的复杂性，使人很难做到两全其美或者令更多的方面满意的结果。人们所能够做的事情是尽可能地减少或者避免因为自己的过失或者努力不够给他人造成的痛苦、伤害。所以，乐业的实现，要求建立在努力增进他人福利、减少和避免自己过失的基础上。

这就是文明人的乐业取向。

比较而言，乐业标准具有更加鲜明和突出的道德属性和法律属性。在人类活动的一切领域中，要实现幸福欢乐，都要程度不同地满足道德和法律方面的要求，都具有特定的社会内涵。阿 Q 的精神胜利法，是一种纯粹的自娱，在出于无奈的社会背景下，也不失为乐生的一种可取的实现形式，它并没有给社会带来任何形式的直接伤害。

选择的智慧。据说，佛陀在菩提树下证悟之后，曾经犹豫是否传法，他意识到传法对众人如此重要，但又不知如何为众人所了解。在他踌躇难定时浮现在脑海中的景象使他决定说法：在一莲花池中，有些莲花深深沉在水底，永远无法达到水面；有些盛开在水面；有些则触及水面。第一类的花永无开放之日；第二类的花已经脱离困境；最后一类花只需要一点点协助就可绽放。相同地，众生也可分为三种：有些人受困于误解和错误的学说；有些人已经找到真理；至于第三种人，则是那些仍然在寻找道路的人。第一类人尚无辨识正途的能力；第二类人已经上路；此两种人不需要教诲。佛陀了解到，仅需要些微帮助即可解脱的第三类人，即是他要说法的对象。(《佛陀的智慧》/(法)布瓦瑟利耶著；萧淑君译，上海书店出版社，2007 年版第 72 页)。

现在到寺院烧香拜佛的人，有许多是希望在精神上得救也需要救助的人。佛教佛理、佛义也并不是适用于一切人，事实上也不适用于一切人。全世界信仰佛教的不过 3 亿。人世间的小人、利欲熏心之人、损人不利己之人、道德低下之人，无得救之盼，如同沉陷污泥之中的荷花，你想救助也无法救助、你想扶持也无法扶持。古语不就有扶不起来的刘阿斗之说吗。

释迦牟尼的选择定位很发人深省。人生不存在一步到位的选择，自然也不存在一劳永逸的选择，人也就不应该把命运寄托在某种选择上。选择正确要坚持，意识到是错误的选择就要果断放弃。人经常需要面对的是如何选择的问题。学会选择、善于选择是人生一大课题。人们普遍意识到获得难，其实，放弃的难度更大。因为已获得已拥有的东西，凝聚了自己的心血智慧情感寄托。放弃是一种割舍，所以有割舍难、难割舍。获得伴随的是喜悦，放弃则意味着痛苦。人们都比较重视选择获得什么，或者在获得什么、如何获得时面临选择，考虑到如何去选择，却很少有人重视放弃什么、如何放弃。放弃，有时则是更重要的选择，是比决定获得什么、如何获得的选择更重要的选择。比如放弃不合时宜的一些想法。应该放弃的不知放弃、决定放弃的却放弃不当，积淀积累起不良甚至罪恶的重负，因此而沉陷于人世间的污泥之中不能自拔，实在引人深思。

3.“商”的解析

现在比较公认的有“智商”、“情商”、“财商”，据有学者研究归纳整理出九种“商”，未来可能还会出现其他类型的有关“商”的概念。有了如此多种“商”的表现形式，就有必要讨论“商”的一般含义。也就是说，讨论在各种类型“商”的形式中存在的一般内容，然后揭示它的种种特殊内涵。

“商”本来是一个数学概念，其数学内涵是经过除法运算所得的结果。运用到社会分析领域，所谓一般的“商”，特指一种智慧，是人类通过大脑的比较分析得出的一种结果，是经过权衡比较选择其中某一种预想结果的能力。简言之，就是人类所具有的权衡选择的智慧。各种具体的“商”是它在人类活动不同领域中的特殊表现和实现形式。各种“商”类型的出现，并不是人们随意杜撰的产物，而是在一定社会背景下为了揭示特定的社会活动内涵而总结提炼出来的概念，是处理各种问题凝聚而成的特殊智慧。

人们很熟悉并且经常使用的概念是“智商”，普通的意义是说脑瓜聪明好使。在出现了其他各种“商”的概念后，对“智商”仅仅满足于这种一般模糊的界定是不够的，由此产生了精确内涵的必要。“智商”可以泛指人们解题的能力，是运用逻辑分析、判断、推理的能力，这种能力根据效率和节约的要求，能够迅速、准确得出某种结论、结果。在这个过程中，也会不断地出现对于结果、结论来说是多余的想法、错误的判断推理等等，经过比较就会被放弃。放弃费时费力的解题途径、方法是非常容易的事情。因为在这一过程中，人们追求的是纯粹的结果、结论，过程、途径、方法越是简捷、节约，越是可取，而且人们会毫不犹豫地贯彻这一要求。在一般的科学研究领域中，这种要求也可以得到不折不扣的贯彻执行。例如，为了完成某项课题，在确定了大致的方向后，开始收集实践素材和思想材料，罗列起来达到足够的规模、数量，累积几十个、几百个乃至更多的问题点、思考点，然后通过合并同类项进行整理，建立若干种组合方式，在此基础上进行概括提炼，形成比较稳定的初步框架，而后再进一步浓缩精炼，形成课题成果，以求尽可能地得出接近客观真理的答案。在这一过程中，人们可以轻而易举地进行取舍。在这一过程中，尽管所处理的素材凝聚了自己的心血和汗水，但是为了满足课题本身的创新和逻辑标准要求，也会毫不犹豫地进行删改增补。在一般的科学研究领域中，商理的实现和表现，如同在数学领域中那样，是在一种纯粹状态下进行的，因此是“商”的最基本、最普遍、最直接、最简单的表现和实现形式，唯一的限制条件就是人类自身的脑力以及其他种种物质技术条件。在这个意义上可以说，一般意义的“商”就是“智商”，只不过“智商”是“商”的最基本、最纯粹、最简单、最合适、最恰当的表现形式。

在“商”的其他表现和实现的领域中，人们为了达到一定的目标，在权衡选择过程中会增加取舍的难度。在各种具体的场合，取舍会涉及到人的利弊、得失、荣辱、苦乐、情感、伦理、法律等权衡变数，它不能像决定一个标点符号的存留那样毫不犹豫。在一般数学或者科学研究领域中，可以根据标准的逻辑要求决定标点符号的取舍。在具体的社会实践领域中，除了在暴君的专横统治下，可以简单根据自身利害原则采取残暴的手段决定取舍；或者在缺乏信誉和法制的背景下不择手段地致富。排除这些极端的行为类型，在人类活动的一般情况下，需要采取能够令人信服、接受的手段、方法，去实现相应的目标。这就需要智慧，所以才逐渐产生或者出现了各种类型的智慧型概念。“情商”、“财商”等，其共同点是，为了达到一定的目的，在各自的领域中根据节约与有效的原则去进行取舍时，要受到种种现实因素的限制和约束。这种取舍不能简单根据像逻辑标准化要求那样来进行，需要面对各种具体的社会关系、社会情景，进行更加复杂的权衡比较。面对日益复杂的社会生存环境，人的心智能力能否经受住考验，也在呼唤着“商”的新的进化形式的诞生。

4. 心灵偶像

我在一次梦中梦到有一种“万能型知识结构”，人一旦掌握这样的知识，就可以应付一切，随之产生极度喜悦之情。提笔记录，梦醒皆无。现实中是否存在这样的知识结构？经过一番思索，认为存在这样的知识结构，也就是建立心灵活动秩序的智慧。乐业需要职业智慧，养成自得其乐的职业化心理。如何能获得自得其乐的体验？就是增加职业的智慧含量，使阿Q式的心智能力上升为制作心灵偶像的能力。阿Q就具有制作心灵偶像的能力。人总需要面对人生与社会形形色色的事物，总是存在各种可能，由此需要确立合理的应对态度，培育战略策略谋划能力，以形成合理的心态秩序，有效地提高职业成功率。

有朋友会问：你所说的阿Q式的心灵偶像有什么科学根据？回答这个问题，首先需要我们承认阿Q的自我安慰现象，不仅仅是一种文学现象，而且也是客观普遍存在的事实。我们要尊重事实。难怪当时鲁迅的作品发表时，使鲁迅的许多同行“对号入座”并因此引起不满。而且，鲁迅也不会想到坦然对号入座的同胞会越来越多，甚至会有人为阿Q精神正名。只有尊重客观事实，才能使我们能够心平气和地谈论下去。

心灵偶像是一种意识现象、心灵现象，这种现象常常令我们感到飘忽不定、时隐时现、难以把握。它是以人的脑海中存在的具象、信条、信念的形式存在，一经出现则具有可信性，使我们仿佛置身于某种神秘的感召之下，即使我们把它称为心灵之神也不为过。这是生命之中存在的一种可以解析的心灵现象，是通过自身的心灵活动、心智活动产生的智慧的结晶，它是可以通过对心灵活动的科学分析加以说明的，是可以通过我们自身的心理体验加以确认的。这种心灵现象来源于现实，来源于现实对人的心灵产生的种种压力和心灵在这种压力下作出的反应，是植根于现实又直接回返于现实的心灵活动，是在心灵与现实的互动中产生的。

人有建立心灵中偶像的内在需求，否则人就会处于心灵不安宁的状态。在心、身、境的相互作用状态中，人存在着追求三者浑然一体和谐状态的心理驱力，其中心性要素属于核心性、能动性要素，对整体状态可以产生包容、调适的作用。一当身、境因素发生波动，就会引发心理波动；或者心理需求的外向实现途径受阻，都会使三者的平衡遭到破坏。按照世俗化的理解，依据常人常理常情，人的心性会随着人所处境遇的变化而呈现同向同步甚至同辐波动的情形，可以称之为心灵与处境“共振”的现象。要摆脱这种同步共振的效应，人就不仅需要面对生存处境、生存状况，而且需要面对自身的心灵；不仅需要与外界的生存环境相交流，直面原生的全部感受，而且需要实现与自己心灵的沟通。心性要素的重要性，决定了在人的内心中必须有一种自我稳定的机制，形成某种可以使心灵安宁的“意识要素”，人的内心世界中如果缺少这种要素，则难于保持心灵安宁，难于抑制心灵的波动。如果确立了这种要素，它就会成为自我交流的对象，与这种对象的交流就会产生心理定力，能够成为自我交流对象、产生心理定力作用的意识要素俗称“定心丸”。能够产生心理定力作用的意识要素，就是心灵中的偶像。

根据上海辞书出版社1982年出版的《简明社会科学辞典》关于“偶像”词条的介绍，偶像是拉丁文词汇的意译，是指“幻象”、或“假象”，是英国唯物主义哲学家弗兰西斯·培根的用语。他认为要运用人们的认识能力获得真正的科学知识，必须扫除经院哲学长期统治造成的幻想和偏见，并将这些幻想和偏见称之为偶像，用以揭露经院哲学脱离实际、歪曲自然、玩弄空洞词句和烦琐论证的唯心主义实质。

我们在这里假借偶像一词，是赋予人的心灵中所崇拜的对象以人性化、人格化之意，是处于现实之中的自我与心灵中的自我实现对话、实现交流的一种载体。而且，心灵中的自我具有高于现实中自我、决定和推动现实中自我行动根据的意义。为此，心灵中的自我，必须有明确的自我意识形态体验到它的存在。自我的存在形式二重化了：处于现实之中的自我是有血有肉的活生生的存在，心灵中的自我则表现为抽象的意识存在。为了使这种抽象的意识存在变成现实自我可以琢磨的东西，为了使它的职能意义明确、清晰并固定下来，作为心灵的依靠和外部行动的根据、指南，在心灵中建立价值评判的标准、尺度，决定某种事情“上心或不上心”，使“心中有一杆秤”，有必要把它作为偶像的存在形式格外地突出并加以明确的固定。偶像不过是一种象征的存在形式，表现为人的想法、念头、信条、信念等形式，它的背后则隐藏着深刻而又具体的社会内容、社会实体。

偶像这个名词，一定会使大家马上会想起在自己心目中曾经崇拜过的各种形象：可能是自己的父亲或母亲、小时的玩伴、朋友、师长、恋人、歌星、球星、伟人，甚至宇宙中运行的某个天体等等，这是大家都非常熟悉的。但是，可能从没有人把自己制定的信条等当做偶像来对待的。

看完“为阿Q精神胜利法正名”的朋友，可能已经感到有些意外。那么，看到现在这个题目，肯定会大吃一惊，怎么能讨论阿Q心灵中的偶像是谁这个简直是荒唐的问题？这个问题提的是不是太无聊了。也可能是因为谁也没有想到过阿Q为什么能够“创造”出精神胜利法这个问题，才使这个问题显得离奇和荒唐。我们在鲁迅的作品中没有看到阿Q崇拜过谁，只看到他追求过尼姑，没有上过教堂和学堂，在他处于重重困难的时刻，我们也没有看到谁去安慰、帮助过他。阿Q用什么来安慰自己？只好自己给自己制造心灵中的偶像来安慰自己。他在遇到打击、困难直到杀头时所产生的自我安慰的那些想法、念头，就是他心灵中的偶像。最值得庆幸的事情就是，阿Q具有一种特殊的心智能力，这种能力可以自我制造出使内心产生愉悦体验的偶像，这种偶像可以使人产生满足征服欲的感受。有时，人如果缺乏这种心灵中的偶像，即使受到外部种种本来可以产生愉悦的刺激，但也高兴不起来。所以，我们把心灵的偶像当做欢乐的内在基石、内在根据。心中所供奉的欢乐偶像，是心中欢乐殿堂的主人，“乐商”就是人们善于在自我的内心中制造或从外部寻求、“引进”、“请进”欢乐偶像的智慧。

阿Q没有经过宗教复杂教义的熏陶，在他的心目中本来就没有上帝所许诺的拯救承诺。在人世间，也没有“恩人”的关怀，“恩人”对他的开导和劝导，他连我们在世俗生活中常常能够得到的来自于亲朋好友的关心和帮助都没有得到。他凭借一种精神胜利法产生“天生的优越感”，成为精神上的永恒胜利者，使自己内心得到慰藉、受到鼓舞。我们不必苛求他没有道德、法律意识、不知罪恶和可耻；也不必哀其不幸、怒其不争；更不要为他只拥有精神胜利法的单纯感到遗憾。他无求于上帝，无求于他人，就能够使自己精神获救。他存在的意义，就在于向国人贡献了精神胜利法，他以一个永恒的精神胜利使者身份，长久地活在国人心目中。生活在现实社会中，亲历过人间种种事情的人，都会深深地体验到学习和拥有这种精神，成为一个精神上的乐者，该有多么重要。他给他自己制造了心中的“上帝”，因此也给他人带来了精神慰藉，国人也正是从他的身上汲取了容忍苦难、征服苦难的信心和精神动能。

心灵中的偶像，一般会表达出明确的价值指向性，如生命的价值或者人生的努力是为了谁或对得起谁。像《为了谁》那首歌中所歌颂的“1998”抗洪英雄。心灵中的偶像具有如下特征：（1）可以成为自己崇拜对象，是心灵的终极性归宿，具有精神上的崇高性、庄严性；（2）存在于自己内心、自己可以明确意识到并且可以用明确简练的语言表达的显意识；（3）可以有效排除其他使心灵不安因素的干扰，使心灵处于安宁状态；（4）具有开放性、外向指向性特征，有效支配行为，成为行为的内在根据，激发生命的活力；（5）因时因地制宜的机变性；（6）人对于心灵中的偶像会形成情感上的依赖性。由此可见，回返于心性构建，必须首先确立心灵偶像。

心灵偶像力量的神奇在于：像伟人那样使人敬仰；像恋人那样使人倾慕；像科学那样使人信服；像友人那样使人忠诚；像父母那样使人无私；像阿Q那样使人自慰；像黄金那样使人尊贵；像神仙那样使人全能；像大海那样使人浩瀚；像顽石那样使人坚定；像英雄那样使人崇高。

从心灵偶像存在形式的角度，可以把它划分为三种类型：一是人格化存在形式。现实生活中存在的具体的人，如父母、领袖、上级、朋友、明星、仁师、恋人、美人等等，都有可能成为心灵中的偶像。人格化的偶像，受人的生物肉体存在的局限和人格本身存在的种种局限，非全知全能和非至善至美的存在特点，决定了人格化偶像的易逝性。二是物化存在形式。最为典型的是金钱崇拜。金钱所具有的外在性和直接占有性、无限性，是金钱崇拜的最为显著的特点。在市场经济条件下，来源于、植根于现实生活所形成的强烈需要，使它具有天然的合理性。它导致孤立的金钱占有欲，外在的市场竞争性评价标准和财富的金钱形式所具有的无差别性，使得人们在获取金钱过程中常常导致人格裂变，人的丰富多彩的需求被异化为单纯的金钱占有欲。在反映厦门海关走私案的纪实性报道中，在记者与贪官对话的过程中，贪官所表现出的从容和坦然说明贪官们已失去了罪恶感。在实际生活中，成为巨富者也可能觉得人生空虚。这就更加说明普遍建立心灵偶像的必要。三是观念性存在形式。信仰、观念、科学、主义、思想等等观念性的东西，都有可能成为人的心灵偶像。

按照心灵偶像形成的途径，心灵偶像又可以分成两种类型：一是外部注入式。人并不能天生就有宗教意识，天生就会在心灵中生成偶像。心灵偶像的形成需要具备一系列条件，因此，往往是接受外部注入、灌输的偶像。另一种是内在赋予式，或者称为自我生成的偶像。自我塑造心灵中的偶像，自己和自己心灵中的偶像对话、交流。其他心灵偶像形式，人们已经熟知，但是对于自我塑造、自我构造、自我制作的心灵偶像，则知之甚少，或者说是处于茫然无知的状态，然而它却实实在在地约束着我们的思想和行动。这种自制的心灵偶像是一当需要，通过心智活动就会产生的某种意识要素，某种可以用简练语言表达的可以使自己心安并受到鼓舞的想法、信念、信条。这种产生于普通人内心的信念、信条，之所以可以称之为心灵的自制偶像，是因为这种意识一经形成，就会通过人自身的相应的现实行动证实、映现，使人的心灵得到慰藉，自身的行动确立起直接的根据。这种心灵偶像，不像宗教偶像那样以与现实、世俗生活分离、隔离的形式存在，而是存在于人的现实生活之中，并与生活本身的意义相融合，以至于人们难以把它作为具有独立内涵的意识揭示出来，而与普通的生活中存在的知性意识相混淆。在市场经济深化的背景下，情景、处境高度个性化了，个人成为市场经济活动的基本单位，自然成为压力、风险甚至危机的直接承担主体，个人危机具有了发生的普遍性，统一的心灵偶像已难于充分满足个性调节心性的需求，所谓价值迷失就反映了这一点。心性调整求于外的路向受阻，内求于己的自制心灵偶像便应运而生了。甘地就曾经在其自传中提出了“自我纯洁”的概念，提出了依靠各种宗教找不到适用于自己“单方”的问题。

作为偶像的信念，其生成只具有部分可控性。其生成原因、类型所具有的多样性，需要采取分类研究方法。有些信念，只对一人一时一事起作用，比如排除一时的烦恼。有些信念则终生起作用，也就是说可以支配人的一生。下面归纳并列举若干种方法：

（1）冲突升华法。战场、商场、体育竞技场上的短兵相接式的相争相斗，决定人的得失、成败、荣辱、生死，比较容易激发出某种信念，形成思维定势，作为自己行动的根据。“事到临头须放胆”（《张学良传》），面对紧张局势容易使人产生某种理念。“狭路相逢勇者胜”（刘伯承语），“你怕也得打，不怕也得打，还不如放开手脚打”（韩国队教练语，选自《郎平传》）。

（2）养育之恩回报法。“谁能给我一捧土，我当还他一座山”（何家庆语），何家庆收到其父送给他的4000元钱并一本账，记录从小学起，受到乡亲的点滴资助。面对父母和其他人的养育之恩，产生报恩思想和行为，一般属于简单的应做能做不难做的事情，若连这种简单思想都不能产生，那就是不可救药了。

（3）伤害生成法。知耻而后勇。“对贫穷的印象太深了”（周信芳语），由于贫穷所遭受的屈辱和伤害，往往比其他任何处境下所遭受的困苦都更加能够激发起人的行动能力。香港商界富豪冯景禧的继母曾经对他说：“有种你就走，等你发了财，老娘跪在门槛上迎接你。”自我拯救之心常常是在自尊心受到深深伤害时才会产生。富裕比较贫穷更加需要精神拯救，更加需要理性自觉，而理性自觉往往是在人的成熟阶段才能够出现的现象。生活宽裕的富家子弟的奋斗，往往更需要理性自觉和坚忍不拔的毅力，才能摆脱家庭的光环，证实和实现自身的价值。贫穷家庭出身的有造就的人士，多是在童年时代就开始了来自于自我或家庭或其他方面的精神拯救，面对贫穷和遭受的歧视，开始了奋发图强。“穷则思变”。一个人究竟产生、形成什么样的信念，已经由他所必然或者偶然进入的情景内在规定了的，现实存在与精神存在的一体化，造成了一种综合性感受，整合而成一种内在的精神气质，从而内在地规定和限定了可能作出的选择。

（4）累积形成法。一个人的长期思考和社会交往的精神积累，会潜移默化地感染、影响他的品德、习惯和心理取向，形成某些趋于稳定的观念和行为动力，构成其个人信念的组成部分。

（5）顿悟生成法。非逻辑推理所获得，依靠感悟能力，神秘的启示，其形成更加难于把握，具有不定性，需要依靠生存智慧的丰富积累。

（6）性格生成法。往往是由于童年不幸，心灵出现创伤，造成某种性格。在性格形成阶段，往往处在社会控制难以深入的环节，具有不可控性。甚至到了成年人阶段，也仍然存在着受到伤害的可能性，它对于形成某种“后天性格”会产生决定性的影响。无论伟人还是普通人，都很难免于这种不幸的影响。据说，林肯的“深度悲哀”性格，一是由于他在政治上的失意，二是悲惨的婚姻。伟人尚且如此，普通人不能不为自己的种种幸运感到欣慰和庆幸。性格生成法也往往被人们视为自然生成法。其实不尽其然，在某些家庭有意按照某种模式的要求塑造自己的孩子，使孩子在其教养下形成某种性格倾向，但在实际生活中较少有家庭能够达到像罗斯福的母亲为培育孩子那样，能够实施“纯洁心灵计划”（见《罗斯福正传》），并取得了一定的成效。

（7）制度和环境生成法。某种带有普遍意义的信念、理念，往往是在特定的制度背景之下产生的，是制度的人格化表现。在不健康的社会环境下，人与人之间相互封锁，缺乏相互信任，甚至互相为敌，造成不良心态的累积，把人性中潜在的恶念激发、动员出来，不以为恶，结果将助长恶行盛行。

（8）心理定势自我加强法。某种信念（无论良莠）形成之初具有偶然性，但一经形成即具有自我加强的性质。自我认定为坏人，往往是往坏人处想，自我认定为好人，则往好人处想。自我认定起到自我暗示、自我引导的作用，自我认定是什么样的人，就会成为什么样的人。

（9）反向生成法。一种信念推展到极致，常常会生成某种相反的信念。没有走投无路、寝食不安的烦恼，就难于出现新生命理念的获得和突破。

（10）自视生成法。地位、性格、贫富对自视的影响具有两面性，有可能导致负面心理效应的累积，比如沉重的生活负担导致沮丧、忧郁等负面心理与日俱增。努力的失败导致不良心态的累积，反之亦然。

任何职业活动，从结果看，无非存在三种可能：第一种可能，失败；第二种可能，成功；第三种可能，维持现状，等待机会。应对态度，应该是避免第一种可能、争取第二种可能、积极面对第三种可能。

在具体应对过程中，就需要具备战略策略谋划能力，即权衡风险、代价、收益的能力，实现以较小代价、较低风险获取最大收益的结果。

“乐商”，大体就是由制作心灵偶像、判断三种可能、确立应对态度、具备谋划能力四大要素组成的。

5. 开发“乐商”的十种方法

2007年夏，根据中国工商银行黑龙江省分行工会的安排，由我担任主讲，以地市行（包括省行营业部）为单位进行“乐业至上”的巡回讲座。在巡讲启动前夕，我意识到开发“乐商”即开发大脑愉悦感受能力的重要性。于是，把开发人的大脑愉悦感受能力的状态，划分出未开发、浅开发、半开发、深开发、充分开发若干类型，又进一步归纳出开发大脑愉悦感受能力的十种方法：音乐开发、视觉开发、道德开发、心智能力开发、技术开发、文化开发、情感开发、事业开发、观念开发、体验开发，在讲述过程中也注意到了达尔文的进化论原理，即用则进、不用则废。人的大脑按照功能不同可以划分出不同区域。大脑中含有感受区，开发“乐商”即是开发“乐感”。人的感受区也存在“草苗”争夺养分水分生存空间的问题，即不良感受与愉快感受争夺各自空间问题。开发“乐商”就是开发增强愉悦感受，弱化、消解、转化、升华不良感受。对不同人来说，可以量身定制不同方法，就社会整体来说，可以有千万种方法，重要的是每个人应都能够找到适合自己的方法。人们长期强化开发大脑的愉悦感受能力，就会使这种感受能力越来越强，对不良信息的感受能力则会越来越弱。遗憾的是我们中的许多人锁定了自己大脑对愉悦幸福事情的感受能力，时时刻刻感受到的是愁苦郁闷。读了《达尔文谈达尔文》，又感受到有一种新的启示，注意到均衡开发大脑的极端重要性。

我翻阅2007年14期《新华文摘》，看到题目为《达尔文谈达尔文》的文章，选自达尔文的回忆录，内容自然是达尔文谈论自己的一些体会。他的一句话“我可悲地丧失了高尚的审美兴趣”，格外引起我的好奇。他自述到：我的高尚的审美兴趣，丧失得实在离奇且可悲。这种丧失也是最不可思议的。在中学少年时代，读莎士比亚的历史剧有了热烈的爱好，现在去尝试阅读莎士比亚的作品，却发现它枯燥无味，感到难以容忍、厌恶万分，也几乎丧失了对绘画和音乐的兴味，头脑好像已变成某种机器，专为把大量收集到的事实加工研磨，制成一般的法则。但他感到还不能理解，为什么这必然会引起头脑中激发高尚审美兴趣的那些区域衰退呢？这些兴趣的丧失，也就等于幸福的丧失，可能会对智力产生损害，而且更可能会对品德有害，因为这种情形会削弱我们天性中的情感部分。于是，达尔文给自己制订一条守则：在每个星期内，至少要阅读几首诗和倾听几段音乐。他认为，采取这种用脑方法，会把自己已经衰退的那些脑区恢复到通常的灵敏度。他认为，如果一个人具有比自己更高级组织的或更良好构造的头脑，那么，他就不会遭受这种损失了。

我们今天读到达尔文的上述文字，既应该为他的科学探索精神直到探索自己的精神世界、探索营造精神乐园的方法，感到由衷的敬仰和钦佩，更应该为他敢于自我剖析、自我表白精神深处缺失的良知感到一种震撼，也更应该在市场经济外在物质利益至上的冲击淹没中有一种幸运，避免陷入那种金钱至上、技术至上的误区，去重视开发我们大脑中拥有的宝贵幸福资源。

拯救人类精神、营造精神乐园，就在于培育提升审美能力、搭建审美意境。

五 乐业与文化

1．乐业文化

乐业十大观念

（1）你有什么样的职业表现就有什么样的命运在等待你。

（2）乐中求进才能使你常乐。

（3）乐业使人幸运。

（4）亲耳所闻不如亲眼所见，亲眼所见不如亲身体验，亲身体验不如亲身所悟。

（5）乐业是从业态度的高级形式，人唯有赋予职业以理想、情感、爱好、追求，才能表现出乐业状态。

（6）乐生是乐业的基础，对待人生的态度决定对待职业的态度。

（7）人有感通万事万物性理的能力，各种遭际命运统统含有教化人生的机缘，人与万事万物有相知、相近、相亲、相谐的灵性，乐业是无止境的，值得人终生去追求。

（8）两强相争勇者胜、两勇相争智者胜、两智相争仁者胜、两仁相争乐者胜、两乐相争和者胜（达到合作共赢同乐的境界）。

（9）不要看别人得多少，而要看自己是否得到自己应得的一份。

（10）我们现在不动手清理我们自己的问题，将来一定会有人清理我们自己。

乐业文化十大理念

（1）乐业文化的宗旨是弘扬乐业理想、强化乐业追求、培育乐业精神、传播乐业理念、提升企业核心竞争力。

（2）乐业文化是我乐我业、人人乐业、人我同乐的状态。

（3）乐业文化是体现利己、利人、利于客户、利于企业、利于国家的“五利之道”。

（4）乐业文化提醒人们快鱼吃慢鱼、慢鱼吃懒鱼、懒鱼吃病鱼、病鱼吃死鱼。

（5）金钱是最有效的激励机制、信任是最重要的激励机制、乐业是最好的激励机制。

（6）企业是一个经济实体，更是一个道德实体，完全有理由也应该把它建设成员工的精神家园。

（7）乐业文化启发我们对企业资源进行重新审视，进行重新梳理整合，产生增值效应，带给我们新奇的体验。

（8）建立乐业文化要实现劳动观由谋生观向乐业观的转变、倒计时思维（计算什么时候内退、二线、退休）向顺计时思维（每一刻都是人生旅途的新的开始）的转变。

（9）分担痛苦是减轻痛苦直到化有为无是除法效应，分享愉快是倍加愉快产生乘数效应。

（10）打造乐业型企业文化，将会使企业焕发出勃勃生机，增强企业对员工的凝聚力、对客户的吸引力、对同业的竞争力、对公众的影响力。

打造乐业文化　提升企业文化品位

打造乐业文化的宗旨是弘扬乐业理想、强化乐业追求、培育乐业精神、传播乐业理念、增强企业凝聚力、提升企业核心竞争力。

乐业文化，是一种新型企业文化。它是一种带有拟人化特点的企业文化，即以塑造普遍具有乐业新质的新型员工为核心，使乐业作为员工们的一种理想和信念去追求的企业文化。打造乐业型企业文化，有助于增进企业内部和谐，是利于企业、利于员工、利于客户、利于社会、利于国家的文化样式。在我国，企业文化建设长期以来一直是一个比较薄弱的环节，它不像家族文化那样凝聚和持久，也不如国家文化那样强大并能够普遍焕发国民为国牺牲的激情。企业内部是一个人群比较密集的集合体，人与人之间接触频率比较高，使它成为一个道德实体，自然会产生道德要求。但在企业文化建设的基点设计上，一般是从企业是经济实体出发，主要考虑实现企业的业绩目标，强调的是为完成经济指标服务，缺少拟人化色彩。这样，就常常把员工内在的人性化需求与企业目标对立起来，造成企业内部的紧张感，增加了企业内耗，实质也就是增大了企业内部治理的社会成本。打造乐业文化，是从企业是一个道德实体出发，首先着眼于员工内在的人性化需求，把企业塑造成能够焕发激情、具有强烈人格感染力和影响力的人格化实体。把企业塑造成这样的人格化实体，更容易引起广大员工的认同和共鸣，激发持久的建设热情，能够较好地把员工生活目标与企业对业绩价值的追求有机结合在一起，是一种更有持久生命力的企业文化样式。

乐业型企业文化，体现了构建和谐社会、和谐企业的要求，体现了以人为本的要求，体现了人力资源价值最大化（员工普遍处于乐业状态有助于充分释放人的潜能）的要求，因此，它也是富有魅力、能够焕发出勃勃生机的企业文化。自然，如果能够成功打造乐业文化，也就能够显著提升企业文化品位，增强企业内聚力，提升企业的核心竞争力。

2．乐业的五大文化支点

乐业，从文化角度观察，从现在的观点看，是由一个多级次的文化体系构成的。一是依靠个体的心智能力。阿Q的精神胜利法就是代表。阿Q无家可归，无法在家中找到精神安慰，他没有父母没有兄弟姐妹朋友，却又偏偏遭遇那么多人生困境，唯一依靠的就是自己的心灵，看自己内心还有没有调节能力。二是依靠家文化。在我们中国，家文化对职业激励、经济支持和精神安慰的力量非常强大。有人认为，家文化在中国，可以替代宗教的作用。现在，企业文化还没有发展到那种可以替代家庭的程度，所以，看上去，企业文化建设显得比较薄弱。三是和谐文化。心智能力要用人文的要素来拴束，不然会走向有违人伦法律的反面。和谐，讲的就是文化观念之间要有一种制约的关系。四是中华文明有着深厚的乐业理想和追求。孔子说："知之者不如好之者，好之者不如乐之者，乐是最高境界。"《礼记》中有敬业乐群的说法；老子提到安其居、乐其俗。梁启超在当时上海中华职业学校以"敬业与乐业"为题作过演讲，他在演讲中告诉人们，凡职业都是有趣味的，只要你肯做下去，趣味自然会发生，根据是：第一，凡职业总有许多层次曲折变化，领略起来最为亲切有味；第二，在刻苦奋斗中快乐的分量不断增加；第三，竞争中取胜获得快感；第四，专心致志，排除许多胡思乱想省去许多烦恼。黄炎培更是把乐业作为职业教育的目标；

第五，西方科技文明进步展示了新的前景。我在《环球时报》上曾经读到一篇科幻文章，讲的是可以在人脑中植入相应的程序，就可以删除“不满”、“怨恨”、“抑郁”、“愤懑”等心情，同理可以输入“高兴”、“愉快”、“满足”等感受。人工智能可以控制调节人的感受，按照这种幻想，人类就可以达到要感受什么就感受什么的境界。国产有部电视剧其中有一个情节，有位年轻姑娘，遇到不高兴事情，坐在床上，排遣不开，突然说了句“删除”，然后蒙头大睡。不敢想象，人类真要达到那种境界，只要敲一敲键子就可以获得快乐、驱除烦恼忧愁怨恨，人类还有什么事情可做？当然，人类真正到达那种境界，还会面对那种境界所要面对的问题和挑战。

家是每一个人，无论凡人还是伟人心灵演化历程的起点和终点，是人的精神之旅的出发地和归宿，是人生的避难所和享乐窝。由父母以及其他人的养育之恩，会产生一种自在的、原始的、原生的、也是最为基本的报恩之念。

家可以归结为只包含了父母这样一种极为简单的两极结构，但它却蕴涵了人的感情世界的几乎全部内涵。两极生万变。家只具有精神激励的潜在性。事实上，许多人并没有从这种天然的情感基础中汲取奋斗的力量源泉。有为数不多的人，从生而忘祖、无视父母的养育之恩开始了精神上的堕落。由这种天然的情感基础，发展起精神上的自我拯救之力，必须借助于亲身体验法，通过自觉的、有意识的、重复的、强化的心灵活动，才能够开发、升华出精神拯救之力。在传记作品中，许多传主在回顾自己的奋斗经历时，深深感到自己奋斗的原动力，实际上就来源于对这种父母养育之恩的升华。这种亲身体验的方式，是可靠的，是大量地取材于生活中的片段、细节，是令人终生难以忘怀的，是一经回忆就可以激发出强烈感情的方式。它不会像其他种回忆，在脑海中再现的只不过是一些符号，丝毫也调动不起自身的刻骨铭心的感受。它是可以经得住千百次回味无穷的重复而又不会丧失其鲜活特性的东西。因此，一当有了汲取精神动力的需要，就可以通过体验回味的方式从中源源不断地获得动力，就像植物可以从土地中源源不断地获得养分一样。这种原生的家庭情感联系，使人们在孤寂中感受到体贴；在寒冷中感受到温暖；在无望中感受到希望；在黑暗中感受到光明；在贫穷中感受到富有；在抑郁中感到欣慰；在平淡枯燥中感到美的享受。

家是唯一不需付出代价便能够得到营养的地方。家是永恒存在的充满安宁、温馨的港湾。在我国复合型社会转型过程中，社会流动性空前增强，“父母在，不远游”的古训早已为人子所淡忘，1999年中央电视台春节晚会推出的一首词句平白质朴、情意深深、优美动听的《常回家看看》，向人们展示了肌肤相亲、其乐融融、和谐之至的家庭意境，把远在异国他乡的儿女之心拉回到温馨的家园，唤起了子女对父母的皈依天性。

精神之旅的终极目标就是营造没有双重心态、没有精神冲突、充满和谐、欢乐与宁静的精神家园。人生没有任何一种失落的影响能够超过失去家园的痛苦。如果说，作家需要拥有“生活库存”（《曹禺传》），需要提供永不枯竭的创作营养，人的生存则需要从“家的存在”中汲取永不衰竭的精神动力。家的存在，作为人的生存的基本、完整的单位，孕育着生存的精神富矿，可以从中汲取丰富的精神营养，直至人类的情感和意识，都是由此繁衍、演绎、升华而来。

每一个人都潜在地存在着有待、尚待、可开发的“精神富矿”，只不过是由于种种精神、现实因素的限制，使这种“精神富矿”处于锁定状态，只有在自我描述心灵历程之时，才把它展示给世人。无论是实现精神上的自我拯救还是拯救他人，首先需要开启心灵、精神之锁。在家庭中，心灵、精神之锁的开启机制往往是奇特的：只有通过精神上的自我拯救才能把父母从望子成龙期待性的精神压力下解脱出来。“可怜天下父母心”，其实是在呼唤当儿女的首先应当把父母之心从“可怜”的境地中解脱出来。拯救他人之心始于拯救父母之心。人们通常会面对父母及其他亲人的精神苦难而生出动心、动情的拯救之念。

费孝通在一篇文章中曾经谈到胡耀邦与他提到过家庭在中国社会中的特殊作用。他们认为，如果说国人缺乏宗教理念、中国社会缺乏宗教气氛，那么人的心安、社会的安定，靠什么力量来维持？很重要的一条，就是靠家庭。要重视家庭的极端重要性。家庭在中国社会中起到了类似于宗教在西方社会中的作用。战争时期的革命队伍像一个和睦的大家庭，和平建设时期也把营造家庭般的和谐、温暖气氛作为企业和国家的奋斗目标之一。

董国强在《当代美国宗教现象》一文中，谈到在美国生活的体会，为美国社会生活中浓厚的宗教气息感到非常惊讶，对特定的情景有着切身体会，“教堂的建筑、布局、陈设所精心营造的特殊氛围和宗教活动所散发出的那种安宁、纯净而又极富人情味的温柔魅力，在西方现代社会冷峻刚硬的法制框架、繁杂纷扰的都市喧嚣和劳资间赤裸裸的金钱雇佣关系的映衬下，显得格外亲切。”（《读书》2000年第8期，第113页）当代中国社会生活中的家庭，总体上并没有因为市场经济的冲击、金钱价值的泛滥而动摇它的基石地位。

家作为精神之旅的依托，作为“生活库存”，具有无限丰富的内涵。但是人不可能总是在家的圈子中生活，随着生活空间的扩大，家的精神作用也不可能完全取代人在其他社会生活圈子中的精神依托作用。作为生存的价值依托、情感依托，具有可继承性、替代性、转移性、升华性。不可修复的、破碎的“生活库存”可以“移地重建”。但是家作为原始的、基本的生存依托，它的健全与完整，对于一个人心性培育和养成的基础作用，比如性格形成、情感培育等等，是后天所遇、所建立的，其他载体不能够完全替代、完全补救的。

人的成长的基础性残缺，会深刻地影响人的一生。家庭对人的成长的影响具有两面性。人的性格应在幼年、少年阶段即已形成，在这一阶段往往是家庭内部因素起主导作用。某些人往往只重视社会方面存在的精神拯救与精神摧残问题，而忽视了家庭内部同样存在的极为突出的问题。其实，精神摧残莫过于表现在人在幼年、童年、少年阶段所遭受的精神摧残，形成深浅程度不同的心灵伤痕。这种精神摧残，往往是在漫不经心的状态之中，或者是在合情合理合法的形式掩盖之下进行，更有甚者，是在崇高的名义之下实施的。“祖传的陋习使父母之爱常常演化为对幼小心灵的严酷摧残。”这种精神摧残，表现为丝毫也不顾幼儿、童儿、少儿的天性、童趣，强行把他们的几乎一切时间纳入到刻板的学习之中，似乎孩子们的“剩余时间”全用之于学习，才是正当的，才能够令父母们心安理得。

至于其他种种发生于家庭内部的不良行为、不良事件对人的性格形成所产生的影响，更加具有普遍性。人不能选择自己的出身、自己的父母、自己原始的生活库存，却可以改变对这一切的感受。

任何东西走向极致，就有可能走向反面。乐商，讲的是一种心智能力，即调整自己感受能力的能力。这种能力发展到极致，也会“走火入魔”。人间生死都可以置之度外。宗教、心理学，都有这种倾向。我也曾经有过心灵放飞的体验。幸亏在那一刻想到自己人生别无所求，再活下去，就是做一些济世救人的事情。宗教为了破“我执”，执迷不悟，就是要求放下人间一切，才能放下喜怒哀乐愁；心理学在课堂上在诊治过程中，为了破解患者的“强迫症”，也是采取一系列方法，试图把患者从那种强迫症、抑郁症中解放出来，从当下的心理状态中解脱出来。

马克思所描述的资本人格化特征，形象地把资本家的职业追求变成孤立、单纯、抽象的增殖目标，一种数字游戏，为了300%的利润甚至可以冒绞首的危险。这也可以理解成一种职业冲动，但这种冲动失去了理性、道德的节制就成了一种危险的倾向，产生破坏力，造成一种悖论。现在国外的企业家赚了钱要通过捐赠回馈社会，体现人文约束。在商场上竞争击败对手，常常看到失败者跳楼自杀的惨剧，对有良心的胜利者来说，在心灵上多少会造成一些自伤，通过捐赠使自己心灵得到安慰。现在管理上讲认指标不认人，只看指标不看人，其实在资本的人格化特征中就已经存在这种倾向，并把它发挥到极致。乐业达到这种程度，就走向反面。我们不能说，资本的那种人格化特征，也是乐业的表现。乐业，也应有人文内涵、人文资质、人文要求。我们讲的乐业，也是以人为本之乐、和谐之乐。

3．文化意境

人人心中有，人人笔下无，说的是人生意境没有转化为文化意境。能够说出写出自己心中别人心中的感受，那就是把人生意境转化升华为文化意境，可以分享那种奇妙的文化感受。

文化意境，从结构上讲，是由文化意念、文化情感、语言文字构成的，语言文字是文化意境构成的基本载体，意念属于精神、灵魂，是核心，情感则是文化的黏结要素，产生社会可亲近性；从功能上讲，它能够给人带来价值感受，审美意境，使人沉浸在想象世界中，并对行为产生约束的效力。

文化意境，可以提升人生格调、品位，使人生得到净化、提纯升华。它通过内省反思实现文化上的自我洗刷，达到文化上思想上行为上的纯正，清除文化杂质糟粕，补充文化营养，弥补文化缺失，使人生避免减少由于文化缺失带来的文化茫然、行为盲目以及种种不适应症状，使人明白自己这样说那样做的后果是什么，以减少避免人为悲剧，增进社会的幸福。

把自己的人生体验，说出来写出来，就是在搭建文化意境。现在，社会上流行各种关于人生的说法，我也在其中加入自己的理解和感悟：人品人格人人为，说的是人品人格做人达到标准，才有作为的空间；人物人才人手人渣，讲的是人生格调层次；无用之人自用之人人用之人用人之人，是从人才学角度对人的一种概括；生为人子是孝子、身为人父是慈父、作为人友重感情讲义气、作为人夫（妇）达到夫妻恩爱和谐境界、从事人事则忠实于事业，论的是人生五个基本方向的准则；人生六杂感悟即吃杂食善杂交习杂学酝杂感写杂文摒杂念，讲的是人生纯寓于杂、杂中求纯的道理。有位小学生，竟然写出作文，题目是细品人生之韵味；某年的高考作文，某省试卷的题目就是：读：读人生，读父母；联想起几年前有地方流行三读：读书读人读社会，我又加上个读自然。涉猎人生感悟题材如此广泛，并不是偶然的，说明我国经历了市场经济洗礼，正在发生一场文化启蒙、文化探索、文化觉醒、文化提升的思潮，对增进国民的文化素养、提升国民的文化品位，把人生意境转化提升为文化意境，使古老的话题赋予崭新的时代意义，必将产生积极的作用。

最近，中央电视台黄金时段播出电视剧《老娘泪》，讲的是罪犯想逃避法律却最终逃避不了老娘，是老娘泪使罪犯自首。可以无视法律但不可无视老娘，或者是伦理与法律的双重加压，使罪犯良知觉醒，展示的是古老的伦理元素在当代所闪现的光芒。想起有些朋友讲交友底线，看一个人是否可交，就看他对自己父母是否孝敬，连父母都不孝敬的人还能对朋友讲感情？！

其实，伦理的约束，如同法律一样，是否有效，有多少人，升学步入岗位，远离父母，离土离乡，还能经常想起老娘的嘱托，在自己人生意境中，是否还有老娘的身影，即便有那种嘱托身影，还能调动起自己的思念牵挂并对自己的行为发生激励和约束的效力？！如果没有，是否成功实现了法律、道德的置换，或者达到一种崭新的融合转化升华兼容，能否形成一种刚性的约束力，构成一种难以逾越的行为底线。我们看到的人生景象，却是在许多人的人生意境中，一旦迈出家门，却消失在茫茫人海中，消失得迷失和茫然，全然失去各种界限的约制，人生意境已经全然为另类景象所充斥。

文化意境似乎是脆弱和虚幻的，自然不该承担也不应承担重力和寄托。它没有金钱的魔力、物力的魅力和实在。那只是由于我们所搭建的文化意境太浅显太粗糙太不纯正，我们的搭建也太缺乏尽心和高雅，甚至还突破不了起码的语言文字关，便被世俗的繁闹和引力所吸引，消解于平庸的世俗之中。

文化意境的搭建，不好也不能借助于和委托人工智能工具武器去实现，所以需要有纯正的追求、触类旁通的灵性、坚持不懈的耐心、高雅的审美情操、随处拾取随处解读的笔力，更需要排除庞杂的引力，即便搭成还需要保持维护和坚守，出现哪怕一点点瑕疵纰漏就容易破坏它的美感。遗憾的是，我们在搭建文化意境的工地上，还需要守望和等待。

4. 和谐

读美国人鲁迪·本尼迪克特早在1944年出版的《菊与刀》（商务印书馆2005年版），这本书是研究日本人的专门报告，以菊和刀分别象征日本人的矛盾性格，即日本文化爱美又黩武的双重性格。毛泽东曾经自称兼有虎猴性格。由双重性格，引发联想，具有双重性格的人，一要有由一种性格向另一种性格转化的过程和方式；二要在二者之间有一个缓冲空间，以避免二者之间发生直接冲突，如果发生直接冲突，使二者难融于一体，势必造成人格裂变，酿成性格悲剧。

由双重性格使我进一步联想到内向心性调整与外向努力获得成就之间如何调适的问题。现在市场经济，人们重视追求外在成就，但在追求和实现外在成就的过程中，是不是就能够保证实现内心的安宁和祥和？从社会实际生活看，有些人并没有很好地处理这一关系。从乐业角度考察，我们可以把外在成就与内心体验的组合状况划分为三种类型：第一种，取得创业成就与内心体验一致；第二种，有了很了不起的创业成就，却感受不到成功的喜悦，反而带来压抑、烦恼甚至痛苦；第三种，没有创业成就自然也谈不上成就感。本书适用于第二种类型的人。第一种人已经达到了内外在的一致性，没有必要来看本书，或者可供茶余饭后闲读。第三种人也许看不看没有大的用处。但对那些处于第二种情况的人来说，就存在一个如何对待创业成就与内心体验不一致的问题，如何从二者的困扰中解脱出来，实现二者的一致性。

很多人陷入一种误区，以为获得创业成就能够自动带来内心的安宁、祥和、喜悦，以外向争取代替内向调整增进内在精神力量的努力。实践证明，这种认识是片面的，也是有害的，往往使自己陷入难于解脱的痛苦之中。这种现象常常与自己所在的工作单位内外部评价不协调联系在一起。单位内部人说，这个人不行却在外边很吃得开，可以呼风唤雨，在外边取得很高的成就，可单位内部人就是不买账，叫墙里开花墙外红。他们以为，只要取得了外部成就，应该能够赢得内部人的认可尊重，因此以为可以不去做或者不屑于去做内部大量细小琐碎的协调事情，加剧了内部紧张感。内外部评价的不一致性产生的双重标准，割裂了人的行为的统一性，处于这种割裂状态的人，很难真正体验到职业成就带来的喜悦。这几乎成为走向开放的我国一种带有普遍性的现象。市场经济强调外部成就与传统的注重内部关系和谐文化发生冲突。这种行为模式仿佛枷锁一样，禁锢了一些人的思维，束缚了他们的想象力，使他们很难意识到还有另外的行为模式可以实现内心体验与外在成就的和谐统一，他们已经适应并习惯了在对峙冲突中生活，转而去单纯地欣赏自己的外部成就，习惯于忍受内心的折磨。

和谐，在乐业至上的视野中，被赋予了特定的内涵。和谐，要作为一种信仰去追求，尤其是对于那些片面追求创业成就的人来说，更有必要调整自己的人生价值坐标。应该把追求内心和谐作为最高目标，创业成就只是实现这个目标的手段。把和谐作为信仰，可以提供异乎寻常的忍耐力。忍耐，又可以为增进和谐提供强大的心理保证条件。当忍耐是为了和谐，忍耐也就成为一种自觉一种品质一种美德。这也完全符合经济学成本与收益定律的要求。由于缺乏宽容与忍耐而损害了内部关系，即便付出10倍的努力也难于修复和挽回。更重要的是，在一个单位内部，由于频繁接触造成的紧密关系，无法回避的日常接触，对于失和的双方来说，每一次相遇都是一次心灵上的折磨，使内心失去了祥和安宁。

要实现乐业，就必须把和谐作为最高追求，创业成就只是实现内心和谐的重要保证、必要途径。达到和谐的途径是多种多样的。在某种意义上说，宗教的修行与通过努力取得创业成就，是达到和谐内心的不同途径。如果不想成为一名教徒，不想通过苦修去达到内心安宁祥和的体验，那就必须忍耐，忍耐，就是依靠自己的意志力节制自己的欲望。通过忍耐，可以减少许多直接冲突，营造一个和谐的人际关系环境，在创业成就与内心和谐之间构筑一个缓冲空间。对于那些虽然取得创业成就内心并没有获得喜悦体验的人来说，非常有必要实现创业成就与内心体验的一致性，这样可以使他们取得更高的成就，有可能去帮助更多的人摆脱生存困境。

现在讲和谐社会，古代讲和为贵。和谐文化，可以避免多元文化要素、文化因子的对峙、对抗，避免出现人格分裂。和谐是对多元文化要素、文化因子的高水平文化整合。

目前构建和谐社会，有外向与内向两个基本向度：外构体系（制度、政策）和内铸心性。没有和谐的心性难以建立外部和谐的体系，即便有了外在的体系，也难以有效运行；没有外在和谐体系，也难以确保内心的普遍和谐。健全的和谐观应该包括十大观念：

一是包容观念。据媒体报道，国外有个画家，画了一幅题为“和谐”的画面，让观者感到疑心的是，画面上出现的景象却是鱼在鸟笼中、鸟在鱼缸中，画家自己解释说，一切都可能发生。和谐，不仅包括接受一致的东西，更重要的是对合理差异、差别、矛盾甚至冲突的包容。低水平的和谐理念，强调一致性，追求清一色的想法、清一色的服饰、清一色的行为，对差异性容忍度低。高水平的和谐，在于差异中的和谐，尤其是对差异的包容、兼容、宽容。和谐的发展水平，就取决于对差异的包容水平。

二是整体观念。和谐是一种新的社会整体观，描绘的是一种整体社会景观，应该使社会达到一种和谐的状态，组成适合整体的各个部分之间，搭配比例、结构、作用适当，组成一个有机的整体。它应该能够被社会广大成员接受和认可，并形成和谐的秩序。

三是和谐的秩序观有特定的内涵。和谐，应该是各就其位、各行其道、各展其才、各得其所的和谐。

四是开放、文明的心态。和谐，需要克服、消除自私、狭隘、闭锁、孤僻、敌对、仇视的心态，换之以友爱、宽容、开明、开放的心态。对人类、对同类的尊重、爱戴、保护。

五是审美观念。和谐的追求发展到极致，应该净化提升出一种审美意境。对峙、冲突中包含有转化、升华的机巧。只有意识到并有巧妙设计，才有可能实现出来，由此实现的和谐会给人带来一种美感。对峙、冲突，有时会有助于增进、促进双方收敛、调适，结果是提高了整体的文明水平。这种包含对峙、对立双方的和谐，是否比单一方努力更加有助于促进整体和谐？前者，是保持差异、多样基础上的和谐，是否比单一基础上的和谐更好、更为理想？前者更加需要尊重和宽容。要比较这两者之间的优劣，应从人类的基点上考虑问题。人类的繁荣，多样化、差异性，总比单一性、整齐划一更合适。更多的同点和一致，反而不利于人类个体的发展，人类整体的繁荣昌盛，创造力的发挥和释放。百花齐放、百家争鸣，总比一花独放、一家独霸，更加具有生命活力，更加富有观赏价值。从美学意义上看，任何东西总是不要清一色好。多样性和差异性基础上，也许有助于使任何一方保持一种清醒，有一种收敛和自制，处处小心谨慎。

六是智慧观念。和谐只是对峙状态演化的一种可能，另一种可能则是裂变、破裂、破坏、毁灭。在对立、对峙中，人的转念非常重要，为什么转出和谐之念，而不是破裂、毁灭？和谐是一种理念，也更是一种高超的智慧，依靠智慧才能实现出和谐的状态。为了实现和谐想努力包容的要素，假如实现不了整合，还能达成和谐？那就是破坏、破裂、毁灭、死寂，所以，和谐是一种有效、有益于改善人的生存状态的智慧，是一种合成、集成的智慧。它涉及人的整个生存状态。是一种贯穿、通达的智慧，能够把组成生活的各个要素，连接为一个和谐的整体，从不同方面，对人的生活产生有益的影响。

七是外向展示。和谐心性构建并不是走向闭锁的内心自我满足的状态，而是走向心性相谐、人人相谐、人与社会相谐、人与自然相谐的状态，需要转化为能动的、自觉的社会实践，需要完成由和谐心性的熔铸到人人相谐再到人与社会相谐直至人与自然相谐的外化过程。通过这样一种内向外向的互动过程，才能形成一个完整和谐的整体。

八是需要崭新的人文精神积淀。和谐的核心价值涉及到对和谐的基本理解、基本态度，人为什么要追求和谐？这个问题的答案其实很简单，就是为了让人更好地生存，更幸福地生活，更加着眼于人本身的发展和需要，更加体现人文精神的要求，努力减少人为的对峙紧张冲突破坏。需要对人性有新的理解。和谐意味着分享，和谐与追求独占、霸权是冲突的。和谐表现的是一种崭新的人文追求，需要赋予崭新的时代内涵。

九是一种政治理念。和谐的思想在历史上就有政治渊源。南非的曼德拉实践的就是一种非常典型的和谐政治，他提出以南非人化解黑白人之间的冲突甚至仇恨。孙中山也曾经提出满汉兄弟、满汉一家，也是一种超越，反满清封建王朝并不是反对满族人，这样的努力有助于促进满汉两族的团结。中共十六届四中全会提出的构建和谐社会，达到了一种前所未有的思想高度，在和谐的社会追求上，也更加自觉，内容也更加全面深刻。和谐的政治思想基础是，不同的利益集团之间，可以建立某种共同追求的理念、意境，能够在情感、思想、语言上找到亲和点，产生同化力、和谐力。

十是追求和谐是对前期政治稳定观的一种提升、拓展和升华。构建和谐社会继承了我国古代和为贵的优秀思想传统，同时，又是对前期追求政治稳定的一种超越。从政策角度观察，构建和谐社会的政策内涵和外延，比较 20 世纪 90 年代的政治稳定观，是极大的丰富和拓展，不只是限于财政金融经济领域，而是全面扩展到教育、就业、社会福利、农村、区域经济等各个方面，是一种主动的全面的超越。并且，随着构建和谐社会实践的深入全面展开，合乎逻辑地引发更加深远的社会影响。

现在出现经济上富裕了，但人们感受的苦难却比贫穷时更加深重的发展悖论。通过科幻文章所描绘的那种利用技术手段控制人的心灵活动的前景，到那时是不是可以用技术手段取代道德教化，实现道德高尚可以像安装软件那样容易，遗憾的是我们必须回到现实，面对现实，我们有哪些条件可以利用，去帮助我们达到乐业的境界。

5．乐业需要练就四读功夫：读书、读人、读社会、读自然

眼睛是心灵的窗口，眼界是心灵的太阳。

眼界透出人的睿智，决定人的心灵感受。

洪昭光说，最好的医生是自己，最好的药物是时间，最好的运动是步行，最好的心情是安静。

也有人说，眼界决定思路，思路决定出路，出路决定命运。

还有人说，要避免天花板效应，如同坐井观天，眼界狭隘到只看到自己头上的一方天花板。

我说，最能决定心灵感受的是眼界。眼界有开阔性、多维性、高远性。把现实当舞台，人生当表演，视角当欣赏，可以不断匡正人生，焕发激情。

眼界，可以使我们底气充盈、舒缓自如、净化心灵，没有一丝杂质，摆脱了束缚，打通了路径。

距离产生美。距离有时间距离和空间距离。通过焦距的调整，可以给我们带来另一番感受，人生策略，在于恰当运用距离产生美的原则。

距离就是最好的筛选、疏导、缓冲、净化、提纯。从夫妻的小别胜似新婚，朋友的若即若离，政治舞台上的“拖”字秘诀。

人生功过是非的评价断定，也在于距离。

时间改变一切，感觉会随着时间的变化而改变。近看远看，风景各不

相同。

距离，淡化、模糊了美丑、善恶、黑白、是非的界限。近看为恶、有时远看则为美，大仁似奸、大智若愚、大忠似伪。

当我们的思绪进入茫茫宇宙的视野中，我们所熟悉的思维方式、常用的是非标准、高深的思想理念，变得游移不定、难于把持。

历史老人，在漫漫的宇宙时空环境中，常常在不经意间大手笔运作。肯定的东西被否定，否定过了再否定，叠加的否定，仿佛是在宣泄一种仇恨；否定过的东西被重新肯定，肯定后了再否定，似乎是在故意考验人们的是非鉴别力、情感的真伪。秦始皇的暴政、孟姜女的哭倒长城，恶也恶的彻底、暴更残到极致，要不，没法制造情爱的痛诉敢叫日月无光。岁月的流逝，却轻轻地抹去了、熨平了两者之间的尖刻对峙。如此不容的二者，竟然共同熔铸在长城中，成为人类一道最靓丽的文明风景线之一。真是，近看为恶、远看为美，没有宏大的时空变幻，如何能够把二者奇特地组合到一起。

宏大的时空与世俗的时空，常常会搅乱我们的眼界，迷惑我们的心智。使人牵连太深太广，似有所获，却时而感到更加怅然若失。是的，天花板固然狭小，却能安慰自己、找回自尊；走出天花板，展示的是宏伟，宏伟到自己变成微尘、渺小，微尘渺小到可以计也不必计，淹没自我、丧失自我、迷失自我。

写到此处，我领略到同类，自尊中的渺小、无奈，对渺小、无奈中的坚守和把持，增加了一份理解和同情；体验到走出天花板的怅然若失和义无返顾，欣赏那种即使失去自我也要找到宏大中的那点渺小，在渺小微尘中撑起自己的时空天地，在茫茫的宇宙时空中，建立起自己的时空价值坐标，产生一种纵横宇宙时空中的那种大气。

读书贵在读出气质。培根在《劝学篇》中有一段非常精彩的言论：读史使人明智；读诗使人灵秀；哲学使人深刻；数学使人周密；伦理学使人庄重；逻辑修辞之学使人善辩，凡有所学，皆成性格。结尾还有译成“凡有所学，皆成学问”。从上下文联系主题意思看，皆成性格更贴切、更恰当。

培根的这段话，我的理解，就是读书化为人的气质，而且不同的科学门类，造就出不同的气质类型。知识的人格化。

科学技术是生产力，学术界曾经提出，人文社会科学是不是也包括在这个论断里，答案自然是也包括。人文社会科学变成生产力，有两个途径：一是政策，体制，管理方法等；二是人格化、人的气质发生改变，人的能力发生变化。人文社会科学要使人发生改变，首先就有一个人们能不能接受的问题，而且要原汁原味地接受，才能发挥出它的威力，展示出它的魅力。

读书，就要讲读出原汁原味，才能品尝出它的甘美，才能焕发出它的力量。对一个人来说，真正能够影响改变人生的，也许只有那么一两本书。如同药性，同样的病，有人服一种药，也有的人却服另一种药才有效。

我读过两本书，是下了苦功，果然有些效果，奠定了我的人生基础，也改变了我的人生轨迹。一本书是《资本论》，锻炼养成了抽象思维能力，使人的眼光如显微镜、思绪的舒展如手术刀，把复杂一些的问题可以条分缕析；另一本书就是《文化苦旅》，通过一番蒸煮式的煎熬，培育提升了形象思维能力，帮助我实现了写作风格的转型，也完成了人生一大新的转折。

但是，书本再丰富再深刻，人也不能局限于书本，而且，真正读懂几本书并不是什么难事。人应该从读书走向读人读社会读取万事万物，人可以与万事万物相近相知相亲，人生各种遭际命运统统可以化为教化、磨炼人生的机遇，时时处处增进学养提高素质增强本领，走向那种无处不增知、无时不长智的通达神往的境界。

乐业要练就读人眼力

撒切尔夫人10秒钟看人。初次见面，她可以在10秒钟之内断定这个人怎样，而且以后也不改变这种基本看法。这可谓读人读到家了，这里的家应该是读人的专家、大家。比较起来，我们普通人就差得太多了，有时读了一辈子还读不明白，有些行为表现还在感觉意料之外。

但是，我们普通人需要也必须练就的是职业眼力，也就是专业眼力。不然，说明我们的职业素养太低了。

四人之说：人品人格人人为，是讲人品人格做人达到标准，才有作为的空间。即得道多助。

四人格调：人物人才人手人渣，说的是能够改变别人命运的人、自己改变自己命运的人、被别人使用的人、被别人养活的人。

四用之人：无用之人、人用之人、自用之人、用人之人。

五人之道：人子（孝子）、人父（慈父）、人夫（恩爱和谐）、人友（诚信）、人事（忠实），讲的是人生五“人”之道，人生五个基本方向的行为规范。

分享痛苦是减轻痛苦直到化有为无是除法效应；分享愉快是倍感愉快产生乘数效应。

我们不下手清理自己的问题，将来会有人下手清理我们自己。

读社会

读社会怎么读？各人有各人的读法。通过典型人物、典型事件去读社会。20世纪80年代，我是把身边两位朋友当做看社会的窗口，通过他们思想行为的变化，看社会变化，以及市场经济的走势。后来，我对其中一位朋友说，我把他当做看社会的窗口，他有些自我解嘲地说：“把我当窗户了。”这几年，通过畅销书的演化，可以看出中国社会需要什么精神。《谁动了我的奶酪》一书之所以畅销，尤其有些企业为自己的员工购买这本书，就是反映了计划经济向市场经济转变的需要，告诫人们不要总想失去的东西，而要面对现实去努力找寻新的“奶酪”。后来是《细节决定成败》，据说，有位市长号召机关干部学习这本书。这是针对国民做事不认真、马虎习性太重而来的。我们的产品、服务在国际市场上的竞争力为什么比较低，全球100个名牌我们一个也没有，什么原因？其中，做工不细不认真是重要原因。为什么有这样的习性，我们中国人从农业文明脱胎不久，需要有一个改造提升的过程。这需要经过市场经济的洗礼，经过竞争的优胜劣汰，使人们懂得重视细节的可贵。现在《亮剑》成为影视界一大亮点，说明时代在呼唤英雄主义精神，把国人从20世纪90年代失业下岗的阴影下解放出来，面对全面入世的冲击考验，焕发搏击商海的斗志和勇气。

读自然

我有一次讲课，讲到读自然，有人问，怎么读自然？我说大自然中的花草树木山水园林风雨雷电，静的动的，小到电子粒子，大到宇宙天体，都可以成为读的对象，这里的读，就是去观察思考研究，不只是揭示它们的规律，也是情感的寄托、才华施展的舞台，书写出诗情画意，读出灵气读出情意读出精神。最近，我读霍金的《时间简史》和相关的通俗读物，有一得，那么深奥的学问，自己哪怕能领略千分之一也是阅读其他所不能得到的财富，确实提升和增强了自己的思维能力。道理很简单，经常思考多少光年多少亿吨的概念，本身就要求强化自己的思维，不知不觉就在提升思维能力。我还好奇地写了题为“同步性现象研究”的小文章。

6. 理想人格

2006年高考，某省出的命题作文，就是读人：读父母。

我曾经仔细阅读数百个人物传记，特别是伟人传记，并概括其最具代表性的性格特征，得出一条结论：性格决定命运。在这样的阅读思考基础上，我把人格划分为8个层次：低劣、粗俗、平庸、普通、优秀、杰出、卓越、伟大。在现实生活中，各个层次的人并不是以纯粹的人格形式存在，即使是低劣粗俗的人也会闪现出人性某种可贵的东西，令人感动珍惜；伟人的人格行为也有瑕疵，的确是金无足赤、人无完人。

可是，我们接受的教育我们所作的努力，却总有一种塑造完人的那种倾向，看人评价人议论人，也有那种苛刻的完人偏好。我们从小就感受到我们父母的望儿心切以及育儿的艰辛，成人后懂得了可怜天下父母心。读美国总统罗斯福传记，知道了他的母亲在他小的时候，为了培养他制定了“心灵纯洁计划”；读富兰克林传记，了解他为自己制定的美德计划。从家庭教育、自我教育到社会教育，核心内容就是提高人的人格品质。

可是，世界上平常人太多伟人太少，大家似乎又不甘于成为平常人，都成为伟人也太不现实，所以，在人格定位上，通行的是一条做人的准则，能够成为人作为人而存在，再有先做人后做官等等。能够成为做人榜样的人，或者做人的模范、标准、标杆，细究起来，总有这样那样的缺点不足，加上时代变迁，此一时彼一时，衡量标准眼界变化了，原来看上去完美无缺，以今人眼光简直成了残疾人；过去被批判得一无是处，现在却又发现了值得珍惜可贵之处。现实的人格，因为它现实就要适应环境，否则必受环境挤压磨损残缺而淘汰，能够适应环境圆通而存，而那环境也许违背人性环境也会被淘汰。用适应环境的标准，也立不住；离开环境标准，成了孤家寡人，为环境不容变得落落寡合，又难免寂寞抑郁。

人生应该有一种理想人格的追求。理想人格又很难说清楚也很难像外在的物质文明和文化成果，便于保存、继承、传播和发展，它要依靠高度个性化的理解和创造力。我有一次听课，主讲人是马来西亚银行的策划师，课间，我对他说，通过他的课觉得他有很多优点，比如，意志力强，睿智，有魅力，旁边的人给他翻译过去，他却独对“魅力”产生了好奇和兴致，他问“魅力”是什么，我说，“魅力”就是“漂亮”，引动他的大笑，他拉着我的手走到翻译面前，我进一步解释说，在他身上集中整合的许多优点发展为一种优势，散发出一种吸引人的内在力量，没想到引起了他的沉思，自然对我也显得很热情。由此我觉得，人有一种强烈的让人注意和评价的倾向，从这个故事来说，策划师对别人对他个性的评价兴趣远远高于对他所讲课的评价兴趣。人，无论是自我塑造的偏好，还是外部教育的倾向，合成一种使人格丰满完善的力量，这样的力量，是期待造成理想人格的冲动。

理想人格，与我们通常描述的现实具体人所表现的人格倾向不同，这里只能大致粗略地描述它的轮廓。理想人格，应该是一种复杂的结晶体，洁净而透明，让人容易看清理解接近甚至亲近，它又是变幻莫测的，才能使它获得生态的适应性；它的结晶透射出识别力、敏感性，使它明智免于陷入茫然；它是开放的、大度的，能够兼收并蓄，采集吸纳优良材质经过磨炼洗礼熔铸成内在的资质，使它坚而不脆、洁而不娇、纵而有节、柔而不滑；它刚柔并济的品质，使它能够在各种挤压之中能有个性的自由舒展，并能在那种畅意的舒展中不失担当；它是结晶体，却有一种与万事万物相通相谐相近相亲的灵性善性，令人感受到它的亲和性和温馨适意；它虽然孤悬于人世却又从不感到孤单孤苦，所以它有耐苦性，使它能够从容应对人生人世的任何苦难。

理想人格，自然应有理想期待的热度、冶炼燃烧的激情，散发着生机盎然的生命特性。

7. 人生宣言

我们的人生宣言，浸润着许多同类的智慧、心血、命运甚至生命，我们在宣示之时，不能不感到一种神圣的嘱托，一种殷切的期待，一种言说倾诉的渴望。通过一种宣示，应该使我们相互分担烦恼、痛苦和悲伤，分享欢乐和幸福，体验到另样的神奇和亲切。我们之间本来不认不识不相逢、无亲无故无来往，仅仅凭借人生的一种宣示，就可以使“四海之内皆友人”成为一件易事、幸事、乐事。在这里能够尽聊天下之事、极言人生百态的语境；体验到轻松、和谐、温馨、愉悦的情境；袒露出动心、诚心、顺心、开心、知心、交心、欢心的心境；领略另一番乐此不疲的人生艺术意境。

人从母腹中脱胎而出，一声响亮的啼哭，宣示着一个新的生命降临人间。人生，便从父母身上，并以父母为载体，禀天地之气、日月精华，开始了人生旅途。随着人生脱离父母的庇护，独立面对世界、面对人生，就以自己的足迹为载体，从自然、社会、人生，从万事万物开始了采集吸纳聚合天地之气、日月精华、万事万物性理的过程。

人与父母有天然的相近相亲相知相谐的天性，由这种天性，发展衍生培育升华出对自然、对社会、对人生乃至对万事万物的相近相亲相知相谐的灵性和情感，蓄积浓缩熔炼出世间最宝贵的精神。

人生，是一个密码系统，已经蓄积和不断地蓄积着丰厚的信息，需要识别、确认、破译。当人生没有读懂它、破译它，它就会离人远去，它就会冷漠拒绝人生，人生就会感到苍凉孤苦寂寞。一个人读懂一本书、明白一个道理，就能使人豁然开朗，并不难，难的是读懂破译自然、社会、人生经历隐藏积累的密码，达到与自然、与社会、与人生乃至与万事万物，那种相近相亲相知相谐融为一体的意境，品味那种极度的喜悦。

自然、社会、人生，万事万物，形态各异、习性不同、性理相隔，人生遭际命运混杂交织，需要人生采百家之长、穷各家之理、存慈悲之念，有集成融合的灵性，养成采集吸纳提炼转化净化提纯之功，方能达到那种与自然社会人生、与万事万物相近相亲相知相谐的意境。

人生最珍贵是一种精神，它可以成为感通万事万物性理的人生之魂。

人的精神从哪里来？从大自然、从社会、从生活、从人生经历中，随时随地随人随事都能采集并激发出一种精神，那里就蓄积充满了激发人生精神的资源宝库，各种遭际命运，就是教化、磨炼、激发人生精神的机缘；人生所遇到的一切，都是自然、社会、生活恩赐给人生的东西，不要去躲避、拒绝、锁定，更不要去冷漠、怨恨和诅咒，那样幸福将离人生远去人生将备受困苦的折磨，人生唯有积极地去面对、搏击、珍惜、善待；自然、社会、生活，本来就变化如天地、不竭如江河，人生需要与之融为一体，用灵性去感知、用倾情去打造、用激情去点燃、用不懈去开发、用美好去装点，人生就可以源源不断地释放出精神动能。这也是人生最好的报答和回应。

人生一旦拥有一种精神，练就人生之魂，就可以随时随地随人随事拥有和把握幸福，做到人生幸福常在。

8．解密道德

道德需要解密，通过解密破解道德困惑。人们存在一种道德困惑，有那么多的道德文本，却难以抑制、阻止事实上的道德滑坡。现在治世救人的“方子”要比治病的药方还要多得多。问题在于找到适合自己的“方子”。道德的呼唤就是一种“方子”，但对这个“方子”需要解密。道德之所以需要解密，来自于道德真理的简单性与道德行动的多样性；正因为道德真理是简单的，所以人们才讨厌道德说教，既然它简单也就不必不厌其烦去重复讲说，道德行动虽然多样却各个如此动人感人。

原来，道德是身行其道之德、践行之德、身体力行之德，而不是说教之德、口头之德、文字之德。道德不能说教只能身教。道德中的道与德不可分离，是寓于道中之德，体现德之道。

道德行动本身就蕴涵着巨大的说服力穿透力感染力，只要行动了不说不教也可以打动人，使人效仿追随。

道德道德，以道成德，道又是由一长串熔铸了德性的密集脚步编织而成。

要摆脱道德的困惑，就要洗练提升出一种纯粹单一的品性，越是纯洁的道德行动，才越能展示出道德的美，焕发出道德的巨大力量。

道性释义

世俗生活中的道有经营之道、为官之道、为人之道、为师之道、求学之道等等，是比较具体的道路。什么是健康的生存之道？生存之道有宽阔狭窄、笔直曲折、平坦坎坷、正直邪恶、高低贵贱之分。老子有“道可道非常道”之说，孔子说：“天下有道则见，无道则隐。”孟子说：“得道者多助，失道者寡助。”行有道是实现人和、达到天下顺之的必要条件。

水均益在2001年6月10日中央电视台《东方时空》节目中主持了关于“人道与商道”的话题，内容是国际上36家医药公司状告南非政府允许国内生产和使用治疗艾滋病的盗版药。结果是南非政府胜诉，给医药公司带来了一场“公关灾难”。此前，已经出现了这种贸易规则与道义的矛盾，美国医药公司曾经就此问题与泰国发生贸易纠纷，向美国政府施加压力，迫使美国政府对泰国实行贸易制裁。但是当艾滋病已成为威胁公众生命和健康的世界性公害时，维护公众健康将成为至高无上的价值追求和裁判标准。道义和商业利益并不是截然对立的。医药公司认为允许使用盗版药物会损害药物生产的科技创新机制，使商家失去创新动力。实则不然，在科技创新过程中，通过政府免税、高额奖励等方式，社会已经提供了高额补偿。

生存之道中所要研究的“道”，正是时下普遍存在的生存出路问题，反映到人们的主观意识中的“道”则具有复杂的内涵。在普通人的意识中，某某走出了常人没有走出的道路或发展途径，称之为有“道性”。这里面有许多含义，至少可以概括出以下几点：（1）对人生怎样发展有一定的悟性，对一以贯之东西的敏感把握；（2）在人生的紧要之处能够抓住关键环节，走出关键的几步路；（3）平时的有效积淀，遇有适当时机，水到渠成；（4）能够把握社会发展演化的大势，具有审时度势的敏感性；（5）能够动员和集中一切积极的因素转化为自身发展的推力和助力，造成发展的势头，转化、消解不良因子，尽可能地回避、减少人生发展的阻力。

道性的有无、强弱、高低，轻则影响人生之路的畅通与否，重则关系到是否步入绝路、死路的问题。道性的强弱、高低决定于知性、德性、理性三性的发展水平和整合水平，三性综合而成道性。在实际生活中，各色人等所表现出的道性差异，是由于在个体层次上三性非均衡发展所造成组合类型差异的反映。三性的发展及其整合而成的状态已经内在地规定了个体发展的种种可能途径。一方面，因三性的发展决定了人的某种优劣势发展状态，内在地决定着人的选择倾向、选择偏好；另一方面，社会对个性发展渠道和方式的认同、肯定、支持或限制，形成适者生存、不适者淘汰的机制。

科技进步、制度创新、文化进步，在不断地改善人类的生存环境和条件，升华人的生存意境。由科技、制度、文化等要素组成的外在性结构体系，作为世代文化积累的结晶，表现为超心理的客观存在物，有其相对独立的结构体系、活动规律和功能。后代人总是在前代人使用过的外在体系的基础上，根据自己所处时代的需要不断加以改进、创新，由此使外在体系获得发展和推动的力量，使外在的结构体系更加精巧，功能更加完备。显性的外在的结构体系被纳入到更为复杂的社会系统之中，受到更为复杂的系统参数的作用，蕴涵了巨大的风险，任一环节出现的微小差错、疏忽或人为的破坏，通过扩散、传递都有可能酿成大祸。随着社会生产力的迅猛发展，人在自身创造物面前更加显现出了脆弱性的一面。生存状态的多样性、复杂性、风险性的增加，也对人的自身产生越来越严格、越来越高的要求。而且，这种要求日益加强其强制性，具体表现为学习和创新的任务变得比以往更加迫切了。

20世纪90年代出现下岗高峰以来，我们陷入一种道德悖论、道德困境之中，减员裁员具有残酷性，但如果提前退出工作岗位有比较体面的收入，就大大减少了弱化了它的残酷性，相反，我们应该反思并提出人浮于事是否符合道德标准这样的问题，有劳动能力却甘于让别人去养活能否心安理得的问题。如果把减员裁员和人浮于事放到一起思考就会形成一种道德困境、道德悖论。这种道德悖论实质上是一种低水平的道德矛盾、道德冲突。西方国家，许多有工作的人，收入并不比失业者领取的救济金高多少，但他能够心地坦然，靠自己劳动养活自己，而那些靠领取救济金生活的人，却有一种道德压力。我们现在要摆脱这种低水平的道德困境道德悖论就必须提升我们自己的道德标准道德水准，需要有一种道德觉醒，自加道德压力，形成道德自觉，激发出道德努力的精神，也就是萌发出自主自立自强的精神。无论是上岗还是转岗或者下岗，无论遇到哪种情况，只要我们坚持努力了，就可以心安坦然，这是人心理上的最大收获，培育这种道德体验非常重要。天道酬勤，只要你勤奋了，总会有所收获。这也应该是最为基本的道义，做人的根本，也是过去讲的劳动光荣的要义。树立这种道德观念非常重要。可以使我们产生道德上的审美体验。美好的东西存在于内心，才能感受美好，否则，即便你的身边真正存在美好，也感受不到美好的存在。我们不仅要培育审美观念，而且要有创美的意识，倡导创造三个美好：创造美好的业绩、创造美好的工作环境、创造美好的人生。只知审美却没有创美意识创美能力，一个人就可能沦落成为贪婪的人。一个人要善于克服“恶念”的生成和释放，把心灵活动引导到善途；顺境出善念并不难，难得在逆境困境还能保持良善的意念。什么是神、什么是道？神道是一体的，是一回事情，是一个级别的概念。西方讲宗教，基督教里有神，我们讲的是道，老子的《道德经》，儒道，道和神都是看不见、摸不着的，大道无形，和故事里的神给我们的感觉一样，许多事情给我们的感觉，就仿佛是事先安排好的，是先知先觉或者超级智慧事先设计好的。什么是道？走得通就是道。从社会和人生的角度看，大义即道。鲁迅说过，地上本来没有路，走的人多了也就成了路。为什么那么多的人都走那条路？符合大家的愿望和利益。这就是大义，符合大义的事情做下去，就成了道。符合大家愿望和利益的事情，需要有人去思考、去探索、去坚持不懈地进行努力。前几年中央电视台《探索与发现》栏目，提到现在科学最前沿研究的问题是宇宙是超级智慧设计出来的，不然，那里的许多关系为什么会那样的精确？这些属于道的东西靠书本写、人口说都很难把握，就要靠培育提升我们的悟性、灵性，就是培育和提升我们悟道的本领，从而把握好我们自己的人生道路。最近读《新华文摘》，有篇文章介绍龚自珍，戒绝文字去悟道，认为文字有危险性，影响悟道，但他在人间有恋情使他阻止不了自己用文字去抒发感情，使他陷入一种痛苦之中，陷入一种悟道和情感依恋的两难抉择之中。我们要倡导勤奋爱岗乐业奉献精神，增进劳动和谐。践行这种精神就成为一种道。

追求欢乐、选择欢乐，不可能排除生活中伴随的种种苦难，这是人的命运使然，不可抗拒。天性不可违。但是，在尊重自然规律的同时，完全可以确立一种支配人生走向的合理应对态度。

苦与乐是推动人生的作用力和反作用力，正是避免痛苦、追求欢乐推动了人类的努力和进步。苦与乐是一块硬币的两面，二者也是一对孪生子。我们的许多同胞，由于缺乏健全的苦乐观，机械、狭隘地把拥有、获得和期待的实现当做乐，而把缺少、失去和失望认定为苦，没有看到二者之间可以相互转化，为失去的不再获得、为缺少的不可能拥有、为期待的落空而格外增加痛苦，酿成命运的悲剧，实在应当引以为戒。对苦乐也应持有应时而变的人生应对态度。

我们既然无法摆脱人生苦乐交织的命运，我们就不应当为现在的乐而感到过分的幸运，也不要为可能出现的痛苦而恐惧。我们不应当为现实生活中存在的得失、荣辱、兴衰而患得患失，失去自制能力。或者为苦而悲哀，为乐而疯狂。我们要真正成为自己命运的主宰，就不能做交替出现苦乐的奴仆。写到这里，我想，阿Q精神胜利法之所以值得推崇和尊敬，就在于它能够以平和甚至乐观的态度，容忍无法回避的苦难。我们要以平等的眼光看待苦乐，要以崇敬的心情对待苦乐，不但要在征服、避免苦难中赢得欢乐，而且也应当在容忍无法避免的苦难中求得欢乐。我们在人生苦乐变幻的魔力作用下，才不至于迷失自己、丧失自己。

六

乐业与职场文明

1．现代职场文明

职场文明，既是一个高度综合的范畴，也是一个历史范畴。

职场，是人类创造各种文明成果的基本场所，是运用、积累、保存、传播文明的基本载体。现代职场文明，是在职场上达到的一种进步的、先进的文明状态，它汇聚了社会的主流文明，是以中青年为主体，以创造社会物质文明、政治文明、精神文明为基本内容，通过推动制度文明建设促进社会全面进步的文明活动。

一是时代性。不同历史时代，职场文明有不同的内涵和标准。各个历史时代，有与之相适应的职场文明。马克思在《资本论》中分析的封建手工作坊与机器大工业，技术上的分工协作，构成了传统的职场文明向现代职场文明转型的基本技术内涵。现代职场文明的基本技术内涵，就是以机器大工业内在的技术联系为基础形成并发展起来的。职场内各个环节的技术依赖性大大增强，对劳动者的纪律约束也越来越强。现代工业文明，任何一个环节出现问题，都会对整体产生影响，所以，比以往任何时候都强调细节意识。职场本身的技术含量在不断丰富和提升，发展到现在的网络文明，信息的处理通过网络技术实现，空前提高了职场活动的效率，对职场文明建设产生了前所未有的推动作用。职场文明与网络文明的结合，是现代职场文明最显著的特征，也使网络技术成为现代职场人必备的素质之一。职场人总结的经验教训，形成大量的职场新概念、新规则等职场信息，如“处理职场人际关系的十大智慧”、“影响职场人际关系的九种行为”、“影响升迁的五大诀窍”、“职场十大潜规则”、“职场贵人与小人”、“化解职场冲突六大妙术”、“35%以上高管会因公司易主而跳槽”、“10%的人员流动是合理流动”、“后管理机制化解裁员伤害”、“如何在职场和家庭之间做到游刃有余”、“职场新锐八大利器”、“快乐职场”等等，借助网络创造、传播，实现信息分享共享，大大加快了现代职场文明的创新、进化和提升的速度。

二是行业性。现代职场，是高度分化的职场，而且越是分化细化，专业技术含量越高，行业特征也越是突出。例如金融业具有的整体连带性，资金的运行传递构成一个复杂的网络，要求职场内实现自控、互控、监控，实现监控的连续性、直接性，成为该行业特有的职场要求。现代职场文明的概念，就是在现代职场活动走向高度专业化、职业化、科学化背景下提出来的，提示我们对现代职场经验教训进行梳理，排查出哪些职场观念思想行为是代表先进文明前进方向的，哪些是属于腐朽没落的，提升我们走向现代职场文明的自觉性，认识把握现代职场文明建设的规律，把握好职场文明建设的方向，清除腐朽没落的糟粕，继承古今中外优秀的文化遗产，创造出具有时代特色的文明成果，努力提高构建现代职场文明的质量。

三是先进性。先进性是现代职场文明最本质的特征，也是使它区别于以往旧式职场文明最显著的特征。现代职场文明，是整个社会文明发展到一定高度形成的，通过先进的职场文明创造出高质量的文明成果，进一步促进整个社会文明的进步。现代文明整体的先进性，赋予并决定了现代职场文明的先进性。现代职场文明的先进性，表现在各个方面。现代职场文明，是在社会文明进步成果累积、积淀基础上形成的，反映到现代职场人所拥有的先进思想观念、智慧、能力，综合起来创造的职场文明成果，同样具有先进性，丰硕灿烂的职场文明成果是前所未有的；现代职场人追求的先进性，集中表现为现代职场人追求人文精神与制度约束的有机统一，可以提升人的精神意境，实现内在的精神文明，通过外在的制度约束，有效规范职场人的行为，避免或减轻破坏甚至毁灭文明成果的后果，保证文明创造的连续性，实现内在与外在文明的有机统一；现代职场文明的先进性，更加体现在创造文明成就与分享、共享文明成就的有机统一，是有史以来最为和谐的文明，这种内在的和谐机制，为职场文明的持续进步提供了强大的动能。

四是标准性。现代职场文明的标准，覆盖了职场的全过程，表现在对待职场变化的态度方面，坚持积极向上的文明应对态度；职场行为有明确的规范要求；职场规则必须体现公开、公平、公正的要求，能够为职场人普遍遵循、奉行和坚守；职场薪酬结构是合理的，保持合理差距，促成合理的秩序；职场成就则是可以用标准尺度衡量的。标准性，是现代职场文明的外在特征。

五是区域的差异性。现代职场文明体现出民族、地域的差异特点。一方面，不同民族都有自己独特的文化传统，在民族心理、习俗、传统及行为方式上，有明显区别，因而，在现代职场文明的展示表现上也会加以体现；另一方面，现代职场文明也会因地域文明文化的差别有所体现，从而形成区别于其他地域的特色。

六是相互的渗透性。社会文化、人类文明具有相互渗透性，不同民族与地域的现代职场文明同样也具有渗透性。在经济全球化的现时代，随着国际交往与信息传播的全球化发展，国际间的管理经验与技术交流日益频繁，现代职场文明文化的相互渗透也愈加突出。如计算机网络技术的广泛应用，国际质量认证体系的共同规范标准认同，制造行业中相继实行的“质量产品招回”制度的相互借鉴，都从不同层面体现出现代职场文明的兼容性与渗透性特征。即使金融行业的现代职场文明行为因地域、国度、社会文明而不同，也会在相互借鉴、融合、渗透中共同进步和发展。

旧式职场文明的八种表现

一是人们不能心平气和地对待职场竞争的结果；二是狭隘的圈子意识，并由此衍生出种种低级腐朽没落的行为；三是职场规则不科学，责权利脱节，暗箱操作盛行；四是绩效意识薄弱，缺乏对高水平薪酬必须建立在高水平业绩基础上的认同；五是对低薪低效低水平期待已经适应，懒惰成习性；六是不思进取，安于现状；七是遇到困难和险情就怨天尤人，不从自己身上查找原因；八是法理意识缺乏，对各种法律行规缺乏理解和尊重，存在较为普遍的随意性。

现代职场文明的九大要素

构建现代职场文明的过程，也是一种文明洗洁的过程。它要求每个人都要进行一场自我比照，通过这样的比照应该能够产生洗心革面式的影响，它能彻底洗去旧式职场文明的浑浑噩噩，带来一种新体制新机制的清清爽爽，洗出一种新精神、洗出一种新机制、洗出一种新感觉、洗出一种新局面、洗出一种新气象、洗出一种新效果。

构建现代职场文明，需要具有九大要素：一是职场人文含量越来越高，关心人、尊重人、理解人，并努力创造心情愉悦的工作环境，尤其是尊重那些有作为的人，是现代文明人最起码的要求。现在，许多地方正在调整利益关系，先从提高离退休、退养职工的收入开始。这也是对他们过去工作和贡献的认可和肯定。二是职场技术含量越来越高，无纸化办公取代手工办公，提高信息处理效率和质量，降低工作强度。三是职场智慧含量越来越高，面对尖锐的对峙、冲突，使我们感受到威胁，痛苦和压抑，但我们通过动脑筋，同样可以获得突破，赢得成功的喜悦。四是薪酬合理，基础部分足够保生存，奖金部分要少发勤发，发挥激励作用，这是国外管理学最新研究成果。五是职场思维方式，由倒计时思维向顺计时思维转变，由于目前机构改革、人员分流压力大，提前退休退养，使年龄较大的员工普遍存在倒计时思维，形成很大的心理压力。需要摆脱一业定终身的职业思维模式，树立顺计时思维方式，某种职业的结束并不意味着一个人职业生命的终结。六是讲求职场艺术，如同事之间、上下级之间沟通要讲究艺术。七是普遍尊重职场竞争规则，形成有效的现代职场秩序。八是职场意识，由重视人情意识逐渐向重视法理意识转变。过去重视人情往来，讲圈子，有些就演化出集体合谋作案，也有许多人成了无辜的牺牲品。九是职场心态，谁能率先调整好心态，进入竞技状态，谁就能够把自己的努力和潜能释放调整到正确方向上来，有效提高工作质量和工作效率，有效改变自己命运。在提高调整心态能力方面，我们既要学习借鉴西方文明，更要注意从中华文明的优秀历史遗产中，提取、吸收和消化丰富的思想文化营养，凝聚而成文化之魂。

构建现代职场文明，将深刻、全面触及全民的思想行为和习惯作风，是一个比较漫长艰苦的转变过程，难免遇到各种问题、风险、阻力，要注意方法策略，做到当急则急、当缓则缓、当止则止，减轻乃至避免构建现代职场文明过程中可能出现的震荡，为确保社会转型期平稳过渡提供有效支点。

2. 现代职场如何做到不伤人

读印度心灵学大师克里稀那穆提的作品，其中讨论干工作是否伤人的问题，使我联想到工作中经常出现各种类型的伤人情形。工作能够成就人但也容易伤人。伤人就会增加道德风险，轻则使人道德上不努力，重则造成道德上的破坏力和瓦解力。工作伤人有广狭两义。狭义指通常意义的高风险工作，人的身体受到的各种损伤，简称工伤；广义包括工作中受到的精神伤害，例如，由于工作压力过大、合法权益受到侵犯、人际关系失和造成的相互伤害等等。也时常听到一种议论，因为工作得罪人伤人不划算、犯不上，睁只眼闭只眼能过去就过去，因而出现了许多工作上的老好人。于是工作是否伤人，带来一种新的权衡：工作要伤人；不伤人工作又很难进行下去，很难达到标准要求。

工作中伤人，似乎已成思维定势，甚至演化成“窝里斗”的恶习，保持一团和气是缺乏斗争性和开拓精神的懦夫表现。人们反而对工作伤人产生了超强的适应性，看惯了由此产生的破坏力、瓦解力。工作是否伤人，牵连了太深的结构、太沉重的负担、太久远的话题。文化是行为的坐标，框定了人们的思想和行为模式，决定着人们的现实表现。工作伤人已经成为传染力极强的文化生态链条，成为滋生道德风险的源头之一，唯有靠文化转型才能切断它的传染力。工作要做到不伤人，需要理智的权衡、情感的交融、理念的共识、智慧的应对，才能有效扭转你伤我、我伤你、人我相伤的恶性职场生态，形成和谐、乐业、文明、共进、高效的崭新职场景观。

工作如何才能做到不伤人，归纳整理 20 条经验，供参考：

（1）倡导工作不伤人的崭新工作伦理，实现伦理文化转型，确立工作成就人、成全人的观念，工作不能成为伤人的理由，更不能成为自伤的理由。

（2）多做一致性的沟通理解说服工作，有助于避免分歧，为共同的目标而努力。

（3）自觉维护、创造和谐、友善的人际关系环境。

（4）竞争心态，内外有别，涉及利益、荣誉少与单位内部人争执，忍让为先。

（5）合理的人生理念，工作只是生活的一部分，减少不必要的偏执和紧张。

（6）妥善的人生设计，通过努力形成多重才智结构、多条腿的人生道路，有助于保持互补平衡。

（7）隔墙有耳，人要赛过一堵墙，在人与人之间不传话；祸从口出，不在人前人后搬弄是非。

（8）面对困难和挑战正面应对，倡导和推崇平台不在大小、地点不在偏正、岗位不在高低、条件不在好坏，关键要有自主自立自强的精神，有了这种精神，没有条件可以创造条件、改变条件，没有这种精神，即便有好的条件也会丧失条件败落下去。

（9）多雪中送炭，少锦上添花。

（10）处理问题，对事不对人，人事分开。

（11）树立合理的收入观念，不与人攀比收入。

（12）工作上要发扬有所担当的精神。

（13）加强自我调节以免自伤、杜绝伤人害人意念、不做损人不利己的蠢事、多沟通理解，以免误伤他人。

（14）有所成功或有所成就时要保持低调。

（15）与原则发生冲突时，维护原则在先，原则是为维护整体利益、全局利益、大多数人利益而制定的，损害了原则便损害了大多数人利益，是最大的伤人；对损害原则的少数人、个别人，动之以情、晓之以理。

（16）最大限度地避免当面吵架、争执，即使短兵相接绕不开，事后也要想法化解。

（17）学会忍耐和等待，把握好人生进退的尺度。

（18）不要有猜忌心，总是疑神疑鬼、时时处处感觉别人在琢磨自己、整自己，实际是在内心树敌，把别人当成自己的假想敌，把自己放在与众人为敌的地位，自己紧张，也容易使周围人陷入紧张氛围。

（19）担任副职，注意摆正位置，借鉴一则短信的提示，要警惕“四点意思：不干不够意思、干点意思意思、干好了没啥意思、干多了你啥意思”。

（20）担任正职有三大好处：一是增加做事机会；二是拓宽视野；三是做事有助于调动资源将事情做透做到极致；同时需要有“三入”功夫，即入眼、入耳、入心：什么事情都要看得下去眼、耳朵能装进不同声音、什么人都能容得下去；注意过好“五关”：业绩关、利益观、权力关、问题关、情面关。

3. 文化之魂

我有一次接受市电视台采访，话题是谈论余秋雨的《文化苦旅》。在采访过程中，记者要我用一句话概括出对《文化苦旅》的感受。我说，读这本书能够使人感受到文化之魂。文化之魂是什么？如同余秋雨所说乃是文化良知、文化道义，它无边无际，无形无息，空空灵灵，让人感到有些虚无缥缈；又使你实实在在地感受到它的存在，影响到你的思想言行举止，使你气定神闲，随意挥洒，心灵上仿佛受到抚慰，让你遍体通泰，思绪上获得舒展的自由。文化之魂，博大雄浑精深，我们只要从中采集吸纳那么一点点精气神，便足可以令我们受用终生。

《文化苦旅》所突出的“苦”字，古今文人们所苦苦寻觅的究竟是什么？实际上就是隐藏在历史文物、文人足迹和文献篇章之中的文化之魂，那才是令人心灵安宁的永久归宿，得到终极慰藉的场所。

现在，我们的商界讲企业文化，社会上推行精神文明建设，说到底，都有一个对文化之魂领悟和把握的问题。只有领悟了文化之魂的神奇魅力，才能赋予思想言行以灵性，达到运用自如、提升整体功力的境界。

对文化之魂，我们自然应有虔诚敬仰之心。难怪人们对文化作品通行“拜读”之语。现在看来，拜读并非虚套客气之语，实在反映了人们对文化之魂的敬仰之情、膜拜之礼。

谈金庸，自然要说他的武侠小说。金庸把武侠小说写到了极致，登上了北京大学的大雅之堂，成为文化艺术的一大胜景。武与侠，既分立又统一。武学大师，以武学深邃、武功高强、武术精妙而服人；有武德之纯、侠义之重、情怀之深而感人。像郭靖的“仁者无敌”，萧峰的“国际主义”，读他们的故事，确实震撼人的心魄。金庸在《天龙八部》中提出的“武学障”或“知见障”，不但对阐述武与侠之间的关系，而且对我们今天的做事为人，也非常具有启发意义。蕴涵的思想高度、精深哲理、意境展示、精妙提法，着实引人深思，举一反三。

金庸的构思写法，也有其长。造就大师级武侠人物，除了情节曲折、打斗凶险、动人心魄、引人入胜之外，特别突出一个集成的高度。大师级人物，能够博采众家之长，兼收并蓄，善于融会贯通，随机应变，制敌机先。成就这样的人物，不是在武术馆、讲习堂、练武场，而是通过各种遭际变故、在惊险奇险甚至绝境之中，隐藏着世上难寻的机缘奇缘，汇集起师门、天赋、机缘和自我修行及努力，成就、造就了大师……令人掩卷长思，久驻脑海。

金庸的文化之魂，是通过武侠小说折射到人间，闪耀出夺人心魄的魅力。

但是，再好的文化，也有它的缺漏和遗憾。这种缺漏和遗憾，倒成了其他文化样式存在的理由和根据。当然，一种文化样式涌现并跻身于文化之林，不能是为了拾遗补缺，那样将像一个挑剔的小人专找别人缺点，显得阴暗冷僻。文化总有它自己生成的理由，没有挑剔，但有排他，才能独处一隅，安于寂静。

我在读《史记》时，初觉得烦躁，怎么都是些编年记录，如同现在的大事录，流水账式的单调乏味，险些放弃。总因为有狩猎寻宝的企图，硬着头皮读下去，先是视觉变化，满目表示朝代更替变迁的编年数字，被长篇大论的文字叙述取代，便投入了精心。读到“礼乐”，才深深感到震撼，那里关于“礼乐”精到深刻细致的阐述，真令自己汗颜。想到《史记》已经在书架上默默放置了好几年，为自己的轻慢感到惭愧，方觉得大气的沉静，需要我们耐着性子去寻找，随之也就拥有了某种程度的文化品格。

4. 做事原则与职场操守

违法违规的事情，坚决不做；
伤害人的事情，绝对不做；
有信心的事情，坚决去做；
有把握的事情，虚心去做；
有可能的事情，争取去做；
没做过的事情，细心去做；
学习的事情，坚持去做；
困难的事情，下力去做；
有问题的事情，谨慎去做；
工作的事情，认真去做；
思想上的事情，潜心去做；
交往的事情，留心去做；
感情的事情，用心去做；
挑战性的事情，勇敢去做；
崇高的事情，虔诚去做。

坚持八项职业操守

（1）把握好自己在职场中的位置。
（2）做正确的事，更要正确地做事。
（3）相对分工，积极配合。
（4）踏踏实实做事，老老实实做人。
（5）不要看别人得多少，而要看自己得没得到应得的一份。
（6）增加本领比增加收入更重要，养成宝贵的品质比增加本领更重要。
（7）尊重那些有作为的人，是现代职场人最应该具备的品质。
（8）重视细节。

5．职场行为感悟

讲述了“乐业至上”之后，内心中既有欣慰感，又觉得有些空落。在乐业之后，还有什么作为自己精神上的寄托追求？还应该告诉同时代人们一些什么？

乐业，讲的是提升内心境界，提升洗刷之后，按照有的朋友所说，读了你的“乐业至上”，感到受到洗刷，内心中再没有疙疙瘩瘩的事情了。现在想，这是心性文明进步的表现。可是，仅仅心性文明进步还不够，需要有一个行为过程去实现和完善。对外在的行为，需要建立大家一致认可并能接受奉行的行为规范。行为文明，不简单是心性文明的实现与外部展现，还有其特殊要求和特殊的约束条件。如果在行为层次上没有实现文明，那种外在的尖锐对峙乃至冲突，会产生极强的破坏力，轻而易举地摧毁心性文明成就，好不容易营造起来的良好心境，会被一些很琐屑的小事破坏掉了。在行为文明的层次上，需要培育特殊的支持系统。这个系统是由四大要素构成：价值，也就是解决行为价值问题，没有价值依托、精神追求，行为缺乏强大精神动能，精神上的寄托追求是人生最重要的自我激励机制；兴趣，文明社会尊重社会成员的意志愿望，有价值体验无兴趣难以持久，有兴趣无价值则难提升意境；情感，是行为文明的重要黏和剂，使不同人的行为结合到一起，为了统一目标而奋斗；有价值有兴趣无利益难以驱动，现实行为面对各种压力烦恼，毕竟不同于凭兴趣爱好即可驱动的科学探索活动。现实行为就是这四个要素有机合成的结果。缺少任何一个要素，行为上就会出现问题，就会破坏它的完美感。

在行为文明的层次上，我们需要建立对和谐的一种新的体认。真正的和谐就是人类自由解放的一种极致状态，摆脱了一切外在物质上、精神上、规范上的束缚，一切都以人类自身需要为最高目标，其他一切只作为条件而存在。人的精神、人的内心可以同人的任何外在的存在方式达到和谐共存。达到这种状态，需要心性文明的高度发达，需要复杂的智慧，面对许许多多彼此处于对峙冲突状态的因素因子能够表现出相谐的灵性和能力，使各种因素因子在保持其自在自尊的同时，能够培育发展对整体和谐存在所需要的特质特性，不然，就会破坏整体的完美和谐。

文明对比的震撼

每个人都有这样的体会：如果回味人生，越回味越有味道，则更有激情去创造美好的人生。假如以人类历史题材和人类不同物质文明的对比作为品味的题材，即使没有亲历也可以想象，我们会被那种宏大的时空跨度、宏大的场面所震撼，只好切割成一块块、一段段地去咀嚼和品味。

当我们读到由外国人写的我们的历史和人物，总感到有些奇怪，奇怪之余也一定有些亲切感，其中越是细致的细节描写，甚至连我们自己也不知不闻的细节，越是能体验到一种心灵的沟通，忘记了异文异种。

真正给我以文明对比震撼的是余秋雨在《千年一叹》和《行者无疆》两大游记中，对两大文明演化系列的描写。虽然，那种描写是非常粗线条的，因为走马观花，不时有险恶的环境，饮食的不可口，行程的急促，写出来的东西自然有东拼西凑之感，读来也就缺少厚重感。但因为是我们中国的文人学者亲历亲手写出的记录和对比，因而感到格外的亲切。

那种文明对比，展示的人类生存图景，给人以震撼，给人以深思。人类生活的真实面目，一极是，人类可以安于贫穷愚昧到如此程度；另一极则是，人类改变自身竟然能够达到如此的辉煌，乃至改变到了极致，到了巅峰。

南线的两河文明、恒河文明，散布着已经衰落的几大古文明：希腊、埃及、约旦、以色列、伊拉克、伊朗、巴基斯坦、印度，那里也有经济发达、富庶之地，但也更有大片大片的纵横数千公里的愚昧和贫穷，聚积着庞大的贫困人口。更令人感到可悲可叹的是，愚昧遮蔽了人们的眼睛、锁定了人们的思考力，淹没了人类的良知，在那里，可以公然裸露人间的一切丑恶，再加上宗教的狂热误导，有了蛮横的自狂和排他，安于贫穷到了失去抗争的地步，有一种对文明教化的故意蔑视，拒不接受文明的启迪和感召。其实，贫穷并不可怕，愚昧也并不使人悲哀，可怕的是在贫穷中丧失搏击，可悲的是在愚昧中彻底失去警醒。

北线的欧美文明，究竟发达到了什么程度什么水平？物质上的富足，政治上的民主，个性的自由，社会的安定，欧洲有学者甚至写出《历史的终结》一书，似乎在那里已经不再需要努力不再需要改变什么了。

值得庆幸的是，处于两极之中的中华文明，以它独有的智慧，保证了文明的世代延续，并有一种持续的超越和提升，在贫穷中可以激发出挑战和搏击的气魄；在富裕中保持一种“富而思进”的清醒和责任。

6. 即使失望太多也不要翻脸

失望，是因为有期待和要求，没有得到预期的回应满足，自然失意，有太多的期待没有回应，也就意味着太多的失望，太多的失望积累起来，也就意味着太多的不满，不满积久势必是怨恨，怨恨的积累总需要释放和宣泄。这，便是失望太多就要翻脸的逻辑。

现代文明也开始衍生另外的逻辑。

像面对死亡那样告别人生的凄惨，也有了文明的解法：安乐死，让死者安乐地告别人世。排除那种遭遇天灾人祸的猝死，人在正常情况下走向死亡，就有一个或长或短的过渡期，人在这种过渡期的意识大多是非常清醒的，走向死亡总不是一件令人感到快乐的事情。在那种过渡期，人生已经没有另外的道路可供选择。为了减轻这种痛苦，现代文明提供了临终关怀，以确保关怀的对象能够在安乐中度过这个阶段。据北京一家临终关怀医院的院长说，在他们医院度过临终关怀期的老人，平均住院时间是83天。那位院长既聪明又文明地把这种临终关怀转向人生关怀，他向前去为老人服务的清华学子宣告：你们再有一万多天就要死了！去提醒和唤起年轻的学子们要珍惜人生的每一天每一刻。

也许想关怀也无法关怀的是，夫妻间的离异。从耳鬓厮磨的亲密关系，走向离异，形同陌路，甚至反目成仇，现在也开始采取好合好散的方式，从法律程序上看，也已经简化到不能再简化的程度了。如果遇到离异前依然在打打闹闹、抢抢夺夺的夫妻，人们会说，都什么时代了？！真有一种合则欢、不合则去的潇洒。

现在职场上的招聘解聘，也在走向文明，合则留不合则去。领导可以选择你，你也可以选择领导；你可以选择别人当下属，也可以选择给别人当领导。当然要看你的条件和机遇。我们却经常仿佛被一种什么力量拴束了一样，常常在那里积累着失望和不满，似乎在等待着那注定要翻脸的一刻。

我们，原来生活在一种对别人期待太多的氛围里，也曾经感受过许多亲切的回应，感受到温暖。可是，这样的亲切在一天天、一样样地减少。我们太习惯了那种期待和回应的工作和生活状态，面对一样样的减少和失去，耐力在一点点削弱，失望在一点点增加。我们是不是应该对这样的生活逻辑发出疑问。这样的逻辑已经被抽象为一种刻板的公式，在统治和奴役着我们的思想和行为。现代市场经济已经告诉我们一个绝对真理，一个铁的规则，使我们不能指望没有高水平业绩的高水平薪酬。从这个角度看，我们旧有逻辑的基础就太脆弱了，太经不起推敲了。所以，我们才非常容易地从太多的期待走向太多的失望，然后预备走向翻脸的那一刻。

现代社会，也是不怕翻脸的社会。假如我们翻脸了，我们就会面临更加的难堪和更加的尴尬。为了避免那样的难堪和尴尬，我们不翻脸又能怎样？我们就应当把我们的不满，转向我们太缺乏现代文明的职场环境，包括职场关系、职场心态、职场表现。缺乏现代文明的职场，已经凝聚汇集成那种从失望太多就要翻脸的逻辑。这种逻辑对我们自已绑缚得太紧也拴束得太深。如果说一定要翻脸，也应当是向这种职场的不文明和失望翻脸，也一定要向这样的陈旧逻辑翻脸和告别，这样的职场状态，也太需要洗刷和清理，让它焕然一新。

有人说，我们中国人，替人办了一百件事，有一件事未办或者未办成，对方就不满意，就失望，失望太多就翻脸。也许，我们中国人，走向现代文明，就要从对别人的要求和期待中有所节制开始。所以，我们要愉快地去终止和结束那种失望多了就要翻脸的逻辑。

因为我们是健康的人，是正常的人，是创造现代文明的人，不必期待和要求别人时时处处去呵护和关爱我们。不要去期待从别人那里得到更多的回报。按照现代文明的要求去思考和行事，合则存不合则去，别人轻松我们也轻松大家都轻松，大家都从那种旧的逻辑拴束下解放出来，去迎接现代职场文明春天的到来，去感受和领略现代文明的力量和魅力。

现代职场文明的到来，如同一场及时雨。

我对雨有一种很深的情结。

有天早晨我在街道上散步。夜间下了一场雨，那种一切仿佛被洗刷带来的异常清洁和清新；那种能见度极高、绿地花草树木经过雨露滋润、仿佛瞬间焕发了郁郁葱葱、生机盎然的活力；清洁工也因此免去往日尘土飞扬之苦的景象，逐渐牵动了我的思绪。也许是出身农家的缘故，懂得春雨贵如油，知道雨水对于庄稼的重要、庄稼对人的重要，尤其是曾经有过“挨饿”经历的人，对雨水、雨天有一种格外的喜爱。记得小时，愿意光着脚丫，在雨天泥水中嬉戏玩耍，格外兴奋；有过久旱无雨的痛楚体验——挖地三尺见不到一丝湿气，更对雨水格外有一种希望、期待。

雨，是大自然恩赐的伟大生命源泉，是一种威力无穷的清洁剂。

我渴望文明如同渴望雨水。

下面，用我从《全球通史》一书上引述的一段话作为本节的结束语：

1925 年，土耳其领导人凯米尔·阿塔图克直截了当地认为：对文明洪流的抵抗是徒然的；文明对那些忽视或违抗它的人极为冷酷无情。文明能穿通山脉，翱翔天空，能看见、照亮和研究从看不见的原子到星球的所有东西。力图以中世纪精神、靠原始迷信发挥作用的国家，在它那巨大的威力和崇高的尊严面前注定要毁灭，至少也要被奴役，受耻辱。

7. 文明是推动社会进步最持久的机制

社会文明演化存在三种类型

一是新旧文明整体置换方式。这是一种激进式的文明演化方式，也是在特定的充满尖锐矛盾的社会环境中采取的一种演化方式。这种方式在加速文明演化的同时，往往也伴随着巨大的社会痛苦，社会将要付出巨大的代价。

二是复合式文明演进方式。在一个社会整体文明存在结构中，各种文明形式并行不悖地共容共存，形成新旧文明、高级文明和低级文明共存互补的文明结构。不同类型的文明群体，可以从中找到或者建立各自的文明生存土壤。

三是梯次性文明演进方式。现代社会具有高速变化的特征，使文明演进速度提高，它常常采取文明的构成要素、局部调整变化的方式实现演进和进化，形成由低到高梯次性文明演进序列。这种文明演化方式要求人们不断吸纳先进的文明因子，并尽可能减轻和避免过渡期的痛苦。

推动社会进步的四大机制

社会进化存在着四大机制：竞争、互助、自我适应、文明。以进化论的观点解释生物界与社会领域中的进化现象，存在着两种有代表性的理论：一种是达尔文的以优胜劣汰为原则的生存竞争理论；另一种是克鲁泡特金提出的互助理论。无论是竞争还是互助，都可以举出生物界、社会界的大量事例加以论证。但是，究竟何者在生物和社会的演化、进化过程中更为重要？在运用于生物界和社会界两大领域中有何差别？特别是运用于社会发展不同阶段的分析上有何差别？根据竞争论和互助论所提出的分析方法，可以反映出某些差异。在社会主义制度下，在一定范围内建立了生产资料公有制，使竞争范围相对缩小了，特别是在意识形态方面强调整体的稳定和谐，突出了互助的要求，相对降低了竞争的意义，限制了过度竞争，国家的干预调节也加强了经济生活和社会事务中的互助倾向。

在社会生活领域中，有些现象是不能用竞争、互助概念加以解释、说明的，即互相冲突的社会势力之间，并不是因为竞争或互助的倾向增强而趋于缓和，而是由于相互适应、自我调节机制起了作用。相互适应、自我调节机制，是分析社会演化、进化的一个重要方法，提供了化解、转化、升华社会各种矛盾的重要途径。在社会演化过程中，过分夸大群体之间的斗争和同一群体内部的互助联合，都存在着片面性。在原始社会漫长的进化过程中，战俘最初要被杀掉，后来则被保留下来，实现这一转变，反映了人类心智能力的进步和提高。战俘接受战胜者的要求尽管是苛刻的，但求得活命总比被杀掉强；战胜者保留战俘为其从事劳动比单纯为了满足复仇愿望而杀掉战俘更为有利。在当代资本主义社会中，不同阶级之间通过相互适应对方的要求为本阶级的生存与发展创造条件，使社会运行趋于平稳。在我国社会主义改造时期，曾经成功地运用了赎买的方式，完成了对当时民族资产阶级的社会主义改造。现阶段反腐败所遇到的既得利益集团问题，也需要借助相互适应、自我调节这一机制，需要运用法律、行政、制度、舆论等多种手段，造成强大的社会压力，迫使既得利益集团调整自己的行为。

相互适应、自我调节机制是人类心智能力走向高级阶段的标志，反映了人们调适内心矛盾、冲突的能力相应增强，使人类对生存环境能够取得更好的适应性、更大的机动性、更为广阔的自由选择空间。社会主义改革具有自我改革的性质，为自我调节机制的作用提供了广阔的空间，同时，也要求运用自我调节机制减少阻力、形成合力，促进改革顺利进行。

任何改造现实的途径和手段比之于文明进步的影响来说都是暂时的、易逝的。从文明演化过程角度考察，严峻的社会现实对主体自身提出了崭新的要求，需要培育和强化主体的文明精神。文明精神是由诸多精神要素、精神因子经过挤压、浓缩、积淀整合而成的精神复合体。文明精神又是一个开放的系统，反映为主体的文明态度，表现为开明的态度。罗斯福说得好：文明就像一棵充满枯枝烂叶的树，激进的人说把它砍倒，保守的人说不要动它，文明的人说把它修剪一下。

各种文明要素具有不同的特性。商业文明的活跃程度最强。交易方式、交易语言、交易行为是最为活跃的文明因子。人们既是文明的创建者，又是文明进化的受益者。文明进化与演化的过程受节约和功效要求的制约，用起来方便才能为人们所接受。对各种文明形式的可接受性问题开展研究是极为有意义的事情。习惯、习俗既是过去文明进步的产物，往往又是文明进一步演化发展的最大阻力。人们对旧有文明的依赖性就证明了这一点。人们接受新的文明也要付出成本和代价，其中包括抛弃业已熟悉的生活方式。提高社会的文明水准是一个艰难困苦的过程。人类每一项文明成果的应用都面临着社会的挑拣性评价。文明发展是连续性与跳跃性的统一。文明的进步是依靠代际之间的交流实现继承、保存、积累、传播、创新。社会整体的代际之间的交替缺乏家庭内部代际之间交替的理性自觉。社会整体代际利益刚性形成了社会变革的阻力，需要社会文明进步提供理性自觉、社会强制、社会保障，才能克服。

社会发展的每一阶段都会产生相应的压力。现阶段我国社会压力来自于结构性的全面调整，这种压力不同于单纯的经济运行周期性变动形成的压力，基本的化解途径是依靠主体自身素质的提高和增强创新能力。残棋之所以成为检验一个人棋力强弱高低的标志，在于残棋阶段弱点暴露、短兵相接、步步遇险、招招见智。当社会处于危机状态时，各种思想观念的对立和撞击使人的智慧发挥到极致反而会产生大量的文明精品。从文明角度透视当前的社会现实，意在注入文明理念，确立文明态度，缓解社会紧张状态，发挥文明的宽容性与兼容性的功能，形成社会发展的文明推力。

社会演化过程的复杂性与不确定性、信息暴露的不充分性，使人们难于预计行为的后果。经验证明，支配人们行为的动机结构存在着时间系列，因为预期行为在当前或今后或子孙后代会产生积极影响，人们才会采取行动。这种预期决定了动机对行动的支持强度。如果人们失去这种内在的预期能力，则把行为的支持动力寄托于外界，期望得到外界的可靠承诺。社会高频率的变动性降低了承诺的可信度。若外界缺少这种可靠的载体则会使社会出现信任危机。所以在思想上能够向人们提供这种可靠的心理预期是至关重要的。文明的进步深刻地影响和改变着人们的动机结构。由于单一性、僵化性社会向多元性、多变性社会的转变，呆板的动机结构难以对现实多变的行为提供支持。市场经济的最深刻影响是改变了人们的预期心理结构，使人们逐渐学会自己独立作出决定，依靠自己的努力改变自身的命运。这是对人的潜能的最大解放。

文明作为对社会进步影响力最为持久的机制，常常可以高度浓缩为极其简练的语言形式，对一个民族产生强烈的心灵震撼力和感染力。有人说，有两个文明总是站在现代文明的前列：一个是犹太人，牢记其苦难；一个是德国人，不忘其罪行。而对于中国人来说，“落后就要挨打”也蕴涵着中华民族跻身于世界强国的强大精神动能。

七

七大心理调整规则

规则一：忠实于事业，想一想做对人对事业有好处的事情

崇高感是乐感的最高表现

这是立业之本、兴业之源。崇高感是实现乐业的要旨、精髓和核心，是对职业感受的一种净化提纯。崇高感对人的精神世界产生神奇的三种作用：一是精神整合作用；二是精神激励作用；三是精神慰藉作用。崇高追求也要讲科学，追求崇高不讲科学也可能给人类造成灾难性的后果，也可能导致人性的堕落。

孤立地从人类个体角度看，同样是好受的体验，但可能是人类恶行、兽行的结果，也可能是行善的体验。为此，我们就需要对好受加上限制条件，伴随着崇高感的好受，是乐感的最高表现。崇高感，是人为解释和赋予的一种极致生存感受，当你感觉你是在从事崇高事情的时候，你就会产生精神上被激励、受到安慰的感觉。它不同于生物肉体的快乐体验，是一种纯粹精神的、社会的体验。关于崇高感，是实现乐生的要旨、精髓、核心，是对生存感受的一种极致表达。

崇高感对人的精神世界产生神奇的作用：一是精神整合作用，对人的心灵起到支撑作用、架构作用，它能克服、消除心灵的混乱状态，形成心灵秩序，使人能够体验到和谐感。如果人的心灵世界缺乏信念、信条类要素，人的心灵世界就会呈现出杂乱无章的状态，出现无机性的心灵垃圾的堆积。人不但有追求外部世界有序性的需求，也有寻求心灵世界有序性的需求。当人的心灵世界出现混乱状态时，这种需求就会强烈地表现出来，清理思想、理出头绪，这就是心灵架构的过程。信念、信条，是心灵架构过程中的核心、骨架、“钢梁”，是心灵世界中存在的“精神硬核”，一遇适当的外界刺激，就会产生“核效应”，它从整体上决定人对于全部感受和思考的性质。心灵架构的组合机理就是以信念、信条为核心、为指导，把生活中看上去处于割裂、分离、片面存在的东西凝聚起来，赋予其服务于整体存在的特性，进而把全部心灵感受编织为有序的整体。二是精神激励作用。

人有不甘于平庸的深刻的内心冲动，有建功立业的需求，表现为模糊的、目标不明确的、不清晰的追求崇高的需求。所谓信念、信条，是对崇高追求的目标明确的表达。最初，这种崇高性的追求，往往表现为幼稚的不甘于平庸生活、不甘于世俗化理解的心理，只不过是为了在现有的基础上提高自己的朴素心理，心灵活动的状态虽然有了一定的目的，但是缺乏激情和强度。后来随着崇高追求的日益明确，追求以原则、信念的形式固定下来，才具有了神圣、庄严的鲜明性。伟人和普通人追求的差异性在于：普通人是通过日用常行的琐事表现出追求的崇高性，是寓于平凡之中的不平凡；伟人则是通过其不寻常的业绩反映出其追求的崇高性。无论何人，善于赋予其所从事的事情以崇高性，是最为基本的生存本领，是焕发和保持生命活力、生活激情的要旨。三是精神慰藉作用。崇高性的追求具有“天然”的合理合法性，追求崇高性的目标会赢得道义上的优势，使内心得到极大的安慰。人生最大的缺失，莫过于崇高性的缺失。

规则二：忆忆过去，想一想那些比自己还艰难的人

洗礼

2005年9月13日，我翻阅《中国散文鉴赏文库》，读到鲁迅那篇国人极熟悉的文章所描述的场面，一群人在看日本人杀人，被杀的是中国人，看杀人的许多人也是中国人。鲁迅看到的这个场面，促使他弃医从文，认为愚弱麻木的国民，无论体格如何健壮，也只能成为示众的材料和看客，病死多少不必以为不幸，救精神才是救国救民的第一要务，而文艺最能有效改变人的精神。读到此处，我想起民族洗礼这个问题。第二天经历的事情，进一步牵动了我的思绪。

9月14日，我突然接到一位比我小几岁的同事去世的噩耗。这位同事

是学哲学讲哲学的，对西方各大哲学流派的思想，能够如数家珍地娓娓道来，令我非常佩服，也从他那里得到一些宝贵的哲学教养。2000 年学院缩编降格减员，他因买断工龄辗转曲折到了一所大学任教，我一直以为他找到了比较理想的归宿。后来虽然有些联系却不像以往那样频繁。在去世的两个多月前，他还给我打电话，问我的情况怎样。我知道他身体瘦弱一直不很好，十几年前曾做过一次胃手术，便问他身体如何。他很轻描淡写地告诉我最近只是做了一个肠道小手术，没什么问题，我约他有空来校一聚，并留下他新的联系电话。由于我的大意，没想到这次约定竟成了生死相约，成了人间无法兑现的约定。最初听到他的噩耗，我在仓促间还打了他给我留的电话，打通了却无人接听，有位同事看了那个号码说是小灵通，的确，人死了怎么还能接听？！也成了无法沟通的沟通。后来，终于同他的妻子联系上了，前去悼念，他的妻子对我们说，他得的是直肠癌，但一直没有告诉他，2000 年单位改革，对他的打击非常大，从买断工龄后情绪一直不好，后来找的工作又不顺心，心情很烦躁很压抑。由于他妻子的精心照料和隐瞒病情，庆幸的是他没有受到多少病痛和心灵上的最终折磨。我总以为，我们两个很谈得来，后来虽然联系不多却也彼此惦念，现在才感到，他心中有苦却从来不对我表露，却在临终前不久还在关心我问讯我的情况，他在人间很少有知音，心中一定很孤苦。我的这位同事，只是身体太贫弱，唯独不缺少精神，在他临死前 4 天，还去参加了一个党派高层人士组织的座谈会并在会上发了言，不论发言内容如何评价效果好坏，说明他仍在进行努力。比起那些身体强壮但遇到艰难险阻精神懦弱的人来说，他的友情和精神，是值得珍惜和怀念的。

什么是洗礼？洗礼首先来自于宗教，是用“圣水”洗去罪恶、污垢，使受洗礼者达到洁净的状态。泛用于社会生活，可理解为用事实教育，又不是一般意义的事实教育，而是“残酷”、“艰苦”地给人心灵、心理以深刻影响的事实教育。洗礼的过程常常有转化升华的机巧、机缘，会在转念甚至一刹那之间，由颓废变为进取、迷茫转为清醒、麻木转为兴奋、被动转为主动、无奈转为潇洒、弱小转为强壮、痛苦转为欢乐。在经受洗礼的过程中，关键是要战胜怯懦。如果是怯懦，那将是一系列厄运在等待你，问题和困难就会串成线般接踵而至，直到如山般堆积在你心头，压得你喘不过气来，使你屡遭不幸，陷入苦难深渊难以自拔。一旦你勇敢面对，它们将会神奇般地迎刃而解。

用什么来充当洗礼的洗洁剂、清洁剂？黑格尔曾经说过战争是伟大纯洁剂，竟然成为战争狂的思想渊源，两次世界大战皆始于德国，并非偶然。市场经济的竞争，实行优胜劣汰，就是一种洗洁剂。人生靠什么来洗洁？人生的洗洁剂就是苦难。苦难使人清醒，清醒才能查明苦难的缘由，进行一番自我洗刷、自我清洗。人生需要培育化苦之功，有一种耐苦性，人生需要善待苦难、善用苦难，有了这种功夫，苦难就将洗去你的怯懦，经受痛苦的体认确认过程，实现人生的醒悟和超越，以崭新的精神面貌进入到社会生活的实践中。

原来，经受洗礼的奥秘即在于此。

规则三：人生冷遇热处理，想一想高兴的事情

冷遇热处理

人生难免遇到各种各样的“热遇”(幸运或机遇的代名词)、“冷遇”，对此，恰当的回答应是对待人生冷遇要善于热处理。

人生追求幸福欢乐的热望时常遭到冷遇。从历史和现实角度看，人生可能遇到种种冷遇，例如，打入冷宫；列入另册；遭受白眼；成为无人问津、被社会遗忘的角落；自己的热切期待没有得到有效的回应；提出的合理要求甚至遭到野蛮的拒绝。

人有追求幸福欢乐的需求，面对可能出现的种种冷遇如何处理，直接决定幸福欢乐需求的实现程度、实现水平。种种冷遇可能会成为追求热望的消解剂，“迎头泼了一桶冷水”，热情理想顿然消失。有些人面对冷遇可能会滋生怨恨之心，结果会冷上加冷，使冷遇的处境进一步恶化。在历史

上，也不乏面对人生冷遇热处理的事例：屈原放逐乃赋《离骚》，司马迁受宫刑著《史记》。在现代社会生活中，有许多名人名家也曾经有过这样或者那样的冷遇经历，但他们并没有因此而意志消沉，反而通过对冷遇的热处理，格外激发了抗争的精神和潜能，有效改善了自身的处境。

在市场经济条件下，人生最大的冷遇就是自己生产的产品、自己拥有的才能无人问津、无人欣赏。通过对这种类型的冷遇进行热处理，关键是提高产品和服务的竞争力，否则无从改变冷遇的处境。

在实际生活中，冷遇也被智慧的人们提炼成一种人生策略。比如，为了节制某些人不合理的需求，抑制过度追求，对此进行冷处理，使某些不合理的需求得到消减。

知道满足的人，要努力去满足；不知道满足的人，就不要去满足他。

化苦为功

我读《史记》，感到有一个文化创造之谜，为什么中国古代的许多杰出的文化创造，多与创造者的厄运、苦难结缘：“羑里王拘而演《周易》，仲尼厄而作《春秋》，屈原放逐乃赋《离骚》，左丘失明阙有《国语》，孙子膑脚《兵法》修列，不韦迁蜀，世传《吕览》，韩非囚秦，《说难》、《孤愤》，诗三百篇，大抵圣贤发愤之作也”。是圣贤遇难受苦发愤，还是因人发愤才成圣贤？这个问题显得古怪，似乎降低了圣贤的品位，怎么能用这样的问题去折腾圣贤。还有圣贤说的话：天降大任于斯人也，必先苦其心志……

读余秋雨的作品，帮助我解读了苦难对于文化创造的意义。余秋雨的《文化苦旅》，是对文化人的精神、人格、体验的经典概括和表达。文人之苦，始于接受文化之苦，学海无涯苦作舟，无奈之中多了一份选择；以苦为业、苦中作乐，选择之苦升华出乐趣；以苦为荣，奉行苦旅之道，达到价值体认，实现崇高的升华。

《文化苦旅》，一方面昭示历史文人的苦难命运。在农业文明背景下，文人的处境似乎注定是苦的。那时的文人没有现在工业文明所需要面对的强烈需求，也就是没有良好的生存土壤和条件，文人如果不依附官府或者地主贵族，连起码的饭碗都没有。稍有不慎，就会被贬损或革职查办，甚至遭受“焚书坑儒”的下场。就是到了当代，发生“文化大革命”那样对文人文化成果空前戕害的事件，也许只有从农业文明的深刻影响才能得到合理的解释。另一方面，文化人的文化创造，也常常伴随着苦境，苦境能够使人奋发图强。文化创造与苦境，有着某种不解之缘。在《文化苦旅》以及余秋雨的其他作品中，文化的创造和传播，大概都渗透着苦难的情结。

其实，人的创造力的表现和发挥，与人的处境苦乐并不存在严格的相关性、对应性。苦境也完全可能使人低迷、茫然、麻木、怨恨，垂头丧气，感受到是一种苦不堪言的难耐折磨。乐境，则容易使人贪图安逸，“乐不思蜀”。但在乐境中只要把持足够的警醒和严格的自律，心理进化到新的高度，也可以使人做到乐而思进。

从文化创造角度看，文化创造力的释放，人的作为，却与苦境存在某种程度上的相关性。苦境对人的精神有提纯净化的功效，“卧薪尝胆”，使人不忘耻辱，激发斗志；要成就大事，必先苦其心志、饿其饥腹、劳其筋骨。根据玩物丧志的教训，节制世俗的欲望，的确是发挥文化创造力的重要心理条件。但是，我们并不因此主张回到古代那种贫寒的条件下去从事文化创造活动。艰苦的条件，固然有助于提纯人的精神动力，但也会极大限制人的创造力的发挥，影响到文化传播的效能。苦难的文化历程，透露出令人心酸心寒的味道，甚至人格化为文人身上常见的那种酸腐性和小气拘谨，在某种程度上构成文人性格的缺陷。像《文化苦旅》的开篇“道士塔”中所讲述的故事，敦煌那样的文化宝库之门，竟然由那个卑微愚昧的道士去把守，难免遭受洗劫的命运，可是，不那样又能怎样呢？！可悲的《酒公墓》中提到的那位主人公张先生，曾经到美国留学，因为读了胡适的论先秦逻辑学的论文，决定攻读逻辑，认为中国人思绪太过随意，该用逻辑理一理，可谓志向高远。回到国内，却被误为“巡逻侦缉”，有人甚至打问：“是否已经到巡捕房供职？”终以醉酒、为人写写碑帖了此一生，在那样的社会背景下，的确是合乎逻辑地演绎出了潦倒颓败的悲剧命运。余秋雨在《家住龙华》中提到，他参加当时上海史学界两位学者的葬礼，讲述的故事凄惨悲苦，令人肃然泪下。在为陈旭麓先生送行的葬礼上，竟然看到打着黑框的一幅怪异的挽联！原来是另一位中年史学家王守稼在给前面的陈先生送完挽联后，接受手术却不幸没有成功。这位王先生去世时年仅46岁，极端繁忙而又极端贫困，他的遗嘱极其简单，只是一句话，恳求同学好友帮忙，让他年幼的儿子今后能读上大学。

苦境，包含了最为原始的驱动力，苦境本身就是一种提纯，使人产生的唯一想法和希望就是摆脱苦境。如果怀疑自己的意志力不坚强，怕舒适软化自己的意志、温柔乡淘去自己的激情，可以聪明地选择、设计苦境。宗教的禁欲、苦修，也许就含有这种智慧。释迦牟尼在菩提树下，不吃不喝静坐7天7夜，属于典型的自设苦境，达到苦之极境，避免重蹈世俗喜怒哀乐的循环，达到大彻大悟。

由此使我们转到宗教的悲情体验。余秋雨在《千年一叹》中，谈他到耶路撒冷的感受，说那里有伊斯兰教的哭墙、基督教的苦路，看到了那里悲悼极致的悲情场面。悲情体验，可以增加人格的坚定性，那么悲情的体验都曾经历过了，人生还有什么东西不能忍受。宗教信徒看世上人间悲欢离合很淡然，在我们看来，感到很奇怪，其实很简单，我们没有他们那种悲情体验。没有宗教体验的人，很难想象和相信教徒对人间苦难的那种耐性。教徒来到人间，看成就是接受苦难，也许越苦越痛快。这样的理解也许是误解和有失偏颇，或者是猜测，也算是一种解法吧。人间血肉之情所能达到的那种极致体验，可以是人生普遍能够达到、能够产生情感共鸣的体验。它没有宗教悲情体验的神秘，却可以使我们体察到它的力量。

人可以从类似于悲情体验的极致感受中，提炼升华出一种超拔的精神力量。它要比遭受人生任何一次失意、挫折带来的感受都要深刻、强烈得多，随之衍生出敢于忍受、承受、应对任何一种苦难的心理、力量，那便是达到了化苦为功的境界了。

人生不能不经受苦难，人生也就需要培育一种化苦为功的本领。

规则四：通过奋斗获得幸福欢乐，想一想是否得到自己应得的一份

攀比

市场经济是不让人生气的社会，要生气就生自己的气。

在20世纪80年代，分配上的平均主义刚刚因为几元钱的奖金差距被打破，便逐渐形成了全国范围的攀比风：发奖金、长工资、分房子、安排子女、晋职称、职务升迁，无不攀比。与谁攀比？与自己的同行同事同龄同业。再后来便是下岗失业的攀比。

这是由于时空价值坐标的错位而导致的一种社会病态。平均主义、大锅饭，大家共用一个价值坐标系，用惯了，面对事实上已经拉开的差距，仍然习惯于用同一个坐标去衡量不同的人，用别人来对应自己，得出自己的失意和失落，用自己去对照别人，滋生的是嫉妒、不满和怨恨。自己的时空价值坐标在哪里？

1995年我去深圳，听那里的朋友说，在深圳，不看别人得多少，而是看自己是否得到自己应该得到的。值得钦佩的是，深圳人最早找到和建立起了自己的人生价值坐标。所以，作为前沿，丢弃了攀比，却找到了自尊自爱；底气充沛却没有那种娇惯；作为开放的窗口，为全国走向开放，建立了开放的坐标，使开放的航船不迷失方向，使走向开放的人生，不迷失自己。

赌气

面对赌气，掀起了我人生感情的涟漪，使我产生了许多人生的联想，也激发出了更多的人生想象。

因为赌气，很容易使我们联想到，当我们被别人小看、错看、曲解、中伤而产生的那种憋气、压气，总想要倾诉、要释放，但出路、宣泄，可能是消气，也可能是赌气。消气总比受气强，不失为明智之举，权当是躲过

人生一劫；赌气总能激发出人的抗争精神、人的斗志，但赌气的结果究竟如何就很难说，可能演化出斗气，你争我夺，陷入明争暗斗，无休止的内耗，小家子气的无聊。如果赌气赌出大气，产生惊天地、泣鬼神的壮举，创造出人生奇观，则实在让人可敬可佩。

赌气的结果如何，关键在自己。怎么看由人，怎么做却由己；别人怎么看你，权当你看自己的一面镜子，关键是你怎么看自己。

想起马克思曾经引用的一句格言：“走自己的路，让人们说去吧！”

坦言嫉妒

嫉妒，本来是一种阴暗的心理。看到别人比自己强，心理不好受，偏要生出利用机会贬低人家、或者损毁人家声誉的念头和行为，让嫉妒的对象也难受一番。

其实，被嫉妒的一方，根本就蒙在鼓里，全然不知他的行为、他的“强项”伤着了谁，更不知暗地里已经有人恨上了他，至少同他过不去，较上了劲。这样看来，他可真是成了无辜者。

美国第二任总统亚当斯的政治理念，确实高明，也确实耐久。他认为，保护无辜比惩罚有罪更加重要。没想到，用来诠释嫉妒，也能派上用场。嫉妒，是使被嫉妒一方，无辜受到了伤害。你想，他的行为，究竟碍着了谁？

消除嫉妒，应该算是保护无辜的善举之一。但，有谁知道，嫉妒是如何产生的？看到别人比自己强，便难受，然后想办法让他也难受难受。

我不知嫉妒心是如何产生的，却尝试了消除嫉妒的一种办法。还在中学读书时代，就有了嫉妒别人的那种体验。有一位同班同学，学习成绩不如自己，但这位同学偏有一种文学语言天赋，不但兴诗作文，更可以由着同学们围坐他的身旁，手里拿着当时的新华字典考他繁、简字，无一能够难住他。好奇引来更多提问者，自然增加了更多、更强烈的赞叹声。我在惊奇之余，也有了一丝不愉快，细细品味竟感到有些难受。那时，正逢社会上批判汪洋大海般的小资产阶级思想，联想到自己的思想实际，还没来得及让自己做出什么伤害之举，便觉得这样的心理，肯定属于阴暗、不良心理，将来会妨碍自己、危害自己。怎样消除？也算有点勇气，直接同对方谈："我在嫉妒你。"结果，多了一种释然，这样的举动反而加深了我们之间的感情。

有了这样的举动，也就敢于暴露自己的一些不良想法、念头、勇气。早在20多年前，自己所在的单位因改革"变虚"，没有什么实质工作，在科室推荐先进人选时自己没有票，自然感到非常尴尬。很快，自己意识到这种心理属于不健康心理。会后，便向自己主管检讨暴露了这种思想，也自然得到主管的称赞。

这种努力，也算有所回报。以后自己也就安于同比自己强的人和谐共处，又获得了一种努力的动力。事隔十几年后，看到自己的一位同事在社会上很吃得开，简直呼风唤雨。我便同这位同事说："市场经济是不让人生气的社会。"他补充到："要生气就生自己的气。"

少了嫉妒，也就少了许多无辜者，又增添了一份前进的动力，真是何乐而不为呢？！

有时，一想到潜在的嫉妒心，真是不寒而栗。在你生活中时刻面对的熙熙攘攘的人群，随时都可能冒出嫉妒，不由得多了一份小心和谨慎，不要轻易去刺激人家脆弱的心灵。

这里，也真扯出了人生一个大课题：如果把人生当做舞台，每个人应该如何表现自己？想到此处，突然对自己一度曾经推崇的追求上乘表现的观点，感到汗颜。炫耀，有什么不好？的确是一种展示，更是一种挑战，但，也更是一种示强行为。掩饰、冷静、超然，不那么锋芒毕露，也是一种避免使自己成为无辜之人的自我保护吧。

嫉妒，属于不文明的范畴，或者属于文明水平发展较低的产物。也只能靠高水平的文明发展来克服。比如，面对高水平的业绩表现，使人产生服气感动的心理反应。告别嫉妒等不文明心理，倾心倾力去创造高水平的业绩，将有助于铲除嫉妒等不良心理。

"谁叫你生在那个穷地方"

穷的寒酸、小气、下贱，令人歧视、遭受白眼，并不奇怪。穷已经不再是资本，是一种炫耀，也许永远也不该炫耀，永远想炫耀也炫耀不起来。社会毕竟要超越那种因贫穷而革命、因革命而成富人、成为富人又再成为革命对象的荒谬历史怪圈。所以，穷不能穷得缺乏人性，需要穷出一种淡然，生出一种底气，少一点怨气，提升出一种超拔的力量。为什么天生的苦寒人家子女，却很少有天生的不满和怨恨？记得电影《牧马人》中有句话：子不嫌母丑、狗不嫌家贫。人不能选择生身父母。天生的贫穷，要怨恨只能怨恨自己的父母，那样，岂不是猪狗不如了。

我却听到一个真实的故事。某个欠发达省，某个部门的人士到上级机关去争取指标，申诉欠发达之苦，希望得到优惠照顾，没想到的是得到一句斥责："谁叫你生在那个穷地方？！"荒谬的挖苦，却难以让人感受出苦涩；因为荒谬到了极致，反而荒谬出愚蠢的极致，失去痛恨的价值，感叹也感叹不起来，唯剩下可笑，荒谬的可笑，笑他违背了人伦人理。

我不知道，那位斥责者，是否能够读到这个故事，真要读到此处，不知该把自己归到哪类。

规则五：新目标带来幸福快乐，想一想未来的目标，唤起新的希望

希望如火

希望如火，它会点燃你的激情，激发出你创造幸福的激情、勇气、智慧。

火，是人类最伟大的发明之一。

十几年前，我在报刊上读到一篇文章，介绍西方有三大发明：火（人工利用火）、轮子、中央银行；最近，又读到有关火的价值的一种提法，把下一代即将出现的互联网与火的发明相提并论。火，从远古到如今，烧荒，可以使地面生物植物化为养分肥田；火可以使生食化为熟食助人消化吸收

强身增智，加速人类进化；火是能量更是能量的能量，是能量之母，许多能量甚至包括光都来源于火，燃烧发出的光，火电，天天照耀地球照耀我们人类的太阳，由于煤的燃烧推动的蒸汽机车，核能的释放到毁灭的展示也离不开火。

如果说，心灵活动对人类命运的影响有什么可以与火对人类的作用相媲美，那就是希望。

哪里有苦难，哪里就需要点燃希望之火。世上人间，最深重的苦难要算失去希望、处于绝望状态的苦难；最好的苦难解放应该是燃起希望之火带来的那种解放。

我们非常熟悉的思维思想是，解放就是把人们从苦难中解放出来，可是，我们却常常意识不到，一旦人们已经以苦为常态具有了对苦难的适应性，增加了耐苦性，甚至从苦处衍生出对苦处的依恋和鉴赏力，以苦为乐、苦中作乐，从内在的精神上还会有那种被解救的需要吗？生活的磨折艰辛，足可以摧残人的意志、人的热情、人的灵性乃至人的希望，无数次的点燃尝试被熄灭，还能再去点燃希望之火？还能有多少的爱和光热播撒到人间？更多的情况是，心灵会陷入一种麻木和死寂，也就消解了苦难的沉重苦难的疼痛，不会去想还有另样的生活，或者只是在幻想另样的生活。面对人们对苦难的那种适应那种衍生依恋，把人们从苦难中解救出来，就需要首先割断对苦难依恋的情结。如果人们由苦难生出仇恨，就需要消除仇恨的目标，如果无法消除仇恨的目标，或者当做仇恨的目标本来就是一种心智上的误区，那就需要消除人们心中对仇恨目标的仇恨情结。无论是割断对苦难的依恋情结，还是对苦难心存的仇恨情结，都需要希望，希望能够摆脱苦难，希望还能过上幸福生活。消除苦难的最好方式，也许就是希望，点燃起人们的希望之火，开始于希望之火的燃烧。

希望，是心灵舒展伸展的极致，引导心灵活动，给想象以方向，使心灵沉睡的自然力得到焕发激发；希望，使心灵的铺展延伸，伸向遥远的甚至光也难以企及的宇宙深处，搭建一种连接未来的永恒的时空跨度。人类作为一个宇宙生命的整体存在，是不是可以建立一种永恒的存在观念？人类通过传宗接代，通过代际之间的无休止继替，能否达到不依赖地球存活的境界？地球的寿命是确定无疑的，地球的毁灭是否就是人类的毁灭终结？所幸的是，地球的寿命使人类有足够的时间去完成对它的控制和超越。现在，人类能够控制地球本身运动、对地球运动施加有效影响的标志性事件，要算是控制地震甚至人为制造地震的努力了。

2005 年 3 月 21 日《环球时报》上发表了范大鹏写的文章，介绍苏联曾经想水淹“美帝”。文章中提到，20 世纪 50 年代末到 60 年代初，苏联的一系列核试验引发了伊朗、芬兰等国的强烈地震。这一现象立即引起了苏联军方的高度关注。科学家得出的结论是，地下核爆炸释放的能量可以通过地质结构的作用和岩层的传递，在距爆炸中心很远的地方聚集起来；如果再有一次核爆炸或地壳的自然运动，就极易使该地区发生地震及地震导致的海啸。从理论上说，依靠地下核爆炸所产生的定向冲击波和重力波，就可以在敌方境内的特定地域人为制造地震或海啸。

人类依靠过去数万年时间的进化已经达到今天的程度，而且呈现日益加速的态势，按照这样的加速度发展，再经过亿万年进化发展，我们无法精确预见却完全可以希望，人类未来的某一天，可以控制操纵地球，甚至以我们现在难以想象的方式遨游于宇宙太空。到那时，人类的价值就不仅仅是在地球上存活和繁荣。

希望之火一旦燃烧，将可以覆盖布满宇宙空间人世的角角落落。

希望是人生的强大热力源。希望需要点燃，更需要不断添加助燃剂。希望比其他任何心灵活动，都更能够融入和赋予想象、神奇、智慧。它简单到可以只是一闪念，一种稍纵即逝的想法，但它也更加神奇，可以使心灵预先到达某个令你神往想象渴望的地方、某种状态，完成一种超时空的跨越。希望，需要灵性和想象去点燃；需要智慧、勇气、知识去助燃；希望，需要转化为期待增加它的热度，需要精心提炼出纯度，需要脚踏实地熔铸硬度，希望也就不难成为现实。

心灵的麻木沉寂已经失去火种，再也没有希望点燃也不再能把光和热播撒到人间，那才是真正的悲哀。

规则六：人际关系和谐是乐业的基础，想一想别人待自己的好处

友 情

友情是人间冷暖的试金石、晴雨表。

友情在更为广阔的时空跨度中，测量着你与这个社会的关系。你对社会、社会对你，都更直接、更重要、更敏感地通过朋友来体现和实现。有了朋友，你就可以身处困境而不困，离开官场的争执、商场的险恶，多了一份闲淡和欣慰。没有朋友，身居闹市也觉得寂寞。

亲情、爱情，固然属于人间最亲密的感情关系。友情甚至超过了亲情和爱情。亲情和爱情，总有“应该如此”、“理应如此”、“情理之中”的期待、约束，也就减低了它的分量。更与官场、商场互相为用不同，势利眼看“势”，唯朋友看是否可交，在于“看人”。夫妻离异，未必就是伤害，而朋友之间的背叛，一定是最残酷的折磨和伤害。

“无所求”为友，但许多朋友因“求”而成，也有许多因“求不成”而败坏。要牵挂你的人，不必你去求去请。所以，朋友之间应该多一份牵挂、少一些期待，多一份默契、少一些强求。

朋友需要真诚，需要心地无邪。

对待友情，需要仁者的情怀、智者的散淡、勇者的胆略、适者的宽广。

在我小的时候，听母亲说：猫狗兔子一起交。那时理解，是什么人都要交。多一个朋友多一条路么。直到40岁时，有次出差，在火车上闲躺着，突然有了一点新的认识：猫的狡猾、狗的忠诚、兔子的敏捷，是代表人的不同性格。

我听到几位朋友给我讲述了他们共有的一种体验。本来，没有升官之前是很要好的朋友，一旦荣升反而变得有意无意地疏远了，仿佛官场天生就排斥友情。记得丘吉尔曾经说过，政治舞台上没有朋友，只有同路人。也只好把朋友那份情谊暂时存起来，等到对方退下来时再作表示。有位朋友的妻子感到奇怪，怎么到他家去的都是退居二线的人，他自己戏称家里成

了“二线聚会点”。

友情论媒介，可分为酒友、书友、茶友、棋友、牌友。

友情的深透性、敏感性，需要精心呵护和珍惜。

规则七：乐中求进，使人常乐，想一想如何济世救人

乐中求进是人类心性文明成熟的表现

乐中求进，是人类智慧、人类心性文明发展演化的最高成就，是人类心性文明成熟的表现。从人类社会发展和人类与自身命运抗争的结果看，给人们带来最为深刻的启示就是乐中求进。人类有许多悲剧命运，恰恰是由于“乐不思蜀”、乐而忘道、乐中堕落酿成的结果。乐中求进，是人类对自身弱点征服的结果，是对人性不断超越的表现。乐直接表现为人的自我满足，在某种意义上说，是人生目的的实现，因而也是目的的消失，是人生奋斗努力内在动力的自我消解。乐中求进，是对人自我满足状态的自我否定，是一种自我超越，这种自我否定能力的形成，是人类实现由自在状态走向自觉状态、必然状态走向自由状态的崭新飞跃，是人类自身真正成为自己心灵主人的标志。

乐有乐道。人类历史所酿成的很多悲剧，都与乐而无道、乐而失制有关。最为典型的要算以残害同类取乐的商纣王，专以惑乱宫禁、传播奇技淫巧为乐，一人为乐，万民不幸，从施炮烙、造虿盆，到断胫骨、剖孕妇，无所不用其极。还有中国人的“窝里斗”，一些人专以给他人制造痛苦为乐。这是乐趣的变异，是人类在追求乐趣过程中导致的人性堕落、人伦丧失、人道毁灭。人类心性也正是在与这种邪恶的抗争中走向成熟的。

面对饥饿的威胁和失业下岗的压力，乐中求进是最有效的激活方式。但是这种激活方式有局限性。如果人们没有生存压力，比如富裕起来以后，

这种方式就会失灵。“一穷二白”固然好写最新最美的文字、好画最新最美的图画，但我们不能希望和要求人们总是处于“一穷二白”的状态，然后使人们振奋起来。“富而思进”的理念，就有它的时代特色。能够使人感到乐趣、提升乐境的方式才是最好的激活方式。

乐业能够使人生幸运，增多人生发展机遇，有助于增进人生幸福。

八

乐业成功档案

1. 老驴与“的卢”的故事

几年前，一位朋友给我讲述了老驴的故事。

一头老驴不幸掉入一口枯井中。

一群人站在井口周围七嘴八舌讨论如何对待老驴的问题。不救，感到有些于心不忍；救，又觉得老驴已经没有使用价值，救出来另外还要为处置老驴挖坑，填枯井也要费力，索性，干脆连葬老驴代填井吧！大家想开了，开始一锹一锹向枯井中扔土，老驴在受到第一锹土的打击时心中一痛，但只好抖落一下身体，土落到枯井中。随后老驴便随着不断扔进枯井中的一锹锹土而不断抖落，落土不断把“老驴”垫起。最后，老驴竟然发现自己已经站在地平线上。

老驴默默地看了看周围的人们，想了一想，然后，抬起头，挺起腰，走掉了。

每当我回想起“老驴” 的故事，就不免联想到《三国演义》第三十四回中“蔡夫人隔屏听密语 刘皇叔跃马过檀溪”的典故。的卢本来是赵云在阵前斩张武夺得的雄骏战马，刘备舍爱献给刘表，不想异度蒯月向刘表荐言：“此马眼下有泪槽，额边生白点，名为‘的卢’，骑则妨主。张武为此马而亡，主公不可乘之”。刘表信之，以征战为由退还刘备。刘备骑之刚出荆州城门，只见一人在马前长揖曰：“公所骑马，不可乘也。”原来是荆州幕宾伊籍，刘备忙问其故，伊籍把蒯月之语复述后说：“岂可复乘？”刘备回答：“深感先生见爱。但凡人死生有命，岂马能所妨哉！”不久，因蔡夫人素疑刘备，与其弟蔡瑁密谋加害刘备，以绝后患，设计招刘备赴襄阳，筵席上动手，不料伊籍密报刘备，并指引刘备西门出走。蔡瑁得知后领兵急追。刘备单骑跑到一大溪，“檀溪阔数丈，水通襄江，其波甚紧，不可渡”。追兵已近，刘备只好纵马下溪，行不数步，马前蹄忽陷，浸湿衣袍。刘备加鞭大呼：“‘的卢’，‘的卢’！今日妨吾！”言毕，那马忽从水中跃身而起，一跃三丈，飞上西岸。

老驴的故事使人感奋，面对主人的“卸磨杀驴”行为，没有自暴自弃，面对生命出现的转机，愤然出走；“的卢”的故事则令人回味绵长，“的卢”回报仁主的不弃之恩，奋力一跃，铸就救主的千古佳话。

弃与不弃，本是世间常理。老驴和“的卢”的故事，浓缩了千年的时空跨度，形成的是一种鲜明的对比呼应，启迪着我思索人生的真谛：当生命遭到遗弃的时刻，应该生发出自救超拔的气度；珍惜仁者的不弃之情，努力增添感恩式的回应。

2. 42年时间的一次偶然发现

英国古生物学家珍妮·古道尔，在丛林中跟踪大猩猩的生活，用了42年时间，一次偶然的发现，改变了人类对动物与人类区别的看法，使二者的区别变得模糊了。她在雨中，发现一只大猩猩用木棍伸进蚁穴，粘取蚂蚁放在嘴里啖掉，或者选取树枝去掉树叶，制造工具。没有漫漫42年的跟踪生活，没有这样一次极其偶然的发现（大猩猩也不是经常表现出这种生存本领），也就很难使她对人类与猩猩的关系产生概念上的飞跃，也很难使她的情感产生飞跃，格外增加对动物的一份尊敬。

对待人生也是如此。人生也常常在某个瞬间、某个生活片段，展示出人性可贵的品质，一旦捕捉到便升华为人生一种意境，永驻我们的记忆中，凝结为一种永久的体验。情爱的共鸣、默契的形成、朋友的相助，往往并不是大量生活事实的积累，只是瞬间碰撞的一种体验，洞悉体察到人生某种奥秘，便定格了人生的基本态度。

人生常常在瞬间定向，或者改变走向。我们在强调和渲染知识决定命运的时候，也许忽略了这种瞬间决定命运的偶然。让我们留意那些偶然的瞬间、体察那些稍纵即逝的片刻，经过理性检视和提纯，根据人生刻意表现的特性，该使我们增加多少人生的意外发现，增加多少对人生的尊重，增添多少人生的喜悦，达到多少人生体验的高峰，我们的人格也许将会变得更加充实。

人生，为了获得某些珍贵的体验，领略超拔的意境，常常却需要长期艰难的跋涉，需要耐得住寂寞，需要一种坚韧，同样需要那种来得太偶然的机缘。

3. 善待疼痛和不安

动物对自然的变化有惊人的敏感性。如果人类能够像动物对自然那样，对社会、对人生即将出现的变化有准确的预见性，如同马克思所说，以自然科学的精确性，预见社会、人生的变化，社会、人生将是另一番景象。遗憾的是，人类太安于常规了，太安于循规蹈矩的生活了，对前兆麻痹大意，疏于防范。精神病学家认为，知道症候的意义就可以使症候消失。如果人们能够预测危机的发生，采取有效的防范措施，就可以避免危机的出现。常识告诉我们，对于危险的东西一旦进行有效的防范，它也就失去了危险性。

对于可能出现的问题、风险，尚且如此，对于本来就是过失、粗俗之行甚至恶性，更有时刻危害爆发的可能，如果疏于防范警惕，就实在是人类的弱点和局限了。

有一位外科医生，以虔诚的心理研究人类的疼痛，他认为，疼痛对人类有极其重要的提示和警示作用，如果没有疼痛，人类对于自身机体存在的危险，简直一无所知，人类命运将是另外一种样子。所以，应当感谢上苍，给人类安装上了疼痛感。这是最为重要的预警机制。由肉体的疼痛感，可以进一步扩大到心理上的伤害感。

还有就是不安。不安也是重要的预警机制之一。不安，是对未来可能出现危险的预感，也是人类对自身处境、自身行为过失、恶行可能带来后果的一种预警。像忧患意识、危机意识，都是从不安中演化而来的。

善待疼痛和不安，就是善待自己的生命和命运，就是一种自我警示，也自然应该增添一种自我努力的动力。

不安带来的精神压力、紧张乃至恐惧，使人谋求心安。如何才能心安，是人生常在和永恒的课题。从宗教角度看，欲望是不安之源，节制、克制或者转化升华欲望，是实现心安的基本方法。禁欲始于肉体自制。欲望在什么时候、什么情况下，最容易激发、爆发，成功往往成为欲望之门开启的钥匙。成功的瞬间，导致自我放松，把长期奔往成功道路上累积形成的心理压力、心理能量释放出来，这本身就可以给人带来淋漓尽致的宣泄感、痛快感，继而自我奖赏，如果疏于防范警惕，又很容易演化为放纵，再生出新的不安，驱动新一轮的消解不安的努力。人生，仿佛难于摆脱这样的循环，难于从这样的周期折磨中解脱出来。要想克服这样的周期律，需要非凡的意志力。凡是能够有效克服不良习俗的人，往往都是那些意志力品质特别强的优秀个体。意志力需要服从于某种目标。对于不同禀性的人，需要有不同的心理定势，成为心灵中的基石，克服心灵波动。

4．宁可得罪有理的人 不可伤害无辜的人

有一次我同几位朋友打牌，有两位牌友因某张牌引起的结局发生争执。一方强调惯例；另一方强调规则模糊，争吵得面红耳赤。我左看右看，仔细估量双方表情的强度，一时间难以判断。当我看到强调规则模糊的一方说什么也不承认的断然表情，瞬间权衡，便表示了自己的倾向意见：这把牌无效，立刻受到强调惯例一方的指责，说我“和稀泥”。我说，宁可得罪有理的人，也不能伤害无辜的人。因为得罪有理的人，仅仅使他失去理由，而伤害无辜却使他失去自尊。不能让人们成为规则不明的牺牲者。

这个事例，使我联想起读美国第二任总统亚当斯传记中的一个情节。当时，美国仍然是英属殖民地，美国驻扎英国军队。在某个州，美国国民与英军士兵发生冲突，英军两个士兵被打死。美国国民群情激愤，要求严惩英军。这时，充当律师的亚当斯站出来为英军辩护，在法庭上，亚当斯提出一个政治理念：保护无辜比惩罚有罪更重要。结果，法庭判决英军士兵胜诉。

最近，翻阅余秋雨作品，他认为我国的传统文化中，缺乏普遍主义的价值启蒙。从民族正统论，又繁衍出各式各样的正统论，出身正统、干部正统，发展出各种嫡系、派系。就连我们的金融实践活动，其实也深受这种正统观念的影响，只要不是为了自己和家人的利益，是为了“公”，就可以理直气壮地赖债拒债。银行对国有企业贷款才是正统，是安全的，即使形成不良贷款，只要说明原因就免去责任，民营私营则打入另册。

文明的进步，确实需要一种普遍主义的价值启蒙。也许，只有普遍主义的价值启蒙，才能确立衡量是非的最高标准。不然，面对当今复杂世界，

很容易引发价值判断的模糊标准，甚至得出腐败者无辜、恐怖主义也有理的结论。

5. 酒乡的人生感悟

关于酒的话题太多太多，总结出来的人生感悟也极为丰富。真是仁者见仁、智者见智。

酒友嘛，不就是你敬我、我敬你，左敬右敬，直到酒逢知己千杯少，最后喝得个人仰马翻，五马长枪，醉得个稀里糊涂、不省人事。至少应喝得晕晕乎乎，才算是喝到酒友的意境。朋友之间相聚，敢不敢喝，还成为验证朋友感情是否真挚的试金石，有句话说得好，你让他干一杯酒他都不敢喝，他还能给你做什么事情？更有的酒友信奉“宁伤身体不伤感情”的信条。

智者则认为“酒桌上的适度是成熟和智慧的表现”。有道理，有人曾经总结出酒桌三论：酒桌是社会关系的集中表现；是社会交往的重要纽带；是社会活动的重要舞台。

英雄如何看酒、对待酒？曹操同刘备“煮酒论英雄”，财助英雄酒助胆，酒壮英雄胆。武松打虎，是借了18碗的酒力；康熙在纪念他帝政60周年的千叟宴上，敬出了英雄豪气；歃血为盟，也是英雄惜英雄的表现；上战场，举杯壮行；胜利凯旋，则开怀畅饮。

酒又是高明政治家利用的工具，赵匡胤“杯酒释兵权”，轻松化解一大政治难题。竟然还有酒友把酒披上了民族主义色彩：“中国人可能除了酒以外，还没有找到更好的表达感情的方式。”堪称酒文化的登峰造极之语。

时下全面建设小康社会，酒文化也在与时俱进，出现了乐者之语：“高官不如高薪，高薪不如高寿，高寿不如高兴。”为了长久的欢乐，还是节制些吧。喝酒也能喝出地方特色，展示出风土人情。北方人到了南方，那里吃饭只备酒不劝酒，饭店酒楼也没有北方那样由于喝出兴致的喧哗吵闹。

酒是一种攻关武器，喝酒是为了打开工作局面，要有一种牺牲精神。这要算是最神圣的理由和根据了。也可以理直气壮地去喝，理直气壮地为自己的醉态丑态辩解了。对此不好一概而论，但，至少工作也不应该成为沉溺于醉态的理由。也许，酒与工作如此结缘，同地缘文化有关，更与民族在开放初期的适应性不良有关。

这些酒文化的经历，比起酒乡情人的那份奇妙、温馨、愉悦至极的体验者来说，又能算得了什么呢？我的一位朋友曾经给我讲述了他的一次“艳遇”，他有一次同酒友们喝酒至半醉、微醉状态，看到一位女士，在他心目中的瞬间定格，竟然带来了赏心悦目、妙不可言的幻觉，产生“梦里寻她千百度”的体验。什么曲线美、柔和美、圆润美、光滑美、匀称美、神韵美、飘逸美、色调美、潇洒美、气质美、形象美、人格美，乃至数美俱全的完美，皆黯然失色。待第二天再见到酒乡情人的原型，竟因为与梦中的“她”相去甚远而生出一丝莫名其妙的失意来。

我想，也许，酒精的刺激所产生的兴奋和麻醉作用，容易造成意识的模糊，加上外界合适对象的刺激，在人的心灵中可能会生成、蒸发出超越现实的完美幻象，现实原型的种种缺点、缺陷、不足，反而会被神奇地蒸发掉。这使我联想起另一类酒友，喝起酒来脑海中浮现的只是令自己生气的事情，越喝越气恼，满腹嫉恨事，自然失去控制。

还是奉劝诸位，既不要像贾宝玉那样留恋太虚幻境，又不要陷入“借酒消愁愁更愁”的境地，回到现实中，增加一点警醒和定力吧。悲剧的力量是由悲剧的分量产生的，如果悲剧缺少分量，那就不是悲剧，而是滑稽剧、闹剧。人不宜因酒而伤，更不应因酒而亡。那是愚昧的，也是愚蠢的。人，不应人酒合一，把酒品视为人品的证明和表现，那将显现出人品低劣粗俗的一面。

6.“嘉禾事件”给我们带来的深刻触动

在我国，人的健康开始得到空前、普遍的重视。由过去为理想而活着、为理想而奋斗，变成首先为人的生存活着，如何更好地活着。人们需要重新审视道义价值观念、道义上的努力在生存活动中的位置。北京中小学生守则中删去“敢于向坏人坏事作斗争”；广东省则明确要求，不准动员中小学生参加救灾活动。这是对人的生命价值的尊重，不再鼓励和支持在崇高的名义下作无谓的牺牲。给我们的道义价值观念以更加深刻触动的是，曾经发生在湖南的“嘉禾事件”，现在我们都很难估量这一事件对根深蒂固的道义价值观念体系和行为方式产生的深远影响，但它至少将引起对道义价值坐标的重新定位。

“嘉禾事件”，是嘉禾县招商引资、强拆极少数“钉子户”而引发的恶性事件，最后造成一个很有民意基础、政绩突出、口碑极好、仕途前景也自然看好的县委书记被撤职。这起事件的道义基础是，多数人利益与少数人利益的关系，最终的结论是，不能因为多数人的利益，去损害、侵犯少数人的合法利益，自然，政府也不能被允许以大多数人利益的名义滥用行政权力。

弗洛伊德就曾经深刻地指出：“人类的自尊心曾先后受了两次重大的打击。第一次是知道我们的地球不是宇宙的中心，仅仅是无穷大的宇宙体系的一个小斑点……第二次是，生物学的研究剥夺了人的异于万物的创生特权，沦为动物界的物种之一，而同样具有一种不可磨灭的兽性……然而人们的自尊心受到了现代心理学研究的第三次最难受的打击，因为这种研究向我们每人的自我证明就连在自己的屋里也不能自为主宰（潜意识的发现）……我们又在另一方面，被迫扰乱了世界的安宁。”弗洛伊德说的人类自尊心所遭受的三次打击，前两次是指人在人与外界的关系中所表现出的自尊心受到的打击，第三次则是指向人类自身，是人对于自身行为能够完全控制的自尊心受到的打击。弗洛伊德提出的潜意识理论，证明人的行为不完全由自己的意识支配，自己难以意识到的那种潜意识，也在支配自己的行为。

这里所堪称的第四次打击是，我们认为代表多数人利益的行为，也就是给我们内心带来崇高感的行为，未必是合法的，不允许以代表多数人利益的名义去侵犯、伤害少数人的合法利益。那位被撤职的县委书记，给人们带来的感受和反应竟然是那样的复杂：有人说他是酷吏，是党内的害群之马；也有人为他鸣不平，欣赏他的人品官品，称他是“奋斗中受伤的战士”，对他的落败表示惋惜；即便是站在政府对立面的钉子户，对他本人也没有什么恶意。他自己写了“我的反省书”，在深感内疚和痛心不已之时，是不是也在为自己行为的结果会产生一丝有口说不出的苦涩感受？这样的感受，也许才是本来极为正当坚实的行为，却也有它的脆弱之处。

我们不得不反思和推敲，我们奉行的道义价值观念。道义上的崇高性，不能再成为行为不受限制的理由。追求崇高的过程也可能给人类造成灾难性的后果，行为人将为此付出沉重的代价。多数人也不能以多数人的优势和力量去随意剥夺侵害极少数人的合法利益，多数人利益也需要纳入依法合理的轨道去实现。只有崇高追求＋科学论证＋严谨作风＋合法性＝良好效果，才是值得称颂、推崇的行为模式。只有如此，才能更有效地防止崇高追求不至于被滥用，不至于让虚伪的恶习和个人或小集团主义恶性膨胀。今天的生活本身正在发生着实质性的变化，崇高追求需要经受住各种形式上的前所未有的严峻考验和挑战，才能保持自己的纯洁性和庄严性。

7．“无求成败”与打牌

无求成败之心，这样的人世上可是真的难寻。

比如，吃饭喝水睡觉，就没有成败之心，如果这等事情再分成败，还有什么意义。

但食物、饮水、睡眠、话语要是成了短缺的东西，也会成了追求的对象，如果你无求，不就等于心甘情愿挨饿挨渴休眠不足当哑巴，即使不缺少，不也有人以争创限时吃多少实物、饮多少酒的新纪录为荣吗。谁做事不想成功，无求成败不等于没有了做事的精神动力？

其实，无求成败，把成败之事放在一边，恰恰是最有利于成功制胜的法门。金庸写的《天龙八部》中有一个场面，无崖子虚设的“珍珑”棋局，他的高徒和请来的天下武林高手，穷几十年功力竟然未解，最后竟是无名的少林小和尚虚竹胡乱投下一子，细看是自杀一子，却偏偏开解了，误打误撞地解开了多少高人难解的棋局。被动弃子、自杀一子，那可是大大地有违棋理，谁会一上来就往自残、自败处想啊。先杀自身、再攻敌人，却可以在两军对峙的束手束脚中出现转机，有了回旋余地，就是因为没有成败之心，才走出了这步棋，再说，自杀也不是全杀，只是弃子，等于弃掉碍手碍脚的一子、几子，赢得了全局的机动、主动。没有成败之心可是太难做到了。有了成败之心又能怎样呢。内心势必紧张、焦虑、急躁，计较一点一滴的得失，束手束脚、畏首畏尾，局面弄得越来越复杂，结果不可收拾败下阵来。人算不如天算，成败得失，有许多因素非人力所能为，属于可遇不可求的机遇，关键是求自己尽心尽力而为之，把自己能做到的做充分了，也就心安了，安心了，智慧之门大开、勇气倍增，放开手脚做事，这就是无求成败、反成最佳制胜之法的玄机。

其实，无求成败说的是反求于己。

“升级”是扑克的一种打法，其规则是每次都有任意两人合作的机会，共同打在台上坐庄的一方，打不赢台上者继续升级，打赢有两种可能：一种是积分够，则按照抓牌顺序由下庄者的下手维持原级别坐庄；另一种是谁“扣底”谁接庄、谁升级。按照传统打法，两位在台下的要齐心合力把台上方打下台，直到局势明朗才去争胜局。按照这种打法，则任意两人合作机会形成的优势，会使任一人在台上失败的可能性最大，所以形成普遍升级慢的后果。还会产生一种可能，善于打牌者胜出概率高。结果自然产生一种打破常规的各打各的打法，即每次台下两人不再遵循合作规则，不当配角，只求保存实力、发挥优势，以求自己夺得胜局。这样使任意两人合作形成优势的概率大为减少，一人胜出可能性反而提高。结果是“各打各”的打法使升级水平普遍提高。也就意味着在打牌过程中，“各打各”的方式，普遍提高了大家的“级别”，提高了大家的满意水平。

打扑克是如此，扩展到社会生活的各个领域，各求各的幸福程度高还是互助合作幸福提升的程度高？除了战争等一些特殊类型的情况，严酷的敌对形势造成大家必须同心协力，对生异心者要严肃纪律。在和平时代，面对“各打各”与互助合作的抉择，取何者为宜？在计划体制下，强调人们的互助合作，但实际是由于各自能力不同，用心用力和各自感受、收益也不同，所以要求有不计报酬的奉献者，即不顾个人感受、不计个人付出的奉献者，才能确保事业成功。结果是以部分人的付出保证大家的福利。于是出现一种新的分配形式，即每个人所得与其创造的业绩挂钩，自己的福利要建立在自己努力的基础上。但是，在计划体制下并不能彻底解决这种问题。

市场经济使打法做了根本调整。虽然也讲互助合作，讲双赢等等，但是它的基本打法是各打各的，各自追求各自的幸福欢乐，只要合乎规则，可以不必计较、考虑他人的感受。这使每个人都尽心发挥自己的优势，人们感觉起来可能有悖于互助合作精神，感觉上产生不良体验，但实施的客观结果，却会普遍提高人们的幸福欢乐水平。只有各打各的，才能够为实现真正的双赢提供动力和基础。

有些事情可以由个人独立完成，有些事情必须众人合作。所以，打法不能一概而论。能够由个人独立完成的事情，就没有必要搞成合作的形式。必须合作完成的事情，成员们就应当相互尊重。但是无论何种打法，都应当尊重每个人合乎规则的选择。

8.“寒玉为床”、鹅卵石、“知见障”

在《神雕侠侣》中，小龙女与杨过为了练功，选择寒玉为床。初卧之，奇寒难熬，运全身功力与之相抗，久而久之，习惯成自然，在睡梦之中也是练功不辍。常人练功，总有睡觉之时，睡梦中练功乃逆天而行，气血运转与平时不同，睡时如旧运转，把自己平时所练之功耗去几成。但是“寒玉为床”练得长了，非但不耗白日之功，反而更增功力。故1年抵平常修10年。

人的常态思维是避免苦难、困境，追求顺境、舒服，但也有“自讨苦吃”的异常思维。应对挑战，虽然不能说是没有困难创造困难，但敢于面对挑战、应对挑战，自己找事做，等于自己给自己“制造困难”。这种做法，与“寒玉为床”的练功一样，有助于增强人的功力，自然也就能在容忍苦难、征服苦难中获得幸福欢乐。

十多年前，有位朋友同我闲聊，说他有次站在江边，面对鹅卵石，想象鹅卵石本不是那种样子，原始模样应该是有棱有角有毛有刺的，后来经过千万年流水的冲刷，变成了通体圆滑的样子，由此使他联想到人生，初入社会时，也是有理想有追求有要求，是一种“毛坯”样，或者毛头小伙子，经过历练逐渐变得老成世故圆滑了。

打造人生，用的材料，不外是智、仁、勇、情等。能否集中哲人的睿智、经济学家的头脑、军事学家的果断、战略家的眼光、外交家的纵横、魔术师的精妙、艺术家的魅力，打造瑰丽的人生。智为谁谋、情为谁系、勇为谁用、仁为谁怀，不能不细细考察。

金庸在武侠小说《天龙八部》中提到了“武学障”或者“知见障”问题，本意是讲没有侠之大者的大义，就达不到妙到巅峰的武学武功境界。这是说侠与功之间，存在着一种关系。凡那些集武功武学于一身的大成者，或者信佛，或者信儒，或者其他信仰，以佛、儒为根基，心存慈悲仁善之念，这种念头与高明武功武学结合才能成为大侠。当然，也有很多习武之人，看他们也没有良善之念，武功却很高强，甚至也可以达到很高的境界。但是，没有佛、儒为根基，练功很容易伤及自身，而且练得越深，自伤越重，甚至走火入魔。没有佛、儒为根基，那个功再练下去还会受到限制，形成所谓“武学障”、“知见障”，不能融会贯通，也极难突破，在武侠小说中，很难见到哪个邪派人物最后达到登峰造极的境界了。正派人物之所以那么容易就能兼容百家、集武学武功药学于一身，固然与他们的悟性、机缘有关，也不能忽视他们的侠义起了作用，心胸狭窄之徒，苦练一门武功也难达到极致。

狭隘之辈在打斗之间正面较量不过，常常突施暗算，有时害人不成反而回伤自己。侠之大者在过招之间反助对手疗伤，铸就常人难以企及的涵养境界，不仅有护己之功，也有回护之效。

金庸提出的“武学障”或者“知见障”问题，广泛存在着社会生活的各个领域。现在讲文明建设，最终需要通过人的心性文明建设，才能把各种精神文明建设的成果成就，转化为人的心灵所能接受容纳的东西，内化为人的自觉行为。心性文明的进化，才能使人融会贯通，做到兼收并蓄，消解可能滋生的各种心理障碍，从良善之念提升出济世救人的追求，相应产生一种集成的高度，激发并确保人们去创造出高水平的业绩。

9．几个小故事

秃鹫与贪婪

据说，秃鹫有特殊的视觉，但没有味觉，所以专吃其他动物吃过的充满了腐烂糜臭气味的残骸。它并不感觉到有什么味道。对于人间来说，失去是非、美丑、善恶、真假的标准，也就会不择手段地攫取自己所追求的一切。只剩下贪婪的追求感觉，不顾给人间带来的一切，因为这种人已经丧失了作为健全的人所应当具有的一切。

对“护体神功”的神奇感受

我非常喜欢读金庸的武侠小说。读金庸的作品，能够读出人生的意境，获得许多智慧的启迪。

有一次，读到少林高僧的“护体神功”，给我带来一种神奇的感受。“护体神功”，本来源于人体自然性的自我防护机能，却能够升华为一种神功。它的神奇性在于，当人体在不知觉也无法知觉的状态下，受到突袭或暗算，体内却可以自然激起有效防护反应。我们可以理解和体验的是，人体一旦有了疼痛感，或者受到疼痛威胁，体内也会条件反射般激起抵御性反应。治疗需要解除紧张感。面对护士的针头，患者不仅心理紧张，肌肉也会收缩。人体的自我防护机能，会排斥异物进入。人体的封闭性，对于像骨髓和心脏移植等手术，会产生深度排斥，甚至危及生命。但是，依靠这种人体自然的防护反应机制去抵御有意恶意的打击，显然是无能为力的。少林高僧，就是把人体普遍存在的潜在的自我防护机能，提升为一种“护体神功”，极大地增强了人的自我防护能力，达到不经意念便可以自动产生有效的防护反应。

由武侠的“护体神功”，使我联想到人生功夫。如果人生功夫能够达到“护体神功”的境界，该是一种什么体验？

俗话说，害人之心不可有，防人之心不可无。但，陷入一种时时刻刻防范他人之心的境地，要么是做了亏心事应得的惩罚，要么是社会环境太恶劣导致人人自危，如果没有发生以上情况，把心思用到提防他人上，也一定无聊，是自作多情，也一定是很累的差使。

十多年前，我有位年轻的同事，对我说，他总感觉大家都同他过不去，在故意整他。当时，我对他说，你怎么能这样想？你是什么人，值得大家去天天琢磨，再说，你也不能把自己摆到大家的对立面上去，尽管去放下心来做事做人。现在想起来，借题发挥，也许，在人的身上存在某种共同的抵御机能，对人类的某种类型行为可以不经共同商量，便可以自动激起共同的疏远、抵制、不接受的反应。我的那位同事，可能就遇到了这样的命运，结果被他误解为大家在有意与他为难。非常遗憾的是，那时的我还没有悟出“护体神功”的神奇，自然也就对那种现象难以作出令人信服的解释。

在人生幼稚阶段，可谓是弱不禁风，常常经受不住一点风吹雨打，一点冷言冷语便很在意，并很刻意地去维护自己。现在回想，那是人生功夫未成或只是初成、小成的结果。记得那时形容遇到某种侵犯的情况，不会进行任何回应式反击，本来是着了对方一拳，可能令对方感到如同打到海绵体上一般软软绵绵，却也能生出一种反弹力，不但卸去对方的打击之力，而且对对方也能够形成反制力。

真正的人生“护体神功”，应该不必介意别人对你有过什么伤害，因为那种伤害已经构不成什么伤害；也不必刻意去自我维护，只要在人生宽大正面的舞台上去用心用力用功，走向极致，自然会激发出一种有效防护功能，别人即使有暗算偷袭之心，也许会在施行前的那一瞬间突然转变念头。

人生背负了50年的5克郎债务

听惯了以天文数字来表示债务的数额，乍一听“5 克郎”简直少不值得一提。可是，5 克郎债务竟然让一个人整整背负了 50 年，所以也就有了异乎寻常的沉重。

余秋雨在他的欧洲游记中，讲述了发生在挪威的一个故事。那里有位老妇人，在富裕之后向一家鱼店送上100克郎，说50年前这家鱼店多找了5个克郎她没有退回，现在要连本带息一起归还。她一再向鱼店的年轻主人检讨："那年月太贫困了……"余秋雨说，一种延绵的诚实使过失成为高贵。

也许，或者假如，不是贫穷与诚实的尴尬对峙，也不会留下如此漫长而又沉重的5克郎债务。使我们不得不反思的是，倒退50年时光，贫穷能否成为不诚实的理由。我们无意责备那位可敬的老妇人，更为她能够为自己的一次小小的不诚实而承受了50年心理债务的压力，这种压力的折磨，远非100克郎金钱所能衡量的，庆幸的是她终于通过连本带息的一次性总偿付，洗刷了自己的过失，也把自己从50年的心理债务压力下解放出来。比起一些国人，在买卖交易中面对多找了的钱或者安全甩掉了债务负担的意外惊喜，那位老妇人的可贵之处，在于她能在50年漫长岁月中，始终保持有一种不愿忍受5克郎债务的那种诚实的心境。贫穷曾经使她宽容了自己的不诚实，却又因为诚实的良知使她长期忍受那一次小小不诚实所带来的心理压力，最终，是诚实给她带来了坦诚的勇气。

当贫穷和诚实对峙的时刻，心灵的抉择竟然是这样尖锐、敏感、脆弱和漫长。但是，贫穷毕竟不是资本，也不应成为藏污纳垢的场所，它只能作为人类搏击、腾飞的纯洁的地平线，它永远也不应该成为不诚实的理由。否则，人生将为这种不能成立的理由付出沉重的代价。人生，面对贫穷与诚实的对峙，应该增添一点明智、果断和从容。如果人生面对贫穷与诚实的抉择能够做到这一点，面对金钱与操守的抉择，该有些超然和大气吧。

10．草原神蕴

一个夏天，我与友人去呼伦贝尔大草原。到了草原城市海拉尔（已经更名为呼伦贝尔市），一下火车，顿时产生了三个格外的感受：同样的阳光却格外的炽热；同样的白云也格外的洁白；同样的蓝天更是格外的湛蓝。有热情好客的哈斯老同学等接待，席间，问起想看什么，自然是想看大草原。

同学说，到这里不用专门看草原，出去一路上自然就看到大草原。

在去往满洲里的公路上，首先映入眼帘中的草原景象，竟然使自己感到有些失望。所谓大草原，原来就是一种漫无边际的草地。而且，夏末初秋的草原，草原人已经在割草，草也开始泛黄。也不像自己一直想象得那样一马平川，而是一种略带起伏而又比较平缓的丘陵地貌。我的思绪，随着汽车的奔驰而伸展，草原也在无限地延伸。看到来往车辆穿梭奔忙，又联想起朋友说海拉尔忙季每天直通北京的航班来往要4趟，大概都是奔大草原而来。不由得想到，人们奔向大草原寻觅的究竟是什么？

其实，哪里都有草和地的结合，哪里都有原野、旷野、绿地，却唯独大草原的那种草和地的结合，才产生了如此迷人、令人神往的魅力，张显出它那独有的神蕴！

我开始寻觅草原神蕴，也是想为自己找到一种心灵的慰藉、草原之行的行动根据。草原神蕴却无形无影，难以捕捉难以把握，又让我感到它的无时不在、无处不有，遍布于草原的角角落落、四面八方，深深地植入草根之中，又回荡弥漫在草原的上空。草原神蕴就在于草原本身，就在于它的规模、它的气势，在于它的辽阔、它的漫无边际、它的浩瀚如海洋、空旷如宇宙，容得下一个民族，一个在历史上曾经横扫欧亚大陆的铁骑民族！这里的一切、一切的一切，草原的太阳、草原的天空、草原的白云、草原的牧民、草原的姑娘、草原的王子、草原的歌声，都无不赋予闪耀着它的神蕴，散发着它的灵性。

草原的自然与草原的人，成为天人合一的特殊映照。令我难以忘怀的是草原人所独有的热情、亲切、奔放、豪爽、大度，没有我们出身农家非常熟悉甚至透入骨髓的那种狭隘局促的小农意识，蒙古包里的草原人面向素不相识来客嘹亮放歌，那奔放的草原歌曲，那种手捧美酒、献上洁白哈达的执著，有一种纵横无阻的气势，让你不忍拒绝也无法拒绝，透射出的人格化的神蕴只能让你欣然接受，最终融入到那种浓烈的氛围之中。草原神蕴已经化做浓浓狂放的草原情，萌生出一丝使我难以割舍的眷恋和温馨。陪同我们的李科长，评价我们这伙人“可喝”，真是一路风尘一路情。草原朋友们的音容笑貌，不时萦绕在我的脑海里。

在途中，看到一位60岁左右的牧民在那里放羊。我走上前去，请他脱下上衣我穿一穿，并请他与我照相，没想到他立刻变得兴高采烈，也显得非常友好。同穿一件衣服，就能产生如此相近相通相融的情感共鸣，我想到建设和谐社会，实现人与人之间的和谐相处，其实就在于消除人为的各种隔阻。

住在草原城市，晨起，叫好同伴去逛早市，那里四处飘荡着清新浓浓的、沁人心脾的青菜味，虽然离去却又久久充溢在鼻息间。返回的途中竟然看到了火烧云！记得小时候生活在乡下，常常能够看到火烧云，但记忆中那种火烧云的景象都出现在下午。看到草原上晨起的火烧云，细细观察，原来是太阳的紫外线穿透洁白纯净的云层形成的瑰丽景观。

前往额尔古纳河，汽车飞驰在草原公路上，纵横穿越数百公里，我慢慢感觉到，仿佛视野中缺少点什么。脑海里出现了景色对比，猛然间才意识到这里没有平原山地最为常见的树木。没有树竟然也成了草原上的绝景。由此便有了一种牵挂和好奇。于是问，回答说，种树不活。又到了另一地，复问，解释是草原植被太薄太浅，只能长草不能长树。原来，草原竟然如此脆弱，因此草原的神蕴草原的美，也就格外需要人类的珍惜和精心呵护了。

感谢大草原，给了我任由自己的思绪伸展蔓延的机会。草原神蕴其实是诉说不完、表达不尽的。便想象自己孤身一人，置身于浩渺的草原中心。像一个地道的草原人，在那里放牧收割，只有融入草原生活之中，用自己的全部身心去感受草原神蕴，才能成为草原人，熔铸成草原性格，焕发出草原神蕴的神奇魅力！

11．从人鹤相谐走向人人相谐

是一个人的身影，使我逐渐走向丹顶鹤，逐渐领略到那种神奇的意境。

这个身影，也使我联想起和谐的使者、和平年代的英雄。

战争年代的英雄，是用勇敢和牺牲熔铸而成的化身，是用生命谱写出的诗篇。即便如此，现在也被人们幽默地庸俗化了，并在炒作传播中获得另样的乐趣。战争英雄的命运尚且如此，讲述和平年代英雄的故事，虽然可以使人感受到英雄壮志的激荡，却笔端凝滞，难有那种慷慨激昂的挥洒。但，我愿意把王克举同使者和英雄这样的概念联想起来，以倾诉一种心情、表达一种追求、搭建一种意境。

2002年11月的一天，我与几位朋友陪同外来的同学去鹤乡扎龙，返回的路上拐进了道边的梦鹤苑，一个原来路过多次并没有引起我注意的非常普通的院落。当服务人员打开那一扇扇简陋的房门，才发现打开的是艺术之门。室内土墙上悬挂着一个个玻璃镜框，里面却是一幅幅丹顶鹤的照片，展示着丹顶鹤多姿多彩的身影：有的在草地觅食，有的在雪地行走；有些则三五形成一排展翅飞翔，更有的是迎着晨起的朝阳、送走日落的晚霞；还有的似在仰天长啸，也有的像是垂头静思。我为丹顶鹤的舒展风姿所深深吸引，内心激发出一种喜爱的情愫，更为作品主人不辞劳苦地起早贪晚、昼伏晓行的艰辛油然而生钦佩之情。更令我意想不到的是，偌大一个展区的所有照片竟然全出自一人之手。并且在韩国和国内许多地区巡展、国际上获得多项大奖、成为世界上知名的丹顶鹤摄影家。在导语中我还得知他在1999年第一次拿起照相机，用短短的3年时间取得令世人瞩目的成就。当我们与作品主人王克举见面时，我由衷地说了一句话："没想到，我们家乡还有这样的人物！" 后来，因为多了一番留意，我陆续遇到了一些接触鹤题材直到涉足鹤文化的机会。但是，我更加珍惜王克举在鹤文化上对我的启蒙，照片中所展示出的艺术意境，长久地萦绕在我的心间，陶冶着我的情怀。于是，我便主动地与王克举接触，进一步的交往和倾听他的诉说，梳理出他拍照丹顶鹤由爱好兴趣发展到执著追求直至升华为心灵寄托的心路历程，真实地感悟到他所达到的人鹤相谐的那种奇妙意境。

在王克举身上，的确体现出一种英雄主义的情怀。那种把天下鹤题材尽收于梦鹤苑的大气和胸怀，为了弘扬中华鹤文化所表现出的百折不挠的坚韧毅力，使他成就了那样骄人的业绩，在领略鹤文化真谛上达到了人鹤相谐的新意境。

固然，和平年代不像战争年代那样，人们面对共同的敌人，英雄行为可以激起人们强烈的认同和情感上的共鸣。和平年代的英雄也是生活的一种样式，一种生活方式选择的结果。他们在实现自己人生理想追求的过程中，需要克服的困难、障碍，常常超过普通人所能够承受的限度。有位很有成就的老摄影家，看了王克举的摄影展之后，颇有感慨地说：“他在冰天雪地之际也时常想去拍鹤，但一想到那种寒冷就放弃了。”所以，他认为王克举的丹顶鹤摄影事业突出的艺术特色在于冰雪摄影。我们不想，也不希冀人们向崇拜战争英雄那样，对和平年代的文化英雄献上鲜花和美酒。但我们应该向他们表达一种尊重和崇敬，因为和平年代如果缺少他们的身影，也就太缺少激动，缺少鼓舞，缺少激励。就连现代商业竞争也在倡导和推崇共赢、双赢的思想和策略。有成就、有作为的人受到人们的尊重和尊敬，这应该是现代文明的一种底线要求，也应该是对现代人文明素养的起码要求。否则，就是对人类最宝贵、最活跃创造力资源的破坏、践踏和摧残。也许，正是王克举的努力，他所表现出的独立的文化追求，为保存、积累、提炼、升华鹤原型所蕴涵的文化价值所作出的贡献，令人感动，使人回味，给鹤城人带来持久而又强烈的审美体验，领略到美妙的鹤文化的艺术意境，展示了鹤城人所具有的文化创造潜力。看到了鹤文化作为鹤城形象的王牌所蕴涵的潜在价值，启迪、影响、打动并吸引了鹤城的一些人士，积极投身于鹤文化建设的事业中，使家乡人看到了鹤文化的美好前景。面对这样的英雄，我们至少不能像守财奴那样，吝惜自己感情的付出。虽然，英雄并不介意这样的回应。但我们至少不应该让英雄感到寂寞和孤独，更不应该让英雄去承受人间的冷漠和任何形式的伤害。

我常常往返于齐大公路。看到展现在眼前的天然大绿地，在极目远望之际，总是为家乡拥有这样的绿地感到骄傲。但又总觉得在那里面有一种说不清楚的牵挂和寄托。王克举“人鹤相谐”的那种意境启发了我的思绪，去触及和深达那片绿野的腹地，帮助我解读了那里隐藏着的人鹤相谐、人人相谐的情结。由人鹤相谐达到人人相谐应该是一种什么样的意境？朦胧感到这种人人相谐的意境又必须是从人鹤相谐的意境中衍生升华而来，不能缺少丹顶鹤那种舒展华美的身姿。

是家乡的纯洁绿地、一碧江水、湛蓝天空。吸引了丹顶鹤，丹顶鹤选择家乡成为她的栖息之地。家乡又因为丹顶鹤而成名为鹤乡；是丹顶鹤使世代鹤城人珍惜和爱戴她，并由对她的情感升华出对她栖息之地爱护和保护的纯洁的情感；是丹顶鹤唤醒了鹤城人尊重自然、爱护自然、保护自然的意识，使鹤城人达到了与自然和谐相处的意境；是丹顶鹤成就了我们鹤城在人与自然和谐相处的高起点。

联想到国内许多城市和地区，以牺牲自然优美的环境为代价实现了经济发达、人民富裕，却又不得不为恢复、重建人与自然的和谐付出更加沉重的代价。我们在感叹这种得不偿失的发达时，重新评价我们的“欠发达”，是不是应该多一份庆幸，少一些抱怨，对日后的发展更加增添一点理性的警醒和自律。

感谢丹顶鹤，提升了我们追求城市发展的意境；感谢王克举，是他使我多少悟出了点滴从人鹤相谐达到人人相谐的真谛。我们，更应该感谢我们鹤城的先人，能够有那种情怀和理智；感谢当代鹤城的决策者和建设者们，能够在世俗的繁闹中保持和坚持那样的从容和明智。

让人鹤相谐、人人相谐的意境永驻鹤城人的心间。

12. 关于商人

我长期从事金融经济方面的研究。懂得诚信的重要，也深知违约问题的严重。但在实践上对商界涉足很浅，不知在这样的背景下，商界人士是如何在其中运作的。曾听到一位政界人士对我说，商界人都有一套对付失信的办法。

与朋友聚会，席间介绍一位性情看上去很温和的青年，在商界干了近20年，现在又是建筑商，便产生了一种好奇，也就想进一步解读。随着席间局面的展开，气氛热烈地烘托，由陌生也很快熟悉，话语也就很投机。我便对那位性情温和的商人提出问题，以他的性情如何能在商界站住脚，并且能够几年十几年这样做下来。因为头天晚上，是同银行人聚会，提到我们这里的企业平均寿命为3年。他说他很羡慕知识分子，他只能看平面图，但他知道应该把握住的是什么。他讲了他亲身经历的一件事情。他交工后的一栋住宅楼，住户入住后墙皮出现大面积脱落，引起上访，要求迁楼，市里有关部门出面协调。在协调会上，他提出的承诺是这栋楼不会倒，迁楼不可能，至于住户的其他要求可以补偿。我感到很奇怪，怎么会提出楼会不会倒的问题。他说，偷工减料是普遍的现象。比如：根据当地不处于地震带的情况，地震梁可以不放，6000米的楼房可以节约80000元。别处可以偷工减料，但主框架绝对不能偷工减料。比如：桥梁就不能偷工减料。联想到几年来的建筑安全事故，确实有住宅楼甚至桥梁垮塌的事件，那一定是主框架也被做了手脚。

这位商人还讲了一件事情。每年春节前发工资，看到桌子上码放的百万元现金，也动过克扣的念头。拖欠农民工的工资，是普遍现象，不克扣是傻瓜，而且要克扣可以找出许多理由，能够让农民工接受。他想到母亲的善良，想到不能去赚昧心钱就打消了那种念头。的确，不想办一件事可以找出1000条理由，想办一件事一条理由就足够了。

席间有他初中的女同学，并且是中学时代的同桌，学习非常好，自然提起往事，引出笑谈。提到他的同桌当时在桌间用油笔画了一条不能越界的线！我说，原来你心中有“杠”，你应该感谢你的同桌，无形中给你进行了法律启蒙教育，知道人间有不能越界触犯的东西，有了最初的“法律意识”。

有次我参加商界人士聚餐，席间竟讨论起行善行恶的话题，引起大家热烈讨论。

有人引经据典，说起《周易》上如何如何讲人的命运，两千多年了，现在还那么有效灵验；也有人补充说，美国中央情报局曾经向美国总统提供一份报告，称中国的《周易》与现代科学研究成果不谋而合。还有人结合现实人生，说善恶一定有报应，迟早的事情，一定要行善，尤其赚了钱，更要去行善。

因为我也写过善行新解的话题，所以格外留意大家的议论，静听沉思。由《周易》引发的命运问题，的确值得深思。左右支配人生命运的各种因素，有不可知的因素使我们感到茫然，解释不了，有一种神秘感，生出敬畏心；在可知的因素里面又有可控不可控两种情况。可控的范围里比较好说，人生有些东西可以预见，也可以预防；不可控的东西，知道了对人生也有好处，比如生死问题，可以养成顺天知命的人生态度，建立坦然安然的心境。

回到善恶，是否属于人生可控范围？战场上生死较量，商场上利益得失，职场里求取功名，人生的荣辱成败，如果不择手段，不顾天地道义良心，就有恶的成分。所以战后忏悔，祭奠亡灵，即使对英勇就义的敌人，也应投注敬意祭奠；商界里一手赚钱，一手施舍，以消解内心不安。

即使我们相信行善行恶的因果报应，有时也会因为利心诱惑，却在那里抑善扬恶，所以遇有天灾人祸，便反检自己是否有行为失当的过节，是不是做过什么对不起人的事情。于是，有所收敛，渐生虔诚行善之心。如何行善，古人有言，勿以善小而不为，勿以恶小而为之；善有独善其身，也有行善于天下，普度众生，救民于水火，这样的善可谓是大善；行善并不排除功利之心，行善是为了图个自己有个好报；行善也需要境界，帮助缺知少智的人找到正确途径，帮助无助无奈的人摆脱困境，比较容易做到。对恶人恶行有悲悯情怀，帮助恶人从罪恶中解救出来就极难做到。就连写《劝学篇》的那个培根，也曾经说过，为善是无止境的。宗教里讲，人生有前生后世，也是讲修德行善无止境。

为善是即兴之作，还是像信仰那样虔诚追求，是天生的还是后天教诲出来的？却很难说，古人就有人之初性善性恶之争。基督教讲人天生有罪恶感，来到人世是来赎罪的，那种虔诚的确有精神上净化提纯的功效。世俗人生，原本就是浑浊的，很难有那么净化超度，那么好的位置，凭什么给自己去受用，命运不济也是积善不够；为什么那么多人，天灾人祸唯独落到自己头上，那是恶行的惩罚。人生，能遇难有人相助，行恶有人劝止就不错了。

关于善恶的知识，对人生极有用处。至少，善足可以使人心安，升至福境。苦中作乐，贫贱也乐，如果说是一种寒酸的穷，却也足可以使自己心安，心安即福。没有做过什么对不起天地良心的事情。富贵是不是福？就要辩证去看，想想不义之财，不寒而栗的滋味，富贵了却反而不安，不安就不是福。既富且安，才是乐福的统一。很难达到，能在富贵中行善，求心安，也就成了有现代特色的幸福之路。

时下处处寺庙殿宇，时时香火旺盛，香烟缭绕。既是在祈祷祝福，也是在忏悔净化，更是在呼唤善念。但，有多少是求形式，有多少真有虔诚之心？

也就很难说了。即便是单纯的形式，也是一种提醒，也不枉此行此举。

恶积不足以灭身，行善不足以成佛。仔细推想，回归于世俗人生的本来面目，竟然是行恶也有行恶的市场空间，如果少行不义也就未必自毙；行善也有行善的苦涩艰难，行善也需要谨行。我们却不能因为行恶的侥幸而庆幸，能够在行善的苦涩中保持一种淡然，已经是世俗人生的一大心安幸事了。

13．坚守和超越，以及跋涉

我同一位朋友交谈，根据他工作岗位的变动，期待他能够保持和坚守一些人生可贵的品质。仔细推想，在现实中存在着一种悖论结构，鱼目混杂，黑白相间，美丑共生，瑜暇互见，使人常常真伪难辨。好坏难分，无辜与有罪，很难用简单的尺度衡量。悖论的现实，展示出一种变幻的魔力。

人，固然可以善变应对。但如果没有保持和坚守，就容易在这种善变之中迷失自我。是诱惑，压制，扭曲的力量，常常造成人格的复杂多变。心性的把持，显现出脆弱、苦涩和艰辛，面对那种悖论的力量，的确需要苦心和坚韧。不然，人生如同无根之草，固然轻松却轻松得随风四处飘荡，难以立足也无法实现安稳。保持和坚守的究竟是什么？其实就是一种精神。

在保持和坚守的同时，更需要有一种超越。如果没有超越，保持和坚守就可能演化为固执甚至偏执，在那里抱残守缺，难免酿成人生悲剧。超越也有超越的难处。超越需要一种放弃，放弃就难免有割舍的痛苦，战胜痛苦需要勇气和果断。坚守是一种精神，超越同样是一种精神，不同的精神资质交会融合熔铸成一种复杂的精神资质，才可以使人应对自如。

如同负重而去的行人，随着旅途的延长会加重那种负重感；亦如向山顶攀登的游人，越朝上越会增加一份疲累感。思想的旅途，荆棘、屏障、曲折、婉转，随着思绪的跋涉、伸展、延伸，也更加需要抵御阵阵袭来的疲惫之感，不断卸掉因跋涉而带来的那种疲劳负重的感受，使心灵、意境不断得到净化、超拔、提纯，逐渐达到虔诚、执著、倾注、忘我意境的极致。

因跋涉，人生感悟登高至新的平台，人生意无止境，贵在舍全身之力、倾所有之情、凝平生之智，创造瑰丽奇境，惠至峰值体验一瞬，淋漓尽致，竟生潏眷之情，似有缠绵之意。

在峰值那一瞬体验的映照下，一路跋涉的辛劳、艰辛、酸苦、愁绪，统统化为一丝丝甘甜的琼浆玉液，滋润着心田，供人们仔细鉴赏、悉心把玩、无限品味……

这，使我想起，人们每每谈起自己奋斗的经历，为什么总是滔滔不绝、不厌其烦、饶有兴味、喜悦之极地讲述那些本是艰辛、酸苦、愁绪甚至屈辱的往事，原来它们已经通过那种峰值体验，过滤、蒸发、转化，变成了另一种人间风味，展现的是另一种人间景致。

我不是宗教信徒，却想象到宗教信徒们的圣洁感受。他们不需要世俗的成功，甚至根本不需要涉足世俗闹市，却把世人看来的苦行，当做获得自己心灵主人认可、赞赏的证据证明，他们内心体验的是一种圣洁、欣慰的感受。

人生感受真是奇妙。如果，无论从事什么事情，都能带来这种圣洁、欣赏、审美之感，那真是仙化的人生意境。

14．善待不同的声音

人生渴望遇到知音，可知音难觅。

人生能够常听到的声音，有成功时真诚的祝愿祝福，也有嫉妒而生的贬损之音、失败时的冷嘲热讽。如果你随波逐流，很难听到什么声音；但你逆流而上，有了什么不同于众人的异举，噪音杂音就会不绝于耳。

人的声音也会伪装，口蜜腹剑者，看着你笑脸如花、甜言蜜语，脚底却在使绊子；你不想听到的声音，有时却会冷言冷语冷不防地充斥你的耳朵；人自然喜欢听到福音，可人生不能总是福音。人生有时喜欢静下心来，在寂寞中品味那种寂寞的韵致，却常有城市的嘈杂轰鸣来干扰。

不同的声音背后，有不同的人生生存样式，不同声音的交会就是不同生存方式的碰撞；不同的声音交融混杂，变成一种吵闹的喧哗，也成为人生一大景观；人生的竞争，也转入升华到声音高低强弱长短的一种竞争。的确，我们的民族有吵闹的习性，几乎一切公共场所，凡有人群所在，无不吵闹喧哗。如果吵闹之音突然消失，出现一种静场，人们反而变得不适应。就是在大大小小的会场上，如果与会人员不耐烦，也常常交头接耳，主持人如果放纵，便极有可能演化出一片噪声。如果你让有话说的就站出来说一说，反而无话可说。原来，由习性变成偏好，喜欢在嘈杂之中交换点什么。不愿意接受也不喜欢市场经济这样那样的规则，喜欢在无序中的随心所欲。

人生，除了面对有声的声音，有时也会出现无声的时刻。那就是沉默。无声的沉默，有时甚至比强音更具有表现力，就像音符之间的空白比音符本身更具有表现力一样，“默默无语两眼泪”所表达的情感更具有感染力和穿透力。

无声有无声的魅力，在某种意义上说，声音的节约也是人类智慧的表现。人生有时会陷入一语难发的窘境，如果意识到任何声音都是无济于事的，不发出声音就成了一种聪明的选择。

可是，人生毕竟不能没有声音，更不能只有一种声音。一种声音，即使再悦耳，常听下去，不仅因单调使人疲劳，厌倦，而且会显得尖利刺耳难听，更加令人难以忍受。

所以，需要善待不同的声音。善待不同的声音，就是善待人的生存权利，就是尊重人生的多样性。即便是不好的习俗，也需要尊重。唯一需要的就是对不同声音增添一点耐性，能够听得进不同的声音，并在听得进不同声音的同时，保持住自己的本性，在喧哗吵闹之中不至于迷失自我。

15．用生命熔铸而成的文字

书写的文字成为生命力展示的一种形式。书写的文字一旦与生命的价值直接沟通，自然会引起强烈的心灵共鸣，一个个文字成为心灵震颤跳动的音符，文字的书写不再服从于生命以外的功利目的，直接打上了生命的烙印。

我常常反思在2003年11月初的一天，在我写了2～3年的《我们所面对的时代》题目中加写补充一些感想，不料随着思绪的舒张，竟然有一种“写飞”了的体验，自己难于捕捉住思绪的形迹，待到思绪扩张的强势减弱下来，才感到原来的题目已经不合适，脑海中意外地蹦出“无根之草”的词汇。后来，有位朋友看到这个标题，还感到很惊讶，很奇怪，无根之草怎么活呢？

生命化的语言，语言化的生命。从生命中提炼出来的原汁原味的东西，凝结成为语言，也就具有了鲜活的生命特性。语言与生命如此奇特的组合，使书写的语言成为生命的自然流淌、由衷的宣泄，束缚生命原创活力的那些枷锁羁绊尽行驱除，消失得无影无踪。

生命与书写的语言已经熔铸一体，用生命去书写，去感知，去体验，自然透射出生命的本色，有它的朴素和真挚。

这样的书写，也许才是书写的极致，通过生命原色的折射、释放，生命价值的外衣尽行剥落。这样的书写，才更容易人格化。

这样的书写，带来的心灵感受，是心灵不能成为藏污纳垢的场所，是对心灵的梳理和清洗，因此才有了心性的舒展和畅意，扫除了心灵的积弊和障碍，随之而来的是一个重要的心灵事实，几年来缠绕心中的那种不安、紧张、焦虑，一下子消失了。

现在，人们追逐忙碌，风雨兼程，似乎都在追求旧日大锅饭、铁饭碗带来的那种安稳，甚至忙者为安，以忙为安。写到无根之草，才猛然醒悟，任何外在目标，都不可能给自己带来永久的安稳，应该找回已经失去的那种安稳，确认已经成为永远的梦想。于是，思绪因为摆脱了那种注定不能实现的缠绕，竟然意想不到地自由起来。思想摆脱了外在的拴束，也就获得了自由舒缓伸张的时空天地。

由文字而联想到写作，写作是渴望贴近人的心灵，寻找一种深藏的灵性和感悟，让一种美妙的感觉久久地回荡于心。写作也能抚平内心的躁动与不安，能调适现实中的种种不平衡，它是心灵中的桃花源，纯净、自然，不染陈俗。写作是一个富有魅力的磁场，只有具备了同质性的心灵才能被它深深地吸引。

写作的精神源远流长，古老而深邃，纯净而淡泊。

写作需要学会感动、拥有感动、追求感动，需要富有感染力的语言文字把感动表达出来。

写作需要生活库存，在那里蓄积着写作营养和动能。有人说，生活之树是常青的。在那里，蕴涵着变化如天地、不竭如江河的题材，可以让人随处拾取随处解读随意挥洒，展示出一种诱人迷人的意境。

生活就是写作的富矿，开采它需要执著，展现它需要技巧。

把写作当做一种工作，感受的是压力，隐含着无奈；把写作当职业，成为一种追求，是一种理性选择，可以倾注心血和爱心；但即便如文学那样的神圣和崇高，也有人说要适可而止，不要走得太深；也许，唯有把写作当做文化，才能彰显出文化之魂的神威，才能获得纵横于宇宙天地的那种自由，领略到人间那种极致的景观，观赏到瑰丽美妙的人间景致，获得那种超级的人生体验。

16．听一次讲座有感

有机会面对面听到中国工商银行股份有限公司黑龙江省分行李久新行长的一次讲座。他以自己的人生经历和思考为基础，结合自己长期从事银行管理工作的经验，设计开发了主题为《把握人生方向　珍惜职业生涯　努力成为优秀的工行员工》的培训项目。

他的讲座朴实自然，令人感到亲切可信，具有很强的说服力、感染力和影响力。从入行开始，他每天比别人早上班10分钟，比别人晚下班10分钟。树立这种时间观念，看似小事，但常年坚持下来，并凝结为自己的工作风格，就会定格为可贵的品格。早上班10分钟，是为了做好上班前的准备工作，晚下班10分钟是为了对一天工作作出总结。早上班10分钟，包括打水扫地，擦地不但擦本科室的地而且见别的门开着就擦，甚至引起清洁工的不满，活都让他干了怕自己没活干被辞退。刚上班的年轻人打水扫地，的确是一些琐事，也可能为某些年轻人不屑一顾。但作为新入行的员工，没有工作经验没有工作智慧，也就等于没有任何专业优势。从日常生活工作的这些点滴小事做起，日积月累，坚持下去，就会形成人格品行的优势。把握好这一点，在一个人职业生涯的起步阶段非常重要，这将为日后向周围同事学习、赢得同事帮助、特别是能够直接得到经验丰富的老同事、老领导的关心点拨支持，为提升自己的专业优势奠定良好的基础。后来他被提拔为单位办公室主任，在负责组织送液化气分秋菜或其他福利物品时，本不应该他亲自去干，但也放下架子和同事一起肩扛人背，他自己回顾说那个时期也是威信上升最快的时期，这种干法，也正是他无论从事任何工作都能表现出虎虎生威气势的真实写照，他自己也可谓达到了化苦为功的境界。这样的工作，看起来不起眼，不让人重视，而且让人感到苦和累，但数年如一日，则会助人赢得人格优势，转化为非常有效的职场积分。他也反思自己曾经作过农村活的体验，经受那种苦和累的洗礼之后，干任何工作都感到轻松，浑身有使不完的劲。原来，有了农村活的积累积淀，不但可以增强人们对苦和累的耐力，还可以增强对职业的净化力和提升力，熔铸成一个人职业生涯的基石。

李行长的讲座，揭示了人生职业生涯某些带有规律性的东西，给我们带来的启示也是多方面的。听了李行长的讲座，使我想起一个小故事。日本有位年轻姑娘，刚就业就被分配去擦厕所，好不心烦。就在她心理极度沮丧之时，她的师傅来了，亲自把抽水马桶擦得光洁如新，然后很自然地从抽水马桶中舀了一碗水喝了下去！这使她的心灵受到了深深震撼：抽水马桶是干净的！她从此下定决心，一定要把这项工作干好：“就算一生洗厕所，也要做一名洗厕所最出色的人。”这就是后来的日本卫生大臣野田圣子。一个人无论从事何种职业、无论岗位高低，贯穿人生职业生涯的主线就是敬业爱岗，有了这种精神就足以提供终生不竭的动能，就能够使一个人始终焕发着勃勃生机，就不难做出骄人的业绩，就可以铸就人生的高度。

17. 我们的都市生活究竟缺少什么

现在，我们的都市生活，太烦恼太世俗也太势力太功利，究竟缺少的是什么？是诚实，是诚实的保持和坚守。是世俗的纷争之心抽空了人们的诚实，还是文化的传承里缺乏一种诚实，或者是本有一种诚实却缺乏一种坚韧？

应该说，企业家是创造现代商业文明的先锋、勇士、闯将和功臣，但我总感到，我们的企业家，缺少一种东西。1986年12月15日《人民日报》头版头条，发表了30位企业家的一封公开信，昭告世人，企业家具有“哲学家的思维、经济学家的头脑、政治家的气魄、军事家的果断、外交家的纵横、战略家的眼光”，可谓集中了人类的精华。可是，在如此郑重的声明宣言中，是遗漏了还是骨子里缺乏商品经济市场经济中最需要的灵魂？后来的失信泛滥，证明了一种实实在在的信用缺失。我说，应该对企业家的那番表述增加一条“银行家的信誉”。应该说，银行家是最讲信用的，信用机构的掌门人如果不守信用，何以立足何以能够开张营业何以能够增资扩股招揽业务？可是，后来的银行界也出现了大案不断小案频发的局面。

的确，公有制给我们提供了一种机会，可以不必经过艰难的个人创业直接出任高级管理人员，这是一种历史的幸运，结果，这样的幸运反而使人们体验不到那种原始创业的艰辛，体验不到诚实的可贵、诚实的价值和坚持诚实的重要。缺乏诚实的商界冶炼都市生活，再智慧再勇敢再坚韧，也难以熔铸冶炼出那种内在的审美资质，也自然就难为了我们的作家们。作家们在观察在审视在体验在品味中，也许会感到游移、困惑和茫然。我们在对作家们的深切期待中，还是多一点理解体谅，不要难为了我们的作家们。还是回返于我们的现实，去熔铸能够闪现审美价值的都市生活。

几年前，我在《新华文摘》上读到一篇有关都市文学作品为什么获奖难的对话，自然，文学评论家们的语言非常专业也很到位。因为自己是文学爱好者，曾经对那些大型文学刊物期期不落地浏览过，特别喜欢阅读中篇小说，近年来，甚至对《文艺鉴赏大成》一书，进行逐类逐篇逐段甚至逐行逐字地推敲解读。通过这样的工夫，使自己多少增加了一点鉴赏的兴致。也就透过这个话题，说说对都市生活的感想和对作家们的期待。

回忆起来，20多年来，能够给自己留下深刻印象和感受的文学作品，主要属于“伤痕文学”、“知青文学”、“改革文学”，如果从城乡题材角度划分，多是乡土作品感受深一些，比如路遥的《人生》。现在引起文学界评论界高度关注的都市作品获奖难的现象，的确值得深思。获奖难，自有作品自身的因素，有没有生活题材方面的问题？生活本身积累积淀，是不是形成了可以供作家们去关注挖掘提炼的丰富“矿藏”？就像石油煤炭，经过多少万年的自然功力才铸就而成一样，我们的城市生活，不但缺乏那种积淀的深度，更重要的是，在城市化进程中，多重因素交融混合生长出来的文化生态，给人们带来的感受是，由于竞争功名利禄伴生的负面体验，积累得太多太重，可供鉴赏的审美资质、审美内核，很难在这样的环境中生成。都市生活，失去朴素真诚，自然也就难以令人动心动容，就是真正出现了朴素真诚的生活原型，反被认为“太土”、“太掉价”、“太不值”。在都市生活中，应该找寻审美体验，要不同于乡村的审美模式。比如，硕士放弃学业和美好前景到偏僻山区任教，会引发感动的感动，但感动之余又被理性的权衡冲刷掉消解掉了，太理性的审美就冲淡了审美，也很难产生由于审美产生的震撼力，如同冷美人很难让人动情一样。

都市生活的审美，确实有些理性，但光是理性，比如有权有钱，又显得势力刻板流于世俗；审美也需要情性，没有情性的生活、没有情性的题材也就无法打动人；现代都市生活的复杂性要求具有灵性，缺乏灵性也就缺乏顿悟和瞬间的爆发力、突破力，也就难以产生震撼心灵的穿透力。都市生活要锤炼铸就成兼具这样多要求的审美资质原型，需要时间，需要承受忍受，更需要提纯净化和执著，有一种坚忍不拔的保持和坚守。也许，通过这样的过程才能铸成都市生活的灵魂。如同梅葆玖所说的“我真喜欢灵魂的美”，而灵魂的美又是那样的空灵，那样地令人难以琢磨难以把握，所以才需要高水平的作家通过人物的塑造细节的刻画，巧妙地打造出人魂一体化的优美形象，使人产生强烈的审美体验。能够展示出这样都市生活功力的艺术作品，也就不难获取这样或那样的文学奖了。

莫泊桑的小说《项链》，现在读起来，为什么还能给人带来强烈的审美体验？小说中的女主人公，从那种爱好虚荣的生活追求中，戏剧性地通过丢失从贵妇人那里借来的“假项链”而回归于质朴的生活，并通过长达整整10年的努力偿还因归还真项链而欠下的债务，最终也是因为贵妇人的坦诚道出假项链的真情而耐人寻味地结束了故事。故事里隐藏的诚实对诚实，很值得我们深思。

18. 人生第二幸福高峰期

幸福，也是一种生存本领。

我们要学会幸福、感受幸福、创造幸福、领略幸福，带着修行的态度，来对待幸福。

意识到的福才是福。

当孩子高考后第一天早上醒来时，我的第一感觉，就是时间上的解放。生儿养儿盼儿助儿19年，盼来了录取通知书，孩儿实现人生第一大理想，也是为父母的人生进入第二幸福高峰期的开始。一张通知书，浸润了浓浓众人情。饮水思源，幸福不忘众人情。当我们为了孩儿升学，承受压力、风险，感到心神不定、烦躁不安之时，能够感受到大家关切的目光、亲切的问讯和问候，是对我们莫大的安慰和鼓舞。我们在接到通知书的第一时间，产生的第一个心愿，就是想感谢大家。也祝愿还没有考学的孩子，能够顺利考上自己理想的大学；已经考上的，接着考研考博，毕业找到好职业，干出好名堂。亲眼目睹了孩子中考高考的经历，痛切体验到：可怜天下儿女心！我们的孩子们，只要愿意学习，会不遗余力地去拼搏；当我们面对孩子不愿意学习的时刻，也要尊重孩子的意愿和选择，鼓励和支持孩子，凭着自己的聪明才智闯荡天下，同样可以打造好自己的金饭碗。

我们更需要面对的是，孩子们大学毕业后的失业。政府公共管理、公司管理、专业技术研究发展职位日益开放，虽然为大学生择业提供了更多的通过竞聘获得中高级职位的成功途径，但是，长期以来大学生就业挤出效应形成的职业空位相对减少与高等院校持续大规模扩招的矛盾，使大学生的就业形势变得日益严峻起来。面对就业难的大学生们，自由创业已经成为非常现实、合理的选择。从长远的观点看，这种选择具有广阔的发展前景。

如果对20多年以来我国社会结构变动过程作一个简要梳理，劳动力由就业市场向创业市场曾经先后发生过三次大规模的转移：第一次是20世纪70年代末、80年代初，城镇公有经济吸纳不了的剩余劳动人口向个体经济领域转移；第二次，持续多年的农工潮；第三次，90年代中后期，国有经济收缩形成的相对剩余劳动人口向私有民营经济领域的转移。对于即将出现的大学生自由创业热潮，我们可以比较乐观地预测，它所产生的社会结构调整、结构提升的能量，将超过以往任何一次变动，成为社会经济领域中一道亮丽的风景线，也将为小康社会的全面建设注入强大的社会动能。

人类社会进入20世纪后期，知识经济的形成和发展，高新技术产业群的迅猛崛起，使当代大学生成为知识经济的代表和前锋，并迅速成长为活跃于社会发展前沿地带的一种社会力量，也使大学生成为潜在的、最富有竞争力的强势创业群体。他们比历史上任何一代创业群体都幸运的是，能够在社会整体环境开放、市场经济体制比较健全、政府的政策理性已经成熟、中产阶层崛起的背景下，获得知识、经验、资本、政策、体制等健全的创业支持，尽可能充分地享用社会资源，提高自己创业的成功率。我们也期待着当代大学生们能够以勇敢的精神、惊人的才智、坚忍的毅力，创造新的职位，打造好自己的金饭碗，发挥出作为新一代创业群体的战略优势。

大学生的未来，就是家庭的未来、国家的未来、民族的未来。大学生的创业需要得到全社会的关注、重视和支持，需要社会进行一系列具有生态价值的适应性调整：家庭教育要特别注意培育、鼓励和支持子女的创业精神，破除子女对父母的依赖思想；学校应加强创业教育、提高学生创业素质，把创业教育作为素质教育的重要组成部分；各级政府则应根据社会发展出现的新形势、新机遇，通过举办大学生创业明星评选等活动，倡导和鼓励大学生的创新行为，采取一系列政策措施，扶助和支持大学生的创业实践，为大学生营造良好的创业氛围。

亲子关系，是人生承继最为密切的关系，也是因果关系最为突出的关系，是人生可控性最强的关系。智德表现水平是自己可以努力和控制的，属于人生最为稳定的表现。坚持智德双修，不但自己，而且下一代也可受益。

以此定义人生幸福周期，使人生体验较少受到不可控因素的影响。

单位有个老职工，提拔、职称一直没有解决，心中憋气、窝火，一想到一遇到这样的问题、机会，心里就犯堵。后来，我说，你有没有高兴事？他说，孩子安排挺好。我说，这么大岁数人，还想什么？从此他变得心平气和。自己的心理定位，是否满足，也要随着人生周期变动而作相应调整。

人生好比是在打牌，要善于抓住机会搞名堂，以调整、改变、丰富、提升自己的感受。当然，你的名堂要师出有名。你的名堂有内在价值和外赋价值。外赋价值具有极大的可塑性，也就是极大的弹性。这就给人们提供了巨大的想象和组合空间。

外赋价值弹性大小，也有一些判断标准，是否符合当今世界潮流；是否能够反映人们的共同需要从而引起普遍共鸣；是否能够引起高层人士关注等等。

评价活动价值大小，不仅要看内在价值，更要注意外赋价值，尤其是在它的初创时期，外赋价值的评价更加重要，通过外赋价值的显著升值来带动内在价值的提升。好的活动名堂具有四大外赋价值：一是聚民气；二是实现广泛的纵向与横向交流；三是聚资；四是提升整体形象。

打牌要看牌运牌点牌气，但从总体上评价场上胜负输赢，更取决于牌技。运用文化这张牌是最具有变幻力的活动，她应具有观赏价值，使人不断感到新奇、刺激，从而展示出她的魅力。她最忌讳的是平淡和常规气。打好这张牌更加需要想象力，要有大视野，敢于大手笔运作，舍得投入和敢于冒风险，在视野所及的范围内，利用一切可以利用的因素打出好牌，打出漂亮牌，打出大气牌，使她更加诱人、迷人！

爱和恨，都是推动社会进步和人类行为的伟大动力，使人可以成就一番事业，但也容易衍生出破坏力。爱和恨，究竟如何生成？复杂的心理机制和刺激机制，使人间富有变幻力和魅力。爱比恨，有助于延年益寿，心情舒畅；恨，虽然使人达到外在目的，却由于伤神伤身伤心而催人衰老。爱和恨，带给人的体验毕竟不同。所以，应推崇良性竞争，遏止恶性竞争，从心性上，鼓励、提倡干事不伤人，失败了，只生自己的气。市场经济呼唤着文明进步。遇事遇人，一定要看，要寻求，有没有旋转的空间。对立甚至对抗的状态，有没有化解、转化、升华的机巧。

我常常为许多人的命运感到遗憾。他们不是人生不努力，没有付出心血和汗水，但命运总是不济，时运乖舛，只是由于他们面对种种坎坷，生出不满，累积、郁结而成仇恨。人生路子越走越狭窄，心路也就越加闭塞，郁积成疾病。隐忍的积极意义，就在于随时化解累积而成的不良情结。

19．浓浓兴安情

2007年6月24日，由李安副行长陪同前往北极村，公路两旁的山岭一个连接着一个，山岭上的树木花草也长得格外的浓密和郁郁葱葱，加上雨水充沛更加显现出一派生机盎然的景象。联想到大兴安岭工行人，能够在如此偏僻山区创造辉煌业绩，现在张余振行长又提出要在“高寒禁区”打造区域第一零售银行，特别是人与人相处所表现出深厚的底蕴、浓浓的情意，“经济欠发达、感情不欠发达”，也许是天人合一、天地造人的又一特殊映照吧！

有漠河县行李行长迎接一同前往北极村。到了北极村已经是晚上8时，但这里却没有内地的黑暗，天依然大亮。到了北极村，亲身感受“北极”景象，方知这里根本看不到北极光，但过去脑海中记忆里总觉得到了这里会看见北极光的瑰丽神奇景象。因为没有真正的极昼也自然没有极光景象，未免有些失意。但通过头天晚上和第二天上午的游览观光，方悟得“北极”本无光却为什么如此吸引人的奥秘。这里的极昼虽不是地球北极圈极点上的极昼，但毕竟是祖国距离真正北极的最近点，也就自然具有别处没有的风光，虽然没有赶上极昼夜，但深夜10点依然光亮，晨起2点即微明，仿佛太阳在环绕地球北极侧面边缘转动，迟迟不落或落下又即刻升起。这里的早晚温差要相差十几度，是地道的避暑胜地，晚上睡觉要盖上厚厚的棉被。这里的人们，也自然发挥着想象力，利用内地人的好奇心，借用地磁转化为人文吸引力，塑造了只有这里才能有的一系列景点：北极村、神州北极、中国最北一家、中国北极点等等，而且打造得果然有水准有成就，据说，离这里仅一小时路程的漠河，已经在修建大型机场，很快即可通航，相信那时将会格外增加这里的旅游热度。

第二天，我们怀着意犹未尽的心情离开北极村回到漠河县，因为行前我们就听说漠河工行大服务工作开展得很好，在当地窗口部门评比被评为第一，又有声有色地开展了乐业教育，省行工行的智勇便安排了一个简短的座谈会，了解那里的大服务工作，听说那里有位女员工一天竟然办了571笔业务！想象每笔业务至少要经过与客户递接单据、翻看传票、电脑操作、加盖公章四个环节，一天下来完成的技术动作该有多少个，该需要多少时间，耗费的工作量该有多么惊人？而且这位员工不仅是业务操作能手，在该行营销业绩还排名第一，真是可歌可泣。

行里的同仁特意领我们看了“松苑”，原来是城区内一片松树林，本不以为然，在林区内有松树林并不是什么出奇的事情。到了那里才知详细情况，此松树林原来竟是1987年漠河被大火吞噬（我记得这是当时记者报道语）后的幸存者，属于可燃未燃现象，不能不引起人们的好奇深思，特别立有纪念碑，上面碑文写有火魔“四不烧”，知火魔也通人性，又有“四不主义”，不烧松苑清真寺厕所坟地，之所以不烧这四处，被人称奇为松苑为吉祥之地不忍、清真寺有真主威严不敢、茅厕为污秽之所不屑、坟地为鬼魅同宗不犯。这“四不烧”和“四不主义”自然有当地人的渲染想象，也许还有科学可以解释的成分，但我们还是要佩服当地人的想象力，并钦佩他们重建漠河的气魄和勇气。我们也就可以借助漠河人的想象进一步放飞我们想象的翅膀。想象“四不烧”之所，面对席卷而来带着燃烧灼热气势的火魔，“它们”或者巍然耸立，或者寂然不动。由此，我联想到我们人生，如果坦然面对应对挑战，困难苦难也就不会难为我们，就会避我们而去，也就不再是困难苦难，我们的人生就会增加一份幸运，我们也就会因此成为幸存者！

在返回加格达奇的路上，途经新林时我特意让司机在路边停一停，因为我妻子曾经在那里下过乡，我向那里鞠了一躬，以谢那里人民的养育之恩。我们又特别在松岭区做了短暂停留，听海龙行长与李安讲述当年处置不良贷款的惊险经历，我对他们在那种尖锐对峙状态下表现出的从容、智慧和人文情怀，表示由衷的敬佩。也真诚地祝愿祝福大兴安岭分行在新的历史条件下，在他们新一届班子率领下，伴随着东北振兴的旋律、林区经济转型的节拍，实现新的、更高更远更加美好的腾飞！

20. 油工·油匠·油师

2004年6月，家中要修缮房子，起初、我特别反对妻子对原来刷过油的地方进行全面补刷的意见，理由一是费时、二是油味太大，有损健康，尤其是请一位师傅看过后，他也提出，旧房子刷油，因为屋子里面东西多，油味会被吸收，不容易挥发，这也增加了我的反对理由。但由于妻子的坚持，我也就听之任之了。

一天下午，知道家中刷油，我赶回去看看，一开门，就感到很奇怪，门窗紧闭，不通风。进到里屋，看到一位师傅正在平放的一些柜门上刷油，我问：为什么不开窗门？师傅说，刷平放的家具，怕风吹起波纹，怕起灰尘。听了这样的回答，感到自己内心受到了一种震撼。因为家里开始刷油，我和妻子特意到外面找地方去住，以避开油味，每天早晨来开门窗，晚上再关闭。可是，油工师傅却关门窗来刷油，岂不等于吸毒？师傅们说，自己就是干这个的。于是，我感慨地蹲在师傅面前，观察他的操作过程。那位师傅每刷完一件，常常自言自语、自我欣赏地说：看，像玻璃一样！仿佛是在从事艺术创作。果然，看上去，刷过的平面，像镜面一样发出耀眼的反光。后来，刷地板，师傅每下一笔刷子，便说：不刷出水来还行？！我一看，确实在刷过的地方汪出一汪汪水来。

我和师傅们说，刷油是不是可以分出三个层次、三个境界？油工？油匠?油师。师傅们也感觉好笑。我说，油工是好赖能把油刷上去，抹平刷到；油匠是非常熟练；油师就是刷出意境来，不仅关闭门窗，而且能够刷得像玻璃，能够刷出水来。后来，我的这个分等说法，一时成为师傅们的笑谈。

想起油工师傅们的工作生存环境，联想起许多有损健康的工种，在尊重他们的劳动、敬重他们的工作精神的同时，想一想，我们确实没有办法改变他们的工作和生存环境，但是，我们在表示无奈之余，至少不应该漠视这种生存环境。

21. 优秀银行的首选标准与中国银行的洗牌

1997年，我看到世界银行组织专家编写的《新兴市场经济中的商业银行》，引起我阅读的兴趣，起初只是想看一看与国内流行的有关版本有什么区别。却意外地看到一段话，提出优秀的银行业应该具备的十条标准，更让我没有想到的是，书中把“开放的企业文化，广泛的纵向与横向交流相结合”，列为首选标准。后来，我与银行界的一些朋友交换这方面的想法，引起共鸣。有的行长很有感触地说，国内企业界、银行界在总结成功经验时，一般都是把思想政治工作放在中间或者靠后的位置。就是现在，加强企业文化建设，也并没有引起足够的重视，自然也就谈不上加大投入的力度了，也就更难以体验到企业文化的威力和意境。

1999年我到哈尔滨红旗锅炉厂办事情，进入工厂会客室，对面满墙都是锦旗奖状。我好奇地走近前去查看。联想起我到过的许多家知名银行，锦旗奖状等都被放在专门设置的荣誉室里。以后，我到一些地方，专门提到这个问题，荣誉证书应该放在哪里？应该放在客户自然容易看到的位置。

令我感触非常深的是，省行营业部党委宣传部的朱宝昌先生曾经发给我的一封信，有意与我交流企业文化方面的问题。我回了信，很快接到他打来的电话，我们就企业文化问题作了简短的交流，随后，看到他发来的有关“珠峰意识”的文章，了解到省行营业部出现的系列性文化建设经验，出自于他的策划指点。又接到开发区支行杨晶打来的电话，谈起开发区支行文化建设的经验。原来是朱先生把我写的“文明的提升和超越”一文转发给了杨女士。

他们所表现出的意识和行为，正是我们寻求和期待的最为宝贵的开放意识。

如果说，开放的企业文化是优秀银行的首选标准，那么，开放的意识就应该是开放企业文化的首要标志。

祝愿他们走向新的辉煌，观赏和体验到更新、更高、更美的“珠峰景致”！

2003年10月，在学习时听总行计财部的李明熙讲到未来工行的变法式调整，只是感到那是一种彻底的调整，自然触及许多人的利益。面对现存的秩序究竟如何实施这种调整，感到有些茫然。

最近，很注意两家率先实施股改银行的动向。果然在网讯上看到中行人事变法的信息。仔细阅读思考一番，对改革程序设计中的“询问”环节格外敏感，也顿时感到清爽了许多，有一种疑惑疑虑顿解的那种感受。

中行选择江苏、四川两个省分行进行试点。在改革过程中，江苏省内几乎所有分行、支行的科级以上人员都接受了人力资源改革小组的询问，被要求描述自己所在部门的人员配置、岗位职能、工作流程、报告程序、绩效评价等，以便改革小组了解和诊断现有的人力资源管理体系，并开出相应的“药方”。

过去，我们讲，是骡是马行不行，拉出来遛遛。面对这样一种地毯式的梳理询问，有的人能对答如流，自然也难免出现一些令人难堪的场面。由每个人自己去独立面对这样的询问，能不能说得清楚，道得明白，心中有没有数，一目了然。我们可以想象，面对那种询问，像镜子一样，每个人进行一种自我比照，应该给每个人一种洗心革面式的影响，它能彻底洗去旧体制的陈腐，带来一种新体制新机制的清清爽爽，洗出一种新精神、洗出一种新机制、洗出一种新感觉、洗出一种新局面、洗出一种新气象、洗出一种新效果。

原来，我们通常说的市场经济洗牌，就是这样一种洗法。经过这样一种洗法，人也就仿佛经受了一番洗刷、洗礼，然后可以心平气和地走向各自的归宿。

我曾经针对某行不良贷款率出现大幅度反弹的形势，对他们的管理人员讲：我们自己不下手清理我们的问题，别人就会下手来清理我们。我们还是痛下决心，自己洗牌，进行一番彻底的自我洗刷和清理，也好从容面对未来所要面对的一切。

22. 文明的超越和提升

2004 年夏，工行黑龙江省分行召开了创建文明单位汇报会，对会议上交流的经验材料准备结集出版。当时的省行党务工作部给我发来经验材料，让我看一看。因为我最近通过思考人生结构多样化问题，感到无论人生结构是单一的还是多重的，都存在内在的矛盾。面对这种矛盾，需要内在的人格调整充实，也更加需要社会文明的进步。考虑到近期国有商业银行进入战略性收缩期，也就特别关注文明建设所起的作用。所以格外投入了细心，品读研读这个材料。读后总的感受是，这种文明创建活动，对我行产生了整体性提升和超越的力量。社会精神文明是社会发展到一定阶段的必然结果。随着生产力发展、社会分工分业的深化，社会交往突破了血缘、地缘、业缘的限制。社会文明也随之超越了基于血缘、地缘、业缘形成的天然、狭隘的文明倾向，发展为以广泛的共同利益关系为基础、倡导和维护共同利益的社会精神文明。人类在认识这种文明进化、演化规律的基础上，进一步通过各种有组织的社会力量加速文明进程，表现为自觉的社会精神文明建设。社会精神文明建设反映的是一般的人与人之间、人与社会之间关系和谐和人的和谐发展的文明状态，它从塑造合理的社会人格入手，增进社会凝聚力、亲和力，促成友善的社会风气、风尚，构筑社会发展的强大动力。在市场经济条件下，社会精神文明建设更加突出地表达了对市场经济发展过程中人文价值的自觉追求，是对市场经济内涵的、潜在的人文价值的升华和超越，促进经济行为的合理化。在工商银行进入深层次结构调整和全面转型的新时期，一些潜在的、深层次的矛盾和压力开始释放，往往超过了人们的承受力，使各种问题表面化。面对这种压力和挑战，结合我们不断面对的新问题，从表面看，直接涉及到的是利益关系的调整。但是，仅仅通过收入的增加未必能够解决问题。现代薪酬制度实质是一种承诺合约，是用高水平的薪酬承诺，激励人们创造高水平的业绩，它又是激励和约束的统一体。高水平的薪酬是建立在高水平业绩基础上的，我们不能指望没有高水平业绩的高水平薪酬。面对当前的困境，在收入水平相对比较低的条件下，如何激发人们的奋斗拼搏精神去创造高水平的业绩；在竞争和利益关系调整走向深入的新时期，如何缓解人与人之间出现的紧张和冲突，产生共同奋斗的动力；在道德风险上升、道德行为滑坡、人格显得脆弱的今天，如何加强职业道德和公民道德建设，塑造合理人格，使人们在人格上适应新的环境；在拜金主义盛行、经济利益至上的追求中，如何使蓄积的矛盾、压力得到释放和缓解，尽可能减少和避免人生悲剧、组织悲剧，建立和完善多样化的人生追求结构，努力寻求多点之间的动态平衡，使人生发展和银行发展富有弹性和发展张力，焕发出发展的活力，正是我行当前加强社会精神文明建设所迫切需要解决的问题。从这些经验材料看，我行的许多基层行处，通过创建高水平的文明单位活动，成功地应对了这种挑战。他们在推动社会精神文明建设方面，表现出高度的自觉性，把自身发展奠基在社会丰富、深厚的大科学思想文化基础上，采取各种方式、手段，从中汲取丰富的科学文化营养，提炼成自己前进的动能，涌现出各种类型的典型，像发扬“铁办精神”，保持长期持续发展的齐齐哈尔市铁东支行；在危困中奋力拼搏促成重大转机的齐齐哈尔市龙江支行；通过全方位加强精神文明建设、努力提升文化品位，形成良性加速发展态势的鹤岗分行；把员工个人发展与银行发展有机融合在一起、打造富有时代特征经营品牌的洪江工作室；更涌现出富有创新精神、提升创建的科学智慧含量、打造特色文化品牌，收到“以文兴行”良好效果的哈尔滨大直支行的“火炬文化”、开发区支行的“太极文化”。在创建文明单位实践过程中，透过一些行处的成功经验，使人们认识到一句恰当的反映时代特色的标语口号，可以开启心智、焕发斗志；共同演唱一首歌曲，就能够引起人们强烈的情感共鸣，产生一致性的努力；做好一件善事，就可以使人体验到以人为本的科学内涵，营造浓郁温馨的社会氛围；坚持不懈开展晨练，就是搭建文明建设的合适载体，有助于使人养成良好心态；一次精彩的演讲就是人生的一次精彩展示，能够巩固增强人生信心、提高人生努力的成功率；把创建要求纳入经营目标考评体系，与经营目标实行同布置、同检查、同评比、同奖罚，革除长期形成的惰性和其他积弊，使人们感受到创建精神文明的威力。我们从这些经验材料中，不难感受到创建者们的创建热情跃然于纸上，通过创建活动给成功者带来的喜悦；给危困者带来的希望、胆识和动力；给不甘人后者增添的信心、勇气和智慧；使沉寂颓废者焕发出青春的活力。值得特别提出的是，哈尔滨开发区支行打造的特色企业文化品牌“太极文化”，具有比较丰富的科学价值与实践价值。他们从“以柔克刚”的太极拳理中悟出人理文化之理，提炼出“以柔克刚，以文兴行”的太极文化模式，以培养人作为文化之本，把造就当代职业经理人作为企业文化“人性化”的集中体现。为了实现文化仪式经常化，巧妙地把太极拳融入晨课中，在动与静的转换中学会调整心态，通过仪式化活动改造人的心性，可谓把企业文化之功效发挥到了极致。尤其难能可贵的是，他们能够从理念到实践创建自成一体的太极文化模式，引导员工学习“论太极拳”，帮助员工深入领悟太极拳理，达到和工作实践的融会贯通；创办“太极号”刊物，注重特色文化的建立、积累、提升和宣传；成立“太极号”文化沙龙，为职业经理搭建交流的平台，实现整体提升，唱响自己的“太极歌”：《我们是营销先行者之歌》；创办太极号文化营销走廊。开发区支行的经验启发我们深入思考，无论是创建文明单位，还是打造特色企业文化品牌，他们已经实现了由知之甚少的必然王国向理性自由王国的飞跃。他们能够善于运用文化创新、积累、传播、加速等因素和机制，提升文化理性的自觉性，实现了由经营主题向文化主题的转换，提高了对经营管理实践过程的驾驭能力，达到了银行治理的新的制高点。

附：乐业秘笈

1．快乐心法

人之乐乃人本性，张扬乐性是天职；
江山易改本性移，全靠心法来养成。
环形体系构心境，一层一层不可少；
万事万物对心思，需要机巧来对应。
感恩之心要常有，感恩话语常上口；
遇到苦难要刻苦，身居闲逸要思进。
遇到赞美要警醒，听到恶言要振奋；
常听音乐使心悦，常看书来长心智。
病毒尚在趋进化，人生自要勤免疫；
机遇可遇不难求，须在自身下工夫。
五谷杂粮皆营养，样样齐全不可少；
心灵飘忽虽自由，却需责任来拴束。
心理压力要适度，防范过度失灵性；
亲手酿制亲口尝，才能品出苦辣甜。
对酒放歌要节制，人生不能太放纵；
天生贫穷无怨恨，怨恨岂能怨父母。
猪狗不如是禽兽，还须奋发当自为；
社会要有和谐计，人生要有和谐心。
时兴追求新三好，健全教育打基础；
期待园丁建奇功，中华崛起有后人。
夫妻吵架无忌口，权当游戏来取乐；
教育子女要有方，思想引导后勤助。
同事相处有磕碰，注意相让保合作；
朋友来往真诚处，少有期待多牵挂。
有事求人勿逼人，他人自有他人难；
短兵相接绕不开，事后也要寻化解。
聪明人来不想死，聪明反被聪明误；
万世万代人必死，为何不去作准备。

生死反观人生事，迟来教化太遗憾；

快乐人生不难得，合作同乐才为高。

2．欢乐八法

（1）安心养成法。这种方法并没有什么神秘之处，就是能够遇事使自己静一静，只要静下心来，心里就会发生变化，心平则静气。

（2）反经养成法。无论对己、对人，都可以采取这种方法。放弃对己、对人有害的做法、想法，最容易被己、被人所接受。

（3）心智调整法，即精神胜利法。可以虚拟自己可以感受到的心理优势。像阿 Q 心念一动即可以把不良心态消解、排除掉。

（4）虚想实乐法。虚构的想象可以营造实乐的心境。把自己的精神感受集中、凝聚到使自己精神愉悦的区域，也可以叫精神感受区调整法。

（5）苦难征服法。以苦为乐，能够容忍苦难，也只有容忍苦难才能征服苦难、战胜苦难，并从中获得乐趣。

（6）过程体验法。在自己所追求、所从事的事情过程中体验乐趣。其实，人类所从事的任何活动，只要你真心投入，都可以从中获得乐趣，产生愉悦的体验。人类寻求乐趣的欲望和生命力是非常之强，并且在任何处境下都不会丧失这种追求。

（7）结果体验法。在预期过程中，酝酿情绪，凝聚快乐体验，直到成功的瞬间，使愉悦体验达到极致。

（8）体验增强法。寻求富有刺激性、风险性的事情、活动，从事富有挑战性的活动，将格外增加体验的强度、深度。

3．减轻心理压力的九种方法

减轻心理压力的方法，概括起来有如下 9 种：

（1）提升重要性。改进、提升对所从事活动意义的看法、态度，赋予其重要性或者崇高性，或者感觉事情具有极端重要性，把所做之事的意义提升到极致，产生积极心态，相对而言，承受的压力会相应减轻。所赋予的意义不同，心理感觉分量也不同。

（2）分解压力。对当前所做多种事情，按照其重要程度和处理的难易程度，采用级次化处理技术，分出先后顺序、轻重缓急，急则治标，缓则治本，对压力实行分解。

（3）时间上的推移。某些事情当即处理若压力过大，则采取放一放、等一等的方式，时过境迁，压力随之降低。

（4）战胜畏惧，勇于迎接挑战。经验证明，对有些事情越怕越紧张，越紧张心理压力越大，正面迎接挑战，反而有可能会使压力消失。所谓狭路相逢勇者胜，说明正面冲突激发出抗争的勇气是消解压力的最好办法。

（5）消除压力源。也就是消除产生压力的根源，一劳永逸地消解某种形式的压力。

（6）调低期望值，避免承受过度压力。不宜追求十全十美，乐于十全十美，但安于不十全十美。

（7）排除法。做到“三不想”：即不想无用之事、不想不高兴之事、不想无能之事。

（8）行动减压。采取某种积极的行动，分散注意力，通过心理活动的转移替代，减轻压力。

（9）重视修养。加强对健康人生价值观的修炼，增强社会责任感，提高对有社会价值意义事情的心理承受能力。易经上有“自强不息、厚德载物”之说，寓意很深。德乃精神性东西，如何可以承受物体之重？其意在于通过加强德性修炼，可以担当重大的社会责任。

4．漫谈美育与人生幸福

多年以前，我与同事闲聊，针对教育时弊，很骄傲地说，我们那时接受的是德智体全面发展的教育。同事说，现在的教育观教育内涵比你们那时进步多了，更加全面了，叫德智体美劳。我们那个时代虽然没有明确把劳动纳入教育观中，但学校组织的劳动课实在不少，叫劳动锻炼却没有提升到劳育的高度。更主要的是自己出身农家，正规地务过农、做过工，戏称自己苦大不仇深，不怕吃苦，而且感受体验到劳动中有一种乐趣甚至有些喜欢农活，无意中锻炼了意志、增强了耐力、强健了体魄。那虽然不叫劳育，但因为是从事实实在在的职业劳动，而且是时间长、强度大、环境差的劳动，属于超级劳育，收到了比较好的劳育效果。

唯独美育，感到有一种缺憾。小时也上过音乐课，记忆里却只有那七个音符最基本最简单的发音，至于由那音符组合孕育万千变化能发出美妙动听的旋律，全然不知，幸亏有点乐感，但也说不出理由更不要说其中玄机。自幼只知喜读小说，成人后更成为一大偏好，长篇读，有些年中篇小说几大刊物是期期不落地浏览阅读，后来又仔细阅读金庸的武侠、余秋雨的散文，对文艺鉴赏大成更是每个品类逐类逐段逐句逐字推敲品读，细嚼其味。文艺应是进行美育的重要内容，但美育有什么功能？蔡元培以美育代替宗教，把美育的功能定得极高。美育要培育审美能力、提升审美意境、培育审美情感。美育使人专注倾注全神贯注，全身心投入，使人珍惜美、呵护美、创造美，懂得美育对人生对生活的极端重要性，美育可与宗教比肩代替宗教毫不为过。

由江曾培主编的《文艺鉴赏大成》(上海文艺出版社，1987年版)，按文艺理论、小说、诗歌等九个方面分类，每类精选100个作品作评析。在出版说明中提出“艺术鉴赏是人们接触艺术作品过程中所产生的一种特殊的精神活动，是一种主动的、积极的艺术再创造活动，而不是被动的消极的感知。” 《文艺鉴赏大成》一书，就是一座蕴涵了丰富艺术营养的宝库，也是进行美育的良好教材。

美育可以避免人类理性进步伴随悖论的结果。

人类的苦难是依靠理性进步所无法战胜的，因为理性在消除苦难时自身又在制造着苦难。科技理性的张扬实现隐藏的悖论最为典型。据说，美国科学家目睹第一颗原子弹爆炸成功的场面，有些人欢呼，有些人痛苦，但大多数人陷入沉默。沉默的原因便是预见到那种对文明摧残生命毁灭的景象引发的深度忧虑。

其他人类文明活动，都很难避免灾难性后果，比如金融危机，唯独艺术的发展、美育的发挥可以避免那种理性悖论。

金钱可以消除人间的一切歧视。拥有金钱就是拥有权利的象征。金钱可以空前地激发起人的征服欲、驱使欲。人间一切幸福资源几乎都可以用金钱来标价、去购买，金钱就容易被人们当做幸福的象征、权利、基础和保证。金钱彻底改变了人们的感觉世界。金钱也包含了自我否定的力量。当人的幸福追求转化为对金钱的追求时，就是幸福离开了、背离了幸福原生性，离开了真、善、美的真实基础。而一旦脱离这种真实基础，被金钱异化了的幸福追求，就往往演绎出人生的种种悲剧命运。所以，金钱在成为人生幸福象征的同时，也包含了演绎出痛苦深渊的可能。正是面对金钱，向人类提出了挑战自我的严峻课题。

艺术，能够满足幸福高度个性化的需求，并且可以实现共有共享。许多幸福资源具有竞争性、排他性，使这种追求蕴涵着艰辛和风险。

人们追求幸福生活的最大禁忌，就是不能放弃人生所应承担的责任，不能置他人特别是大多数人的幸福追求于不顾，甚至把自身的幸福建立在他人的痛苦之上。人生对幸福生活追求最可靠的途径就是把幸福的实现建立在自身努力成就的基础上，并且能够创造自享、分享、共享的机会，给人间带来历久弥新的审美体验。艺术创造和艺术欣赏，为满足实现这样的要求提供了合适的舞台。

把人生的幸福比喻为一桌丰美的套餐，怎样才能做好这桌套餐？ 一是选择资质精美的“原料”。人生的幸福不是一种脱离具体社会生活的空洞感觉，而是在一定的社会环境下，在与具体的人、具体的社会关系中从事一定的社会活动时，产生的体验。人生经历中所遇到的无数人和事，绝大多数都是可以选择的。于无字句处读书，与有肝胆人相处。交上良师益友或者交友不慎，对一个人一生可能会产生截然不同的影响。要选择有意义的事情去做。选择要有开放的视野。选择“原料”的资质，在很大程度上决定于社会发展文明水平和自己的鉴别力。

二是对所选择的“原料”要精心制作。人生需要事事小心、处处留神。

涉及到人生幸福的事情，千万不可粗心大意，尽可能减少、避免疏忽。小心无大错。一着不慎，满盘皆输。为达到人生的某一目标要精心设计每一个行动步骤。人生的境界往往体现在对一些精细的细节乃至看起来是琐事的注意品质上。这样做的结果，就有可能把人生的风险降至最低限度，从而尽可能地减少由于自身行为失误带来的遗憾、悔恨。

三是要注意培育审美观念，提升审美意境。生活的套餐化，需要组合技术，需要五味俱全。要使生活富有观赏价值，就必须培育健全的自我评价系统，以指导人生进行有效的积累，不断丰富套餐的文化内涵，提升审美意境。人们常有一种体验，对自己做过的某种事，写过的东西，事过境迁，要再去做有做不出来的感觉。有些做过的事情又可能会给人带来回味无穷的体验。正是通过回味体验的过程中，使自己的审美体验得到升华。

四是制定恰当的人生策略。古人提出的有难同当、有福同享，按照现代观念诠释，就是双赢、共赢策略，要追求人与人之间的互惠互利，以增进共同的福利，共享长久的幸福，实现福寿同享。

在人间，最常见、最常听到的祝福语言，就是幸福欢乐。人类无论在充满天性幼年时代，还是在学习成长的青少年时代，或是在满怀激情投身于创造性事业的成人时代，再有步入人生的老年时代，表现出的最强烈、最稳定、最持久的需求，就是幸福欢乐。幸福欢乐，是人性的基本，是人的天性。人不能逆性而行。幸福欢乐具有生物学的存在根据：像眼福、口福、耳福等等。在人的精神领域，又可以通过培育和强化，不断开发和升华幸福欢乐需求。在人间，人类的创造力也直接面向幸福欢乐需求领域，不断地创造出能够满足人们幸福欢乐需求的产品和服务。在人间，也常常由于种种原因，产生种种痛苦的不良体验，甚至常常是幸福欢乐的伴生物。乐极生悲。在人类的童幼年时代，欢乐需求受天性驱使会表现出不加掩饰地表达和追求的状态。后来，随着人的社会化，在人的思想和行为中不断地注入新的文明因子，在展示诱人的幸福欢乐景象的同时，也附加了种种限制。在市场经济条件下，幸福欢乐状态既是人生奋斗的结果，又是奋斗的前提，只有处于幸福欢乐状态的人，或者对未来存在幸福欢乐渴望的人，才能够把人生的潜能发挥到极致，焕发出充满勃勃生机的创造力。

遗憾的是，在科学领域中，人类对幸福欢乐的需求被忽视了。在马斯洛的需求层次论中，并没有给人的幸福欢乐需求以应有的重视。在后来的心理学和其他科学领域中，也没有出现引人注意的有关幸福欢乐需求的研究成就。在人类活动的其他需求方向，却不断地取得令人瞩目的成就，像智商、情商、财商等等。但是如何实现幸福欢乐，并没有作为一门学问、一种智慧来对待。把如何满足人的幸福欢乐的追求，也应作为一门人生的学问来加以研究，以增进人们在追求和实现幸福欢乐过程中的智慧，提高幸福欢乐的水平。

世界上有两种类型的学问：一种是知识；另一种是智慧。智慧可以产生知识，知识有助于培育智慧，但不等于智慧。只知按书本知识办事，没有因时因地制宜的独创能力，就是缺乏智慧的证明。智慧通过改变心智能力，可以改变心智功能。

人生需要选择，选择需要智慧。常见的理性选择是在利弊之间进行权衡，有所谓两利相权取其重、两弊相权取其轻的选择方式。单纯依靠这种以知识为基础进行的理性选择，仍然具有不可靠性。如何在多样性的可能中争取或者选择某一种结果，具有极大的偶然性，人们即便作出决定，结果却仍然处于未确定的、未知的状态中。能否出现预期的结果存在着一定的风险。面对从事有一定危险性的事情，或者涉及到人的命运的事情，选择还会给人带来一定程度的恐惧感。所以，从古至今，人们在进行涉及命运的选择时，感到单纯依靠理性觉得靠不住，产生了非知识性的选择途径，以弥补知识的不足：一种途径是寻求外部帮助，导致了古代星相、占卜、测字、阴阳以及现代咨询、策划等文化的发展；另一种则是根据心性的需要，作出合乎心性的选择。像预测、咨询、策划等现代科学文化的发展，提高了人们对事物演化结果的一般预见能力，特别是对客观事物发展演化过程及其结果的预见能力大大增强了，但是对人间幸福欢乐的预见能力并没有达到预想的结果。教育的发展，是人类最大的幸福欢乐策划工程，它的科学性和社会的重视及投入，可以说提供了越来越充分的保障，却仍然存在不尽如人意之处。大学毕业，并不能确保幸福欢乐；没有什么文化的人，却可以达到心满意足。

在人间，合乎心性的选择能力，是外力不可替代的。面对多样性发展演化的可能性，作出符合心性需要的选择，可以最大限度地实现人生的欢乐幸福。从许多人的人生心路演化过程中，可以得出这个结论。毛泽东在少年时代，从与父权抗争的亲身经历中，得出抗争有助于改变自己的处境，结果深刻地影响和改变了他的一生。人生选择存在着对初始选择的敏感依赖，最初的某种选择可能会深刻地影响和改变一生的路线。有的人遇事耐不住性子，不分场合要慷慨陈词，或者伤害他人，或者导致自我伤害。初始选择在日后的生活中通过自我加强，形成选择偏好，它将决定人生幸福欢乐的类型。

这种由初始选择所形成的定型化的选择类型，会形成深刻的自我评价、自我认可心理效应，即无论事实结果如何，都是自己的内心可以认可和接受的，是问心无愧的。以自我感受为基点作出选择，自我决定自身的命运，可以最大限度地激活自我。从这个角度看，实质是奠定了人生欢乐幸福的最可靠的基石。

金无足赤人无完人，人有缺点天经地义，理应对人的缺点有一种理解宽容。缺点的存在，还有另外的功能。如同人有痛感神经等于给人体安装上预警警示自卫保护机制一样，缺点会增加人生的幸运，有助于使人形成一种内在的自我约束收敛节制。人类的智慧帮助人找到了对付缺点的好办法，使缺点成为人际交往互补合作的理由根据，扩大到夫妻要有一种性格互补，组织考核班子成员也要求才智性情合理搭配，甚至明确提出性别比例要求。这是正确地把缺点转化为优点，缺点的搭配组合就成为优势互补阵容，缺点被综合得无影无踪、不见行迹。不同人的缺点搭配好再加上人为努力，简直就是巧夺天工。但是，面对缺点如果缺少缺点意识，缺少对缺点的自警自我节制，就有可能衍生放大为过失错误甚至罪恶，酿成人间灾难悲剧，缺点成为难以弥补无法挽回的缺憾。缺点就会成为不幸的罪恶之源。

对他人的缺点要善待，会增进人间友善增加合作成功的机会；对自己的缺点不能姑息迁就要苛刻警醒，完善自我、挑战自我。挑战自我挑战什么？挑战自我的人性弱点、性格缺陷、人生局限，走向无穷无尽无止无休的自我完善之路。

几年前，我在《中篇小说选刊》上读到陈闯的中篇小说《策划幸福》，小说通过讲述发生在一家福利工厂内部的婚恋以及婚外情故事，提出了引人深思的问题：人的幸福可否策划？

作家之所以选择发生在福利工厂的婚恋乃至婚外情故事来揭示策划幸福的道理，可能出于两种考虑：一是福利工厂的成员主要是残疾人，因为残疾的压抑使他们对幸福的追求更加强烈、更加具有隐蔽性，而且会发生某种变异。在正常人看来，残疾人不能说没有幸福，但至少可以认为幸福欢乐的程度不会很高。二是在人间大约婚恋乃至婚外情被看成很幸福的事情。策划幸福，选择这样的原型，不能说是一种偶然的巧合，恰恰是作家独具匠心之处。正是通过这种特殊情景下发生故事和人物心理及对话的描述，可以在极致的意义上，揭示策划幸福的内在奥秘。

作家在编后语中谈了自己的亲身感受："人生需要思考的问题不必太多。"幸福是不可以"策划"的。实则不然。当红娘就是策划幸福，《策划幸福》正是通过策划夫妻这种方式来实现策划幸福的。中华民族一向以乐施好善为美德，其中又以当红娘、"策划夫妻"为成人之美的事情。推而言之，策划好事，从指导学习，教诲人生，到寻欢作乐，从企业文化策划到体制改革策划，无不为了增进他人福利，均属于策划幸福之列。策划幸福，也要谨慎策划。拉郎配就有可能成为策划不幸。在计划体制下，一切听从组织安排，组织会安排好个人甚至家庭的一切，夫妻之间吵架也要找组织进行调节。结果适得其反，大家都不满意，降低了幸福指数。幸福能否策划，又回到了古老的争论上来：每个人是否都能够认识到增进自身福利的方法途径，对这个问题的不同回答，形成西方干预主义和自由放任主义两种思潮。其实，不应把这个问题对立起来。社会实践的发展已经通过私人事务与公共事务、私人福利与公共福利的合理划分，有效解决了这个问题。二者划分开也发生相互影响。在私人追求自身福利最大化的过程中，会产生把风险损失外部化倾向，损害公共福利，需要社会加以限制。公共福利安排出现重大失误，导致社会危机，就会危及私人福利。策划私人幸福，也不能危害公共福利。幸福能否策划，需要在私人福利与公共福利之间划分界限。文明越发达，越需要加强公共福利安排的策划，以增进国民的福利。像音乐、美术、文学、艺术、电影、电视和日益发达的物质设施，加强社会策划，可以有效地提高国民的福利水平。私人福利具有高度个性化特征，运用公共策划方式难度大，需要普遍提高个性自我策划的水平。在国民素质比较低的条件下，幸福的追求水平低，内涵也比较单一，可以通过国家或者其他社会组织进行统一策划，为国民谋幸福。社会发展，国民素质普遍提高，对幸福的追求内容日益个性化，追求水平也越来越高，国家应在提供信息咨询引导提示方向上下工夫，引导帮助社会成员提高幸福策划能力。现在，美国推出的个人DNA测试服务，对90多项特征和身体状况进行评估，可为客户识别和解读60万个遗传标记，将给医疗服务和策划服务部门带来深刻的革命，在极大增进个人信息透明度和自我了解的同时，对个人信息的尊重和保护也更加重要。

现阶段我国社会出现的许多社会问题和社会矛盾，是由于私人事务与公共事务界限不清造成的，涉及到私人福利与公共福利问题，在外在的界限方面虽然在逐渐分开，但在思维惯性和情结上仍然受着供给制的影响，公共福利是“大锅饭”，对私人福利应当承担无限责任，放弃了个人应有的努力，增大了社会和谐运行的压力，发人深省。各种管理机构在进行公共福利策划安排时，应谨慎评估受惠者的心理反应，把握好度，避免策划不当适得其反。每个人对公共服务方面的需求，也应合理有度。如果一个人内心生成不切实际的需求目标，实现不了，要么怨恨企业怨恨政府；要么是给自己增加精神负担，自寻烦恼。需求适度，特别包含了对他人对社会的要求要适度，他人做不到的事情，不要强求于人。市场经济是不让人生气的社会，要生气就生自己的气。需求有度，既是文明进步长期养成的结果，也需要有一种理性的清醒自制。

5. 提高人生成功率应遵循的四原则

一是自我合理定位原则。正确认识自己，对自己要有合理的社会定位，不要自我为难，也不能强求他人为自己去做一些事情。并不是自己什么事情都可以做，干什么都行。干什么都行，只是从人的资质上提供了一种可能性，具体能否胜任，要受到各种社会因素的限制。同时，还会由于自身年龄、经历、学历、专业等因素的存在，形成难以突破的刚性界限。

二是兴趣原则。要选择自己感兴趣的事情去做。当然不能排除要承担必要的社会责任。人生最初的选择，往往就是从自己的兴趣出发。一个人不能违背自己的初衷。最初的选择很可能就铸成了一生的道路。

三是优势原则。选择自己的优势领域。优势领域也存在竞争，有时这种优势很可能恰恰成为劣势，要向自己人生的极限进行挑战和冲击，为此需要充分动员一切可以利用的因素和力量，去突破发展上的瓶颈。

四是制定合适的人生应对策略。要精心创造富有竞争力的“产品”，采取恰当的行动步骤，善于把握最具有创造力的机遇，及时作出决断。

6．人生如何应对成功关

细究成功的含义，联想到盖棺论定。词典上有解释，上网浏览还有出处。细品盖棺论定，活着想听到评价自己的权威之语，难。盖棺才能定论，评价人谨慎得近乎苛刻；死后才去评价不仅来得太迟也显得有些吝啬。但是，过早给一个人做出终审评定，确实要承担很大的风险。人心易变。如同死刑裁定，要经过一审复审才能进入终审判决，终审判定还担心有误再加上死缓，谨慎了还要谨慎。评价人同样需要谨慎，看错人误事乃至祸国殃民铸成大错带来无可挽回损失，悔恨终生。现在，不要说老年晚节不保，青年人跌跤栽跟头的不少，中年人掉队落伍的更多。评价人格外需要谨慎，人生则更需要谨慎加慎重。

时下官场上流行告诫之语，要过好金钱关、权力关、情面关等，我看人生更具有普遍意义的是如何过好成功关。过成功关，牵涉到人的预期，实现了预期就是成功，完全实现而且过程顺利结果也没有打折扣，叫圆满成功。预期，有一个人生合理定位问题，预期目标定得很低又很狭隘，实现了就满足，便骄傲，贪图安逸；定得过高超越了当前的社会实践，实现不了，成了空中楼阁、海市蜃楼，又会使人丧失信心，失去鼓舞人、激动人的力量。

孙中山临终前有句名言："革命尚未成功，同志仍需努力！"毛泽东在革命成功夺取政权要进城时，从历史教训角度告诫自己的战友同志"两个务必"，要接受新的考验，以后的社会实践证明了告诫的灵验。人们对成功，习惯的思维是寄予的太多，成功便是万事大吉，不知成功之后是一个新的开始。失败乃成功之母，只要总结吸取教训，就能成功；却很少有人意识警觉，成功埋藏失败的隐患。成功了，贪图安逸、意志松懈，躺在功劳簿上睡大觉，或者在花天酒地中享受人生富贵，那就是失败的开始。

其实，人只要活着，人生各个阶段所承担的各种社会角色，都要面对相应的考验。人生具体事情成功与否，不但有明确的标准，而且那标准也是人为设计预定的，成功的人为性，使成功不能超过行为人的预设能力，不能超过环境条件提供的可能。各种各样、大大小小的成功，每时每刻都在发生，只要发生预期并经过努力成为现实就是成功。放在人生经历的过程中，成功与失败恰恰互为因果，失败乃成功之母，成功里也有失败的阴影。人生能否过得了成功关，是一种经常面对的考验。如果成功了不骄傲不贪图安逸，便铺就而成人生的成功之路，人生成功之路是由一连串成功的脚步铺垫而成，至于这样的脚步能够把人生之路拉长延伸到什么样长度、人生品位能够提升到什么样的高度，取决于人生应对成功关的能力，取决于人生的勤勉作为、取决于主客观条件和出现什么样的机遇。人生面对成功关，比较普遍的是，成功前不难做到勤勉作为、恪尽职守，成功后则容易放纵自我，似乎有理由有资格有条件有机会作出人生离轨的选择。人生之路最有可能止于成功之后。成功带来的究竟是幸福还是灾难，完全取决于我们自己如何去应对。如何过好成功关，联想起读小学时，教室正面黑板之上就有伟人"虚心使人进步、骄傲使人落后"的警示教诲，人一生能够保持坚守谦虚勤勉的品行，就是成功的品行，养成这种品行，便可以为成功的人生树立起方向坐标，是成功应对成功关的根本保证。

7. 感悟

世上本无究竟事，人间偏生究竟心；
寻来究竟非究竟，转眼原是一场空。
勿以究竟寻究竟，以免生出烦恼心；
若以平常对究竟，时时处处皆究竟。

后记

2006年11月，我把《乐业至上》印成小册子在一定范围内分发，获得比较广泛的好评。很多友人建议出版此书。我总感到还有什么话没有说清楚。后来仔细阅读宗教方面的文献资料，感到应该从中吸收采集有益的成分。经过思考，最重要的收获是：要实现乐业，仅仅靠删除痛苦、不良心情是不够的，删除了还会再生出来。如果人的精神世界有了病毒，就像计算机软件有了病毒，删除了还会复制出不良信息一样，为此必须装上新的程序。人的肉体生命具有脆弱性，生有各种欲望，满足则快乐，未满足则痛苦。欲望是产生痛苦的根源，一旦受到外界刺激即会发作感染。为了铲除痛苦，必须根据时代要求编制新的精神活动程序，使人的精神活动受到高层体验的引导控制。有了这种全新的精神活动程序，可以有效防范各种病毒的侵袭，不会再生痛苦。形象地说，本书的宗旨是向人们提供一种新的精神活动程序，以期帮助人们对自己的内心世界进行一番梳理洗刷，净化提纯精神生活。

在比较漫长的成书过程中，我得到了许多友人、学人的关心、指导和点化，增加了我的勇气，也少走了许多弯路，他们给予了我莫大的鼓舞和支持，特别是我所在单位的主管机构中国工商银行黑龙江省分行，在2007年面向全行广大员工开展乐业教育时，将本书作为辅导教材向广大员工分发，组织开展乐业教育巡讲，获得好评。

本书现由中国青年出版社出版发行。中国工商银行黑龙江省分行李久新行长亲自作序，对全书内容进行概括提炼升华，有提纲挈领、画龙点睛之效，是对我探索工作的一种诠释和褒奖。在本书出版过程中，先后得到《人民日报》出版社曼熳女士、中国青年出版社程黛眉女士的热心指导和帮助，特别是在主题提炼、布局谋篇等方面，都提出了许多宝贵意见，特此向他们及所有关心和支持我的亲人友人同仁致谢！

作者

2009年8月